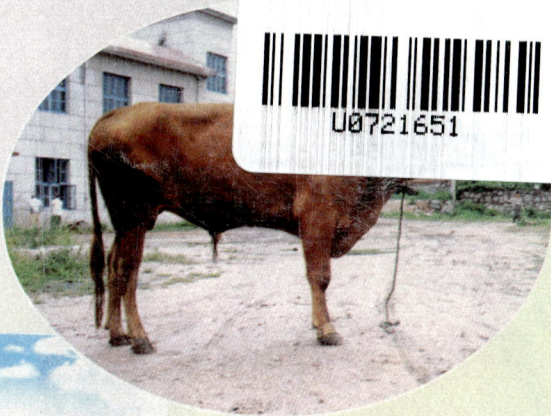

图 5　延边牛

图 6　郏县红牛

图 7　复州牛

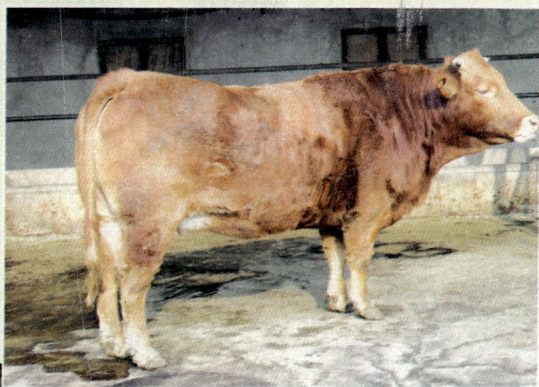

图 8　冀南牛

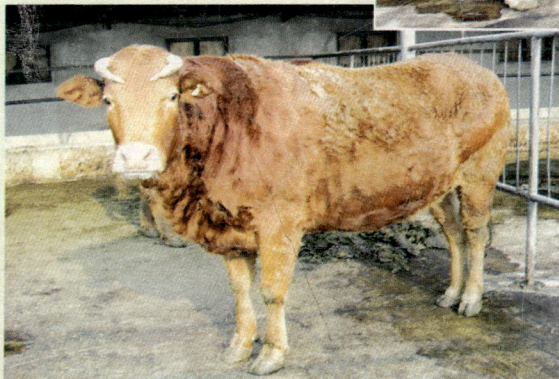

1

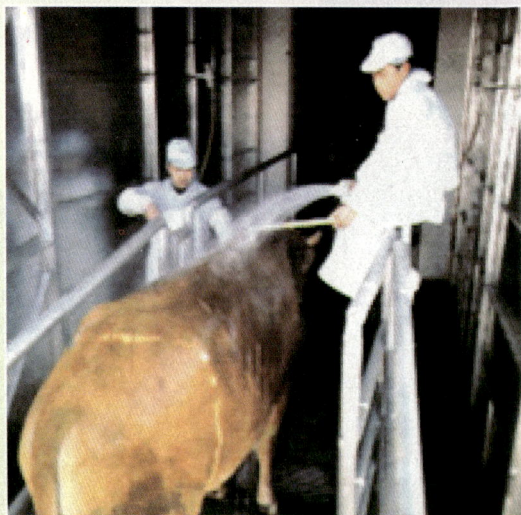

图 9　屠宰前处理

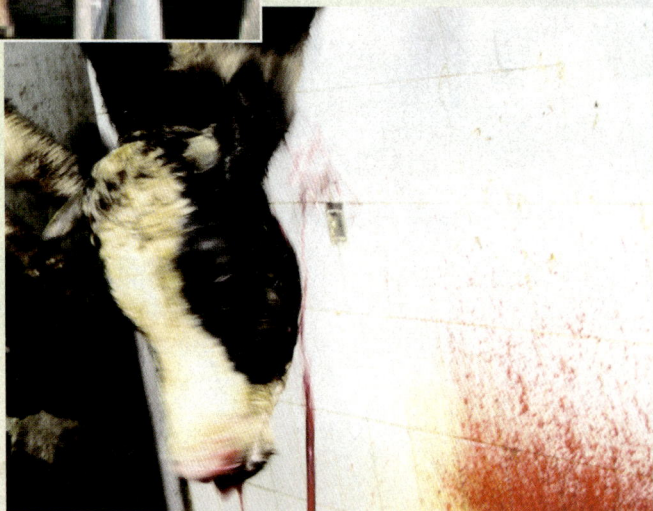

图 10　毛牛电刺激

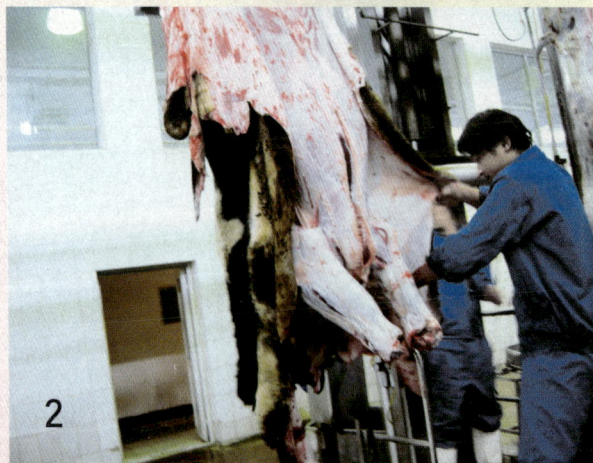

图 11　手工剥皮

2

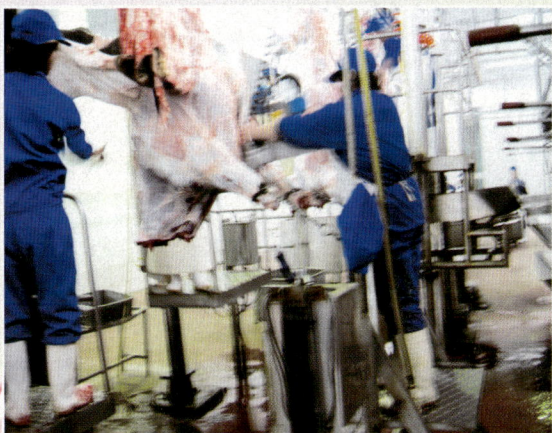

图 12　机器扯皮

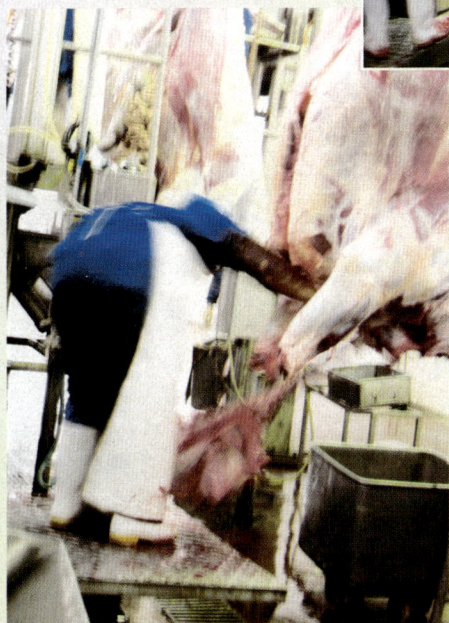

图 13　摘红内脏

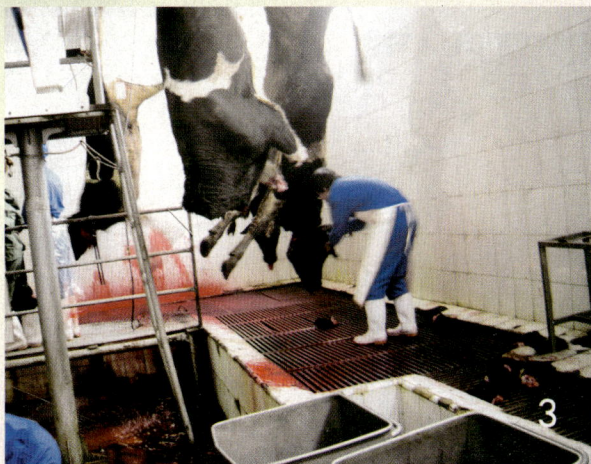

图 14　去头

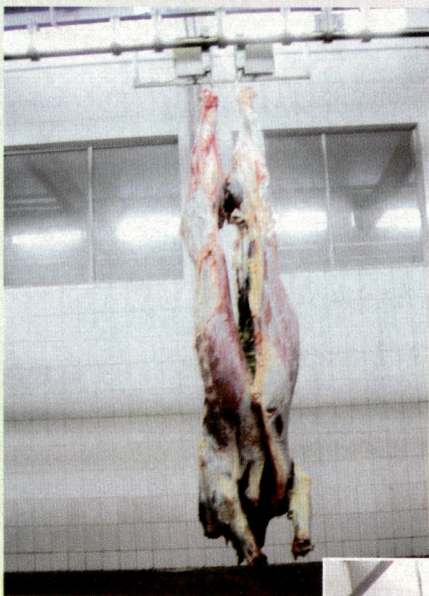

图 15　胴体称重

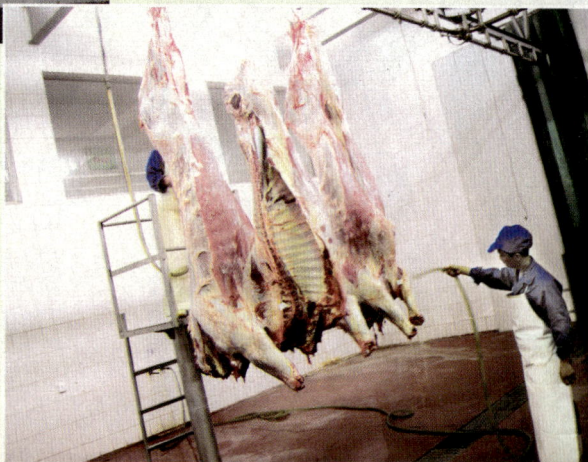

图 16　冲洗胴体

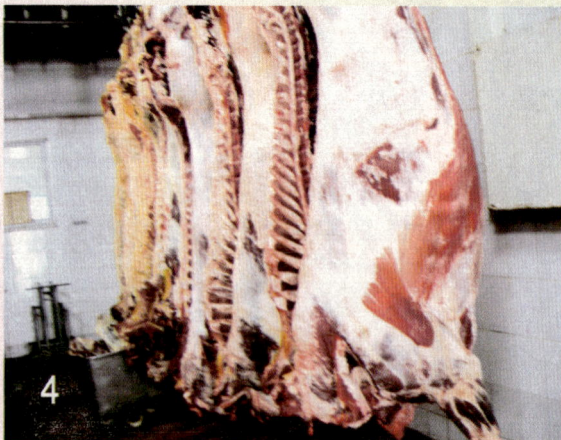

图 17　胴体排酸

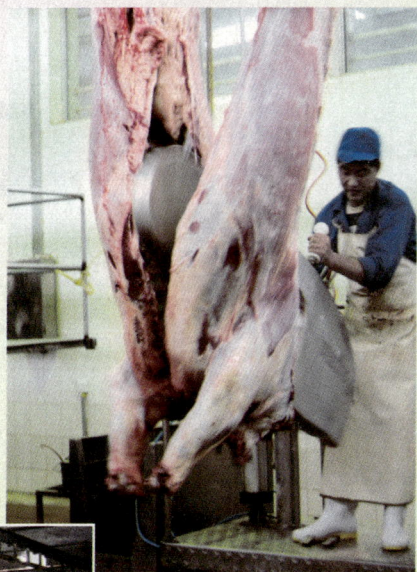
图18　劈半

图19　分割车间

图20　剔骨

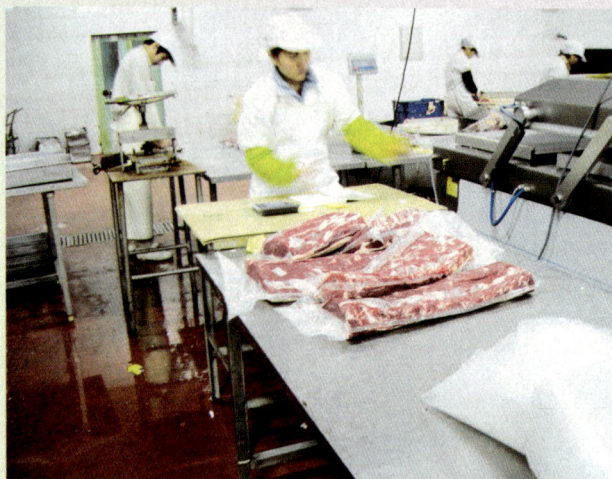

图 21　分级

图 22　称重

图 23　真空包装

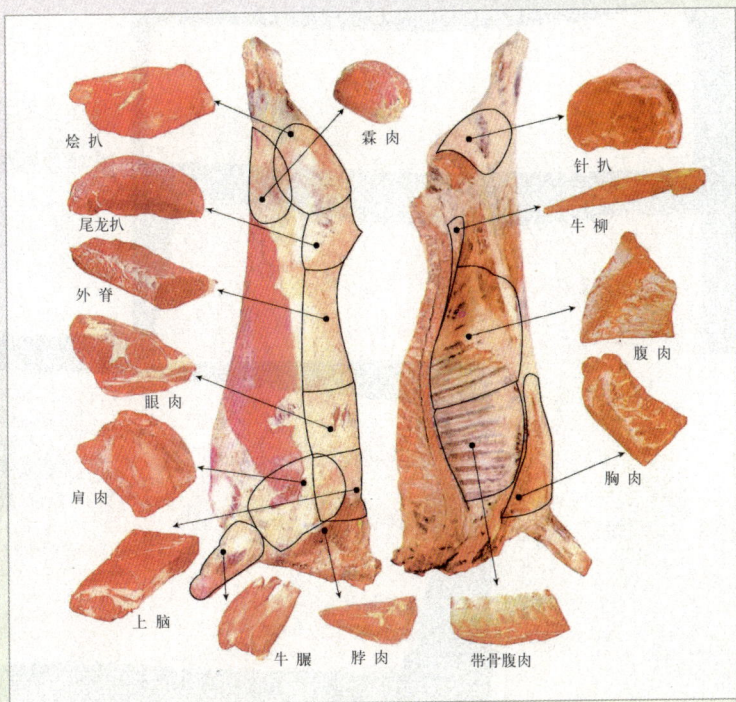

图24 牛肉部位
分割图

烩扒

霖肉

针扒

尾龙扒

牛柳

外脊

腹肉

眼肉

肩肉

胸肉

上脑

牛腩　脖肉

带骨腹肉

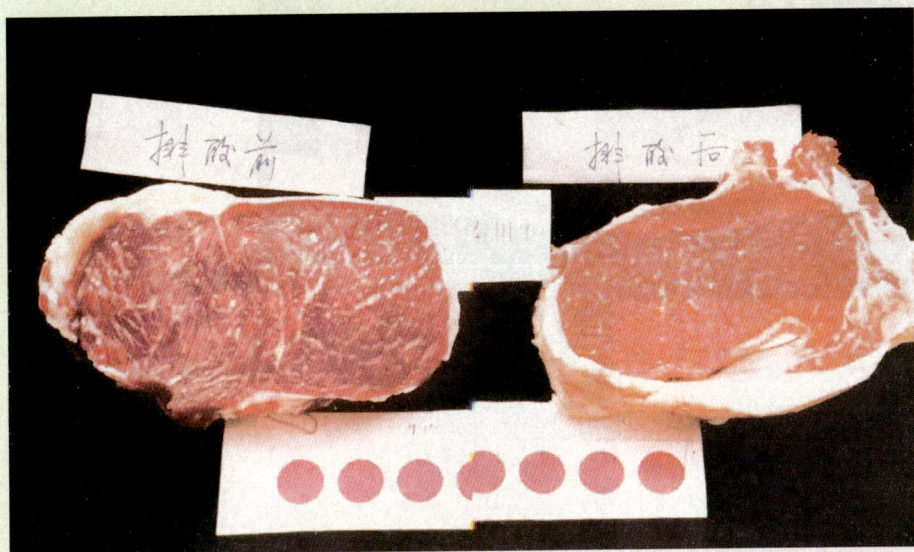

排酸前

排酸后

图25　牛肉排酸前后

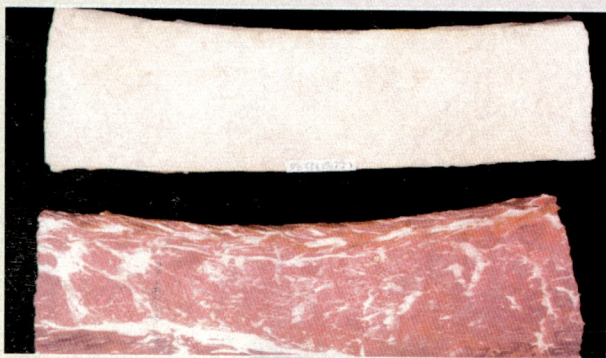
图 26　外脊（西冷）

图 27　上脑

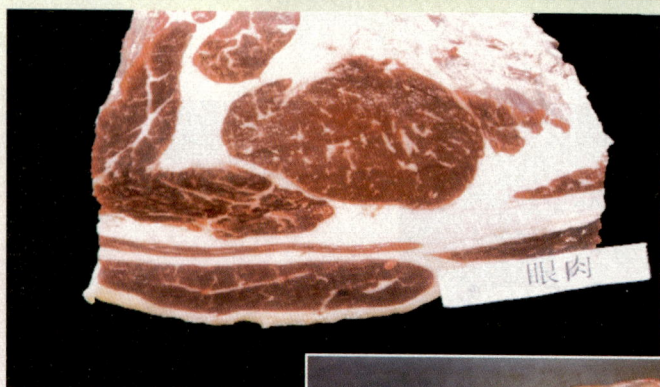

眼肉

图 28　眼肉

图 29　牛小排（牛仔骨）

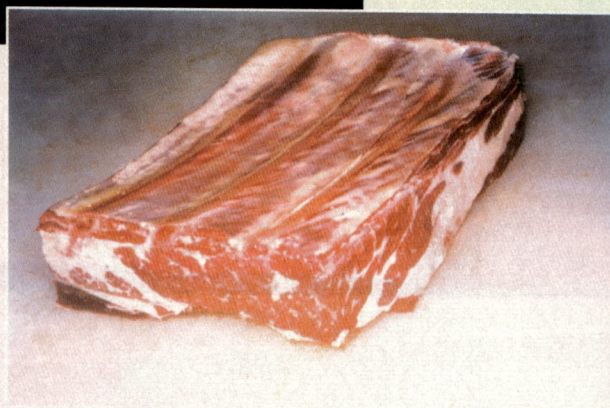

8

图 30　带骨腹肉

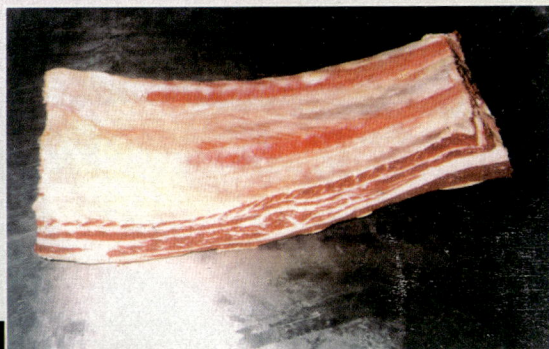

图 31　去骨腹肉

图 32　S腹肉

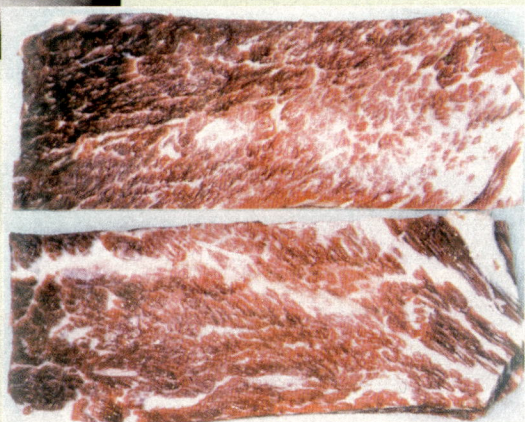

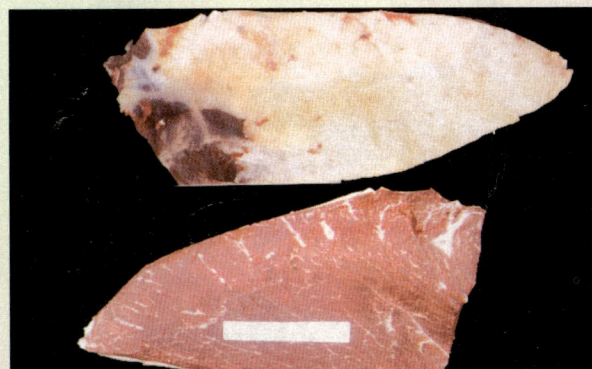

图 33　带脂三角肉

图 34　胸叉肉

图 35　S 特外脊

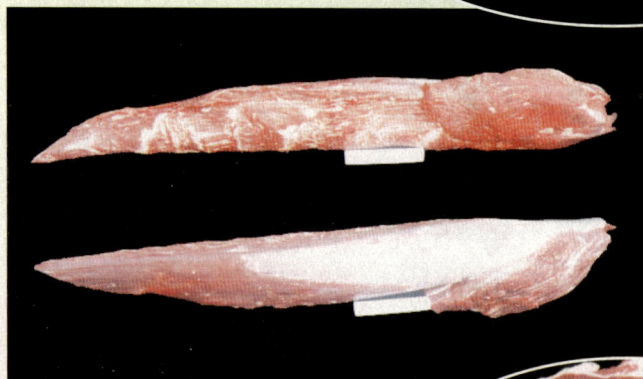

图 36　里脊

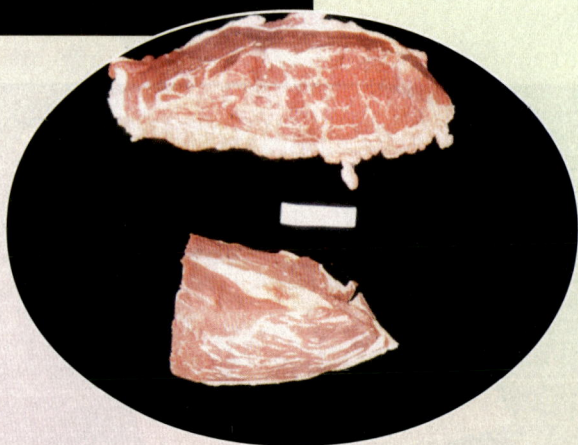

图 37　牛肩峰

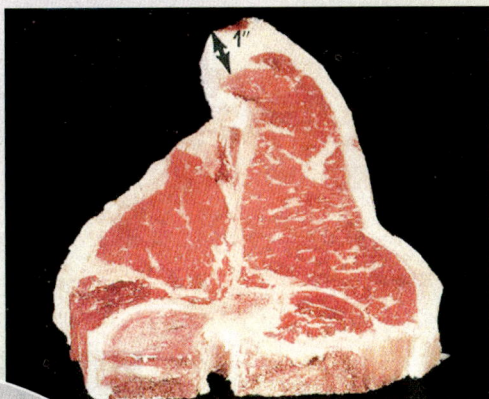
图38　T骨肉扒

图39　1号肥牛

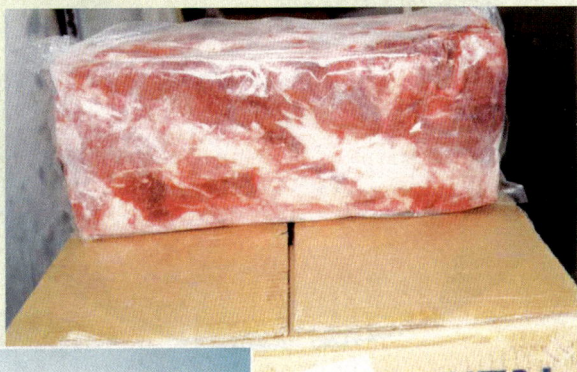
图40　2号肥牛

图41　3号肥牛

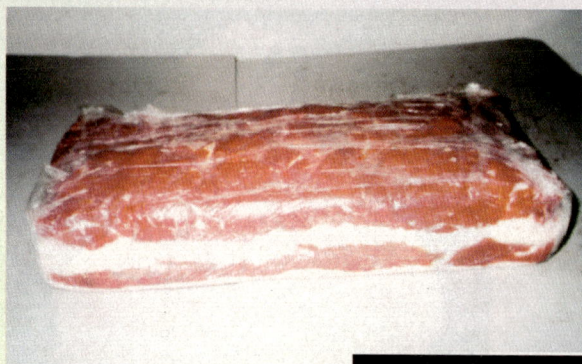

图 42　4 号肥牛

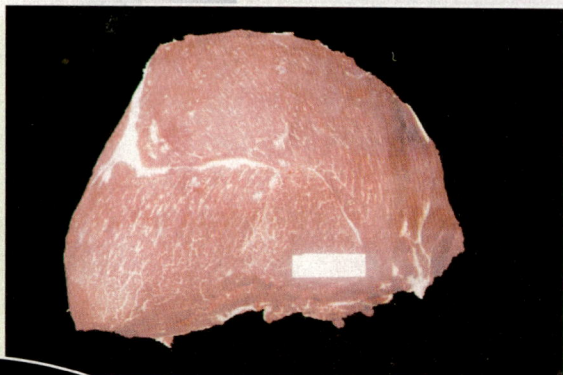

图 43　臀肉（尾龙扒）

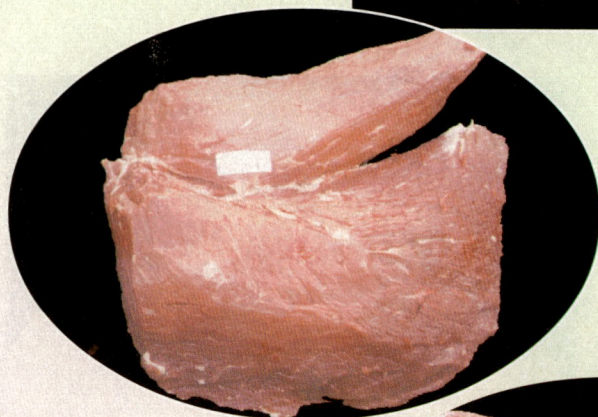

图 44　大小米龙（烩扒）

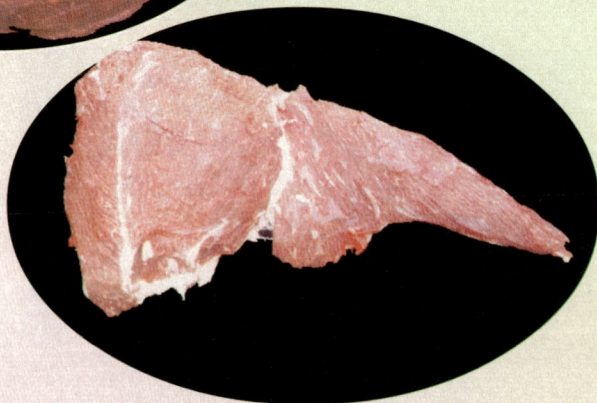

图 45　腰肉（尾龙扒）

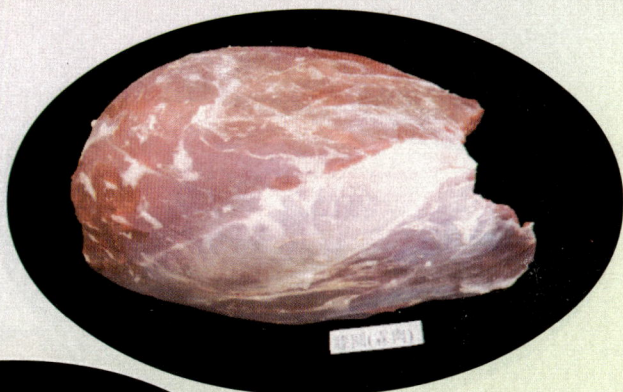

图 46　霖肉

图 47　嫩肩肉

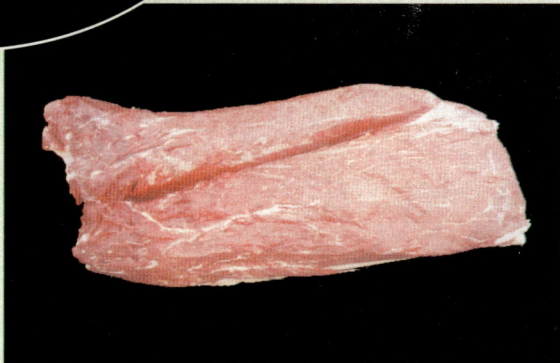

图 48　臀肉

图 49　肩肉（卡鲁比肉）

13

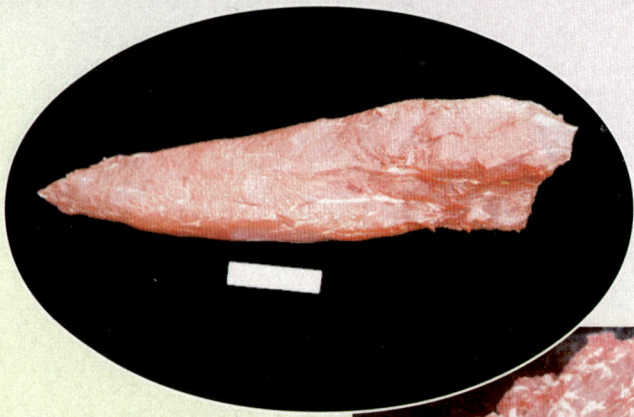

图 50　辣椒肉

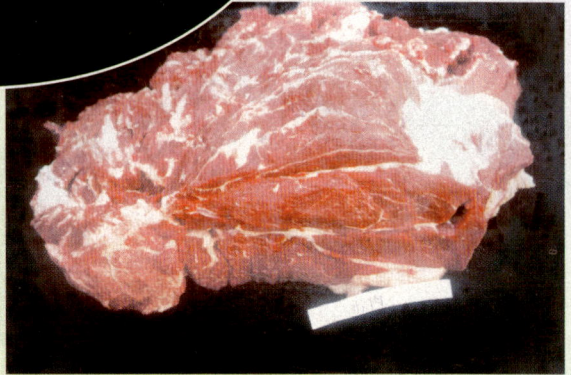

图 51　脖领肉

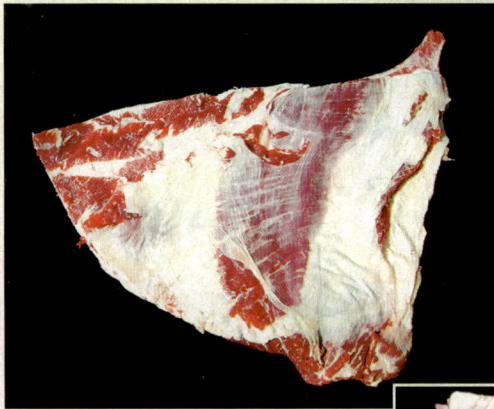

图 52　后牛腩

图 53　前牛腩

14

图 54　膈膜肌

图 55　蝴蝶肉

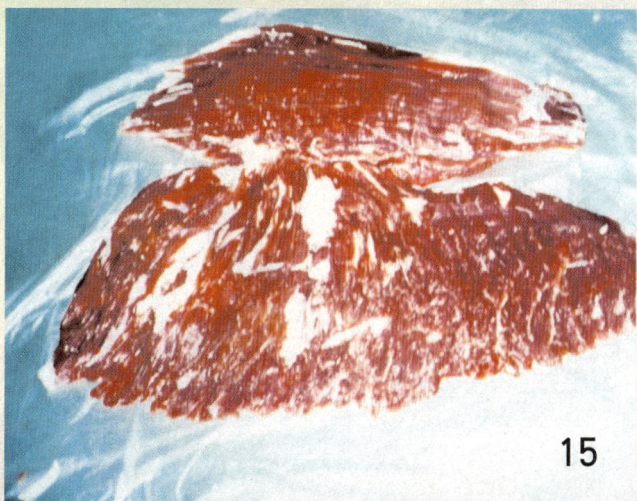

图 56　枇杷肉

15

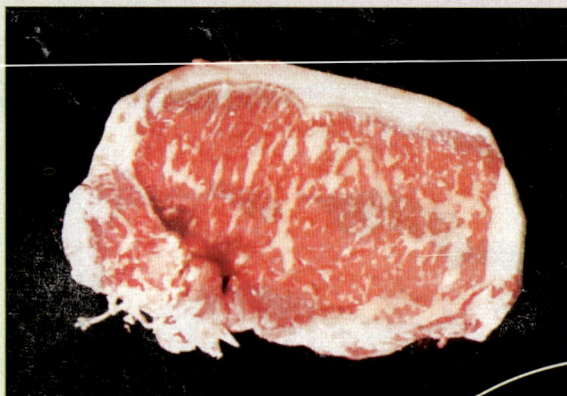

图 57　大理石花纹（1级）

图 58　大理石花纹

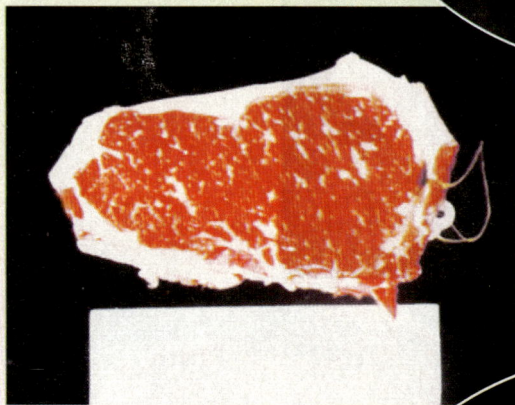

图 59　大理石花纹（3级）

图 60　大理石花纹（4级）

16

优质肉牛屠宰加工技术

蒋洪茂 著

金盾出版社

内 容 提 要

　　本书由北京市农林科学院蒋洪茂研究员著。全书共12章。第一章介绍我国肉牛屠宰加工业概况,第二章至第四章介绍肉牛屠宰加工厂的厂址选择、布局和设备,第五章至第九章介绍了肉牛屠宰工艺、肉牛胴体成熟与分割工艺、牛肉及副产品冷藏工艺及产品运输,最后3章介绍了肉牛屠宰加工厂的卫生管理、环境保护和提高经济效益的技术措施。本书汇总了国内外优质肉牛屠宰加工的先进技术和作者个人多年的研究成果,可供屠宰加工企业和牛肉营销人员阅读,也可供农业院校相关专业的师生和科研院所相关专业的研究人员阅读参考。

图书在版编目(CIP)数据

　　优质肉牛屠宰加工技术/蒋洪茂著 . —北京:金盾出版社, 2008. 1
　　ISBN 978-7-5082-4778-6

　　Ⅰ. 优… Ⅱ. 蒋… Ⅲ. 肉牛-屠宰加工 Ⅳ. TS251.5

　　中国版本图书馆 CIP 数据核字(2007)第 177629 号

金盾出版社出版、总发行
北京太平路 5 号(地铁万寿路站往南)
邮政编码:100036　电话:68214039　83219215
传真:68276683　网址:www. jdcbs. cn
彩色印刷:北京精美彩印有限公司
黑白印刷:北京金星剑印刷有限公司
装订:桃园装订厂
各地新华书店经销
开本:850×1168 1/32　印张:11.75　彩页:16　字数:274千字
2008 年 4 月第 1 版第 2 次印刷
印数:8001—16000 册　定价:23.00 元

前　言

　　肉牛屠宰过程是生产优质和安全牛肉的不可缺少的环节,是肉牛育肥饲养户养牛效益体现的终端环节,是由原料(活牛)转向商品、食品的重要环节;是拉动农业经济发展、农业可持续发展、农民致富的龙头;是农村发展沼气工程(秸秆养牛、牛粪生产沼气、沼气用作燃料或电能)原料的基础条件之一,等等。可见肉牛屠宰业在国民经济生活中的地位。

　　我国黄牛由役用转变为肉用的时间虽然仅仅二十余年,牛肉的年产量却已由 25 万余吨增加到 600 余万吨,每年屠宰牛的数量达到 3 000 多万头。宰杀肉牛由一条绳、一把刀、一桶水、地打滚式屠宰逐渐发展到由较现代化设备,吊宰、胴体成熟、牛肉按用户要求分割(切)已是当前肉牛屠宰加工的主流。肉牛屠宰工艺质量已经取得了长足的进步,但和牛肉市场质量要求及需求标准尚有不小的差距,更难和国际贸易接轨。为了提高和发展我国肉牛屠宰水平,1985 年以来,笔者在国内进行现代化肉牛屠宰的试验研究,并首次进行肉牛胴体成熟(排酸)改善牛肉嫩度的试验,结合国情提出我国肉牛胴体成熟期为 7 天;毛牛电刺激提高牛肉品质等试验研究;利用我国现有黄牛资源,在高档牛肉的研制、生产、开发方面进行了大量的工作,并首次结合国情提出我国高档牛肉的生产模式;制订和试行我国肉牛屠宰分割(切)、分级标准;等等。笔者愿将几十年来在肉牛屠宰加工第一线得到的资料数据和体会写成《优质肉牛屠宰加工技术》一书,达到填补国内肉牛屠宰专著的空白、抛砖引玉,和同行们共同切磋,得到指点的目的。同时,愿和同仁们共同努力,充实和提高并尽快出台适合我国国情、行之有效、广泛认可的肉牛屠宰加工标准,牛肉分级标准。

这本书的内容包括我国肉牛屠宰简况、屠宰加工厂的选址、布局、设备、屠宰加工工艺技术、冷冻冷藏、产品运输和提高肉牛屠宰加工效益的技术措施等。可供屠宰加工、牛肉营销人员及肉牛育肥户阅读，也可供农业院校、科研单位参考。

　　由于笔者水平的限制，差错难免，恳请阅读者批评指正。谨向有关本书所引用的参考资料的作者和译者致谢。

蒋 洪 茂

2007 年 8 月 10 日于北京

作者通信地址:北京市海淀区紫竹院路 8 号楼 4 门 301 室

邮政编码:100089

如请作者回函,请附上邮资。

目　录

第一章　我国的肉牛屠宰加工业

第二章　肉牛屠宰加工厂厂址选择

第三章　肉牛屠宰加工厂布局

第四章 肉牛屠宰加工厂设备

第五章　肉牛屠宰工艺

第六章　肉牛胴体成熟(排酸)处理

第八章　牛肉及副产品冷藏工艺

第九章　肉牛、牛肉运输

第十章　肉牛屠宰加工卫生

目　录

第十一章　肉牛屠宰加工厂环境保护

第十二章　提高肉牛屠宰加工企业效益的措施

附　录

第一章　我国的肉牛屠宰加工业

第一节　肉牛屠宰加工的作用和地位

肉牛屠宰加工业在我国还是个新兴行业,起步于20世纪80年代中期,至今才20余年,但是肉牛屠宰加工业在国计民生中越来越显示出活力和积极作用。肉牛屠宰加工业的突出作用表现在以下几方面:在饲养户中是饲养效益的体现;在牛肉加工户中是产品再增值的体现;在牛肉消费者中是安全放心程度的体现;在牛肉流通中是利润的体现;在国民经济中带动了其他相关产业发展等。

一、肉牛屠宰加工业在饲养户中的作用和地位

肉牛屠宰加工业在肉牛饲养户的作用和地位突出地表现在以下几方面。

(一)是检验饲养户饲养肉牛质量的不可缺少的环节　肉牛饲养户饲养肉牛,在没有屠宰以前,仅能根据外表作出大致的评价。只有通过屠宰加工,才能评定牛肉的等级,才能说明饲养户饲养肉牛的质量。

(二)是检验饲养户养牛技术水平的重要环节　肉牛的胴体脂肪颜色、肉块中脂肪沉积程度(数量及均匀度)、肉的嫩度、肉的色泽等,都与饲养户饲养肥育牛的技术水平有密切关系。如饲料配方设计、精粗饲料配合、饮水质量等。

(三)是饲养户获得养牛效益的重要环节　当前绝大多数肉牛屠宰加工厂给肉牛作价的依据是屠宰率的高低,胴体质量(胴体整齐度、胴体体表脂肪颜色和厚度、胴体重量等),净肉率的高低,

牛皮质量等。不通过牛的屠宰,上述指标都无法量化,也无法对肉牛定出公正的价格,更不能体现优质优价。因此,只有依据肉牛的屠宰,饲养户才能获得养牛优质优价的实惠。

(四)是饲养户饲养肉牛经济核算的重要环节　饲养户饲养的肉牛是初级产品,其产品质量的认定、饲养效益的核算,只有把原始产品(肥育牛交易)转变成商品牛肉,才能体现肉牛的真实价值,而把肉牛转变成牛肉,屠宰是不可逾越的环节。

二、肉牛屠宰加工业在牛肉加工户中的作用和地位

(一)是由初级产品转化为高级商品的必经环节　肉牛屠宰加工厂从养牛户收购的肉牛为初级产品,由初级产品转变为商品牛肉,肉牛屠宰是不可缺少的环节。

(二)是生产高档(高价)、优质牛肉的重要环节　肉牛通过屠宰加工,获取了成为高档(高价)、优质牛肉的可能性,没有屠宰加工环节,不可能成为高档(高价)、优质牛肉肉块。

(三)是生产安全牛肉的重要环节　肉牛屠宰加工厂通过现代化肉牛屠宰加工的程序,如清洁的屠宰工艺、牛肉速冻(冻结温度−35℃、冻结时间16～18小时)工艺技术等,确保牛肉生产的安全性。

(四)是生产高价高利润牛肉的重要环节　肉牛屠宰加工厂通过现代化肉牛屠宰加工的程序,如牛肉的二次排酸技术、真空包装技术等,使牛肉的质量达到国标或国际认证标准,也使牛肉的出售价格提高。

(五)是改善和提高牛肉质量的重要环节　肉牛屠宰加工厂通过现代化肉牛屠宰加工的程序,如毛牛电刺激技术、胴体排酸(成熟)技术、胴体分割技术、牛肉保鲜、速冻技术等等,大大改善和提高了牛肉的质量(嫩度、风味和无污染等)。

三、肉牛屠宰加工业在牛肉用户中的作用和地位

（一）是获得高档（高价）、优质牛肉的重要环节　市场上的高档（高价）、优质牛肉是通过肉牛的现代化屠宰加工技术才能获得的，如果没有肉牛的现代化屠宰加工工艺技术，就不可能得到味美、细嫩、多汁、松软可口的高档（高价）、优质牛肉。

（二）是获得安全牛肉的重要环节　肉牛现代化屠宰加工工艺是牛肉安全生产的最后也是最重要的环节，是放心牛肉、安全牛肉生产的最后环节。表现在屠宰过程中使用水的卫生及操作员工操作时对胴体、肉块污染程度的控制。

四、肉牛屠宰加工业在牛肉流通中的作用和地位

（一）由原始产品进入可食商品的必经阶段　肉牛的现代化屠宰加工工艺技术是肉牛（原始产品）进入可食用商品的必经阶段，是低价原始产品进入高价食品的必经阶段，是牛肉流通渠道的必经阶段。

（二）由短期贮存产品进入长期贮存（保鲜）食品的必经阶段　肉牛的现代化屠宰加工工艺，是牛肉由短期贮存产品进入长期贮存（保鲜、冷藏）食品的必经阶段；是市场均衡供应的保障手段，也是确保牛肉在流通环节中利润再增加的基础。

五、肉牛屠宰加工业在国民经济中的地位

（一）是农业可持续发展的重要环节　肉牛生产在农业可持续发展中具有重要的作用，母牛繁殖是畜牧业中可持续发展的基础，俗话说"牛生牛，三年见五头"。养牛积肥，是促进农作物生产的有力手段。而养牛生产发展，必须依靠肉牛屠宰加工业带动，没有畅销的牛肉市场，必然会影响肉牛的生产，也会影响农业的可持续发展。

（二）是农业循环发展的中枢　肉牛在农业循环发展中把秸秆类粗饲料转化为肉、奶食品，牛粪尿通过一定的工艺技术产生沼气，沼气既能发电，又能当燃料。沼气渣、沼气液体都是农业生产的优质有机肥料；肥料肥田，秸秆和籽粒养牛，养牛产生牛粪尿，如此循环发展。而牛的屠宰加工业，则是循环发展中的中枢。

（三）提高农民生活水平　肉牛的现代化屠宰加工还能拉动成千上万农户养牛脱贫致富，改变我国农业、农村和农民的面貌。农户养1头牛，每月可增加收入100元左右。

（四）能拉动一方经济发展　肉牛的现代化屠宰加工拉动屠宰加工"下游"产业的发展，如运输业、牛皮加工业、内脏加工业、牛脂肪加工业等相关企业的发展，使更多的人得到就业的机会，拉动了一方经济的发展。

第二节　我国当前肉牛屠宰业的简况

一、肉牛屠宰业简况

在很长的历史进程中，黄牛作为农业的主要役力而被禁止宰杀，1983年前黄牛的宰杀在政府指定的国有企业并必须持有政府部门签发的黄牛屠宰许可证，屠宰的黄牛绝大多数为老弱病残淘汰牛，牛肉质量差、产量少（黄牛饲养量在6 000万头左右，年产牛肉才20万吨左右），牛肉的消费主体为回族、维吾尔族等信奉伊斯兰教的民族。直到20世纪80年代中期，我国黄牛的肉用化生产才起步。随着我国改革开放政策的进一步实施，多种经济成分在国民经济地位中的确立，1990年以后黄牛屠宰以国有企业为主的局面很快被民营企业替代，牛肉产量逐年增加，2005年牛肉产量超过600万吨。

二、肉牛屠宰方法和设备

我国肉牛屠宰方法分为普通屠宰和伊斯兰教屠宰,后者必须由阿訇主宰,被宰牛必须是活牛,牛头朝向、下刀方向、手握刀具的方法等都有严格的宗教要求。

我国肉牛屠宰方法和设备的演变发展大致可以分为以下几个阶段。

（一）1983 年以前 不论屠宰企业规模大小,都采用一条绳子一把刀,地打滚宰牛,屠宰前首先把牛捆绑结实,再用铁锤或木锤将牛击昏,然后下刀放血,就地剥皮剔骨,俗称"地打滚"。这种屠宰方法设备简陋,设备投资少,但是卫生条件差,牛肉大多被污染。

（二）1984 年后

1. 华安的贡献 1984 年由农业部牵头,华安肉类有限公司首先介入我国的肉牛屠宰行业。华安肉类有限公司首次引进当时具有先进水平的肉牛屠宰设备和屠宰方法,如屠宰箱保定牛、牵牛机、提升机、步进器、劈半锯、剪角（脚）器、剥皮机等设备,为我国肉牛屠宰的现代化生产奠定了基础,俗称"吊宰"。华安肉类有限公司对我国肉牛屠宰技术的变革和提高有不可磨灭的作用。

2. 北京市农林科学院肉牛研究室的工作

（1）毛牛电刺激 1991 年北京市农林科学院肉牛研究室在国内第一次用土制毛牛电刺激仪对肉牛屠宰后剥皮前、剥皮后电刺激次数（1～3 次）、电刺激穴位等的研究,获得了很多第一手资料,为我国高档优质牛肉生产提供了有关的技术数据。

（2）胴体"排酸"（成熟） 1985 年国内胴体"排酸"（也称胴体预冷、后熟、熟化、成熟）工艺技术首次在北京市农林科学院肉牛研究室试验,并获得成功。该技术对提高牛肉品质、提高牛肉嫩度有极为显著的作用。在肉牛屠宰生产线中增加了"排酸"（成熟）设备（"排酸"间）,并且结合我国屠宰卫生条件现状,经过反复的试验研究,确定胴体"排酸"(成熟)的较理想时间为 7～8 天,"排酸"(成熟)间的温度为 0℃～4℃,经"排酸"(成熟)的牛肉嫩度提高了几倍。

(3)胴体在"排酸"(成熟)期的损失 1991 年北京市农林科学院肉牛研究室在国内第一次测定了牛胴体在"排酸"期间胴体的失重率为:二分体胴体的失重率为 2.28%;整胴体的失重率为 1.93%。

(4)高档牛肉生产模式(方法)和高档牛肉标准 1991 年北京市农林科学院肉牛研究室在国内首次提出适合于当时农村经济条件的高档牛肉生产模式(方法)和高档牛肉标准。

(三)1995 年后 我国自制的肉牛屠宰设备进入了世界先进水平,毛牛电刺激仪、同步卫检线、可疑胴体轨道、牛肉分割线样样齐备。在此过程中,江苏省南京市亨齐达食品机械厂研制的屠宰设备走在前列,对推动我国屠宰设备的改造起了积极作用。

三、肉牛屠宰企业规模和产量

(一)肉牛屠宰企业规模 从目前笔者调查资料显示,全国有肉牛屠宰企业 300 多家(不计个体屠宰户),我国肉牛屠宰规模大致可分为四种类型。

1. 规模较大的屠宰厂(设计能力) 每年牛的屠宰量超过 10 万头,如长春的皓月清真肉牛业集团公司(年屠宰量为 20 万头)、内蒙古科尔沁牛业集团公司(年屠宰量为 10 万头)、河北省三河县福成肉类有限公司(年屠宰量为 10 万头),正在筹集资金建设的阜阳肉牛集团公司(年屠宰量为 50 万头)、亳州肉牛集团公司(年屠宰量为 30 万头)、甘肃省临夏回族自治州清河源清真食品公司(年屠宰量为 21 万头)等。

2. 规模中等大的屠宰厂 每年牛的屠宰量 3 万头左右,如华安肉类有限公司、河北省大厂县福华肉类有限公司、北京龙昊肉类有限公司、内蒙古远大肉类有限公司、山东省希森三和集团公司、山东省亿利源清真肉类公司、河南省唐河县牛羊产业集团等。

3. 规模较小的屠宰厂　每年牛的屠宰数几千至上万头,如北京平头优质肉牛饲养示范场、北京卓宸畜牧公司、河北大厂县鑫发肉类有限公司、协力肉类有限公司和通达肉类有限公司等。

4. 个体屠宰　每日屠宰牛几头至几十头的个体屠宰户,数量以万计。

（二）牛肉产量　据有关方面资料的统计,我国在1983年以前,黄牛作为耕牛,是农业生产的主要役力,政府明令禁止任意宰杀黄牛,被宰杀的黄牛绝大多数为老弱病残牛。因此,产肉量极低,牛肉的年产量为几万吨到二十几万吨。按照存栏黄牛的数量平均,每头黄牛的产肉量仅有几千克,每人每年食用牛肉的量也很少,仅零点几千克。1983年以后,黄牛的役畜作用逐渐减弱,肉用性能迅速提升,政府取消禁止宰杀黄牛令,牛肉产量成倍增长（表1-1）。

表1-1　我国历年黄牛牛肉产量

年　度	黄牛牛肉产量（万吨）	人均占有牛肉（千克）	年　度	黄牛牛肉产量（万吨）	人均占有牛肉（千克）
1983	23.6	0.2	1995	298.5	2.5
1984	39.7	0.3	1996	355.7	2.9
1985	42.2	0.4	1997	440.9	3.6
1986	57.3	0.6	1998	479.9	3.8
1987	73.9	0.7	1999	505.4	4.0
1988	73.7	0.7	2000	532.8	4.1
1989	90.4	0.8	2001	548.4	4.2
1990	122.6	1.1	2002	584.6	4.5
1991	153.0	1.3	2003	599.8	4.6
1992	180.3	1.6	2004	605.8	4.7
1993	233.6	2.0	2005	617.9	4.8
1994	327.0	2.8			

　　我国黄牛的饲养量位居世界前列,但牛肉产量远不如其他一些国家,2006 年全世界每人每年消费牛肉量为 9～10 千克,我国只有其一半。

四、肉牛胴体的概念

(一)我国畜牧界对牛胴体的概念

　　1. 肉牛胴体脂肪　"胴体脂肪包括肾脂肪、盆腔脂肪、腹膜脂肪、胸腔脂肪"(全国肉牛繁育协作组．肉牛技术手册.1980)。

　　2. 我国畜牧界前辈邱怀先生对牛胴体作了更具体的描述　肉牛"胴体重为除去头、蹄、尾、内脏器官,带有肾脏及附近脂肪重量"(科学养牛问答．邱怀主编．农业出版社,1990);"牛尸体除去皮、头、尾、内脏(不包括肾脏和肾脂肪)、腕、跗关节以下的四肢、生殖器官及其周围脂肪,称为胴体。"(邱怀主编．中国黄牛．农业出版社,1992)。

　　(二)原商业部对牛胴体的概念　原商业部对牛胴体概念在原商业部对牛的屠宰加工要求(鲜冻四分体带骨牛肉.1988)中对肉牛胴体描述如下。

　　3.2.1.2 条目:"剥皮,去头、蹄尾、内脏、大血管、乳房、生殖器官"。

　　3.2.1.3 条目:"皮下脂肪或肌膜保持完整"。

　　(三)中华人民共和国标准"动物防疫基本术语"胴体的概念

　　2.3.1.3 条目:胴体 carcass

　　动物屠宰后,去除头 、尾 、四肢、内脏的肉体(一般包括肾脏和板油)。

　　(四)现在民营屠宰企业对牛胴体的概念　现在民营屠宰企业对肉牛胴体概念的理解和上述定论的最大区别是肾脏和肾脂肪是否定为胴体的一部分,民营屠宰企业不仅将肾脏和肾脂肪割除,并且将牛前躯能见到的肉间脂肪也割除。笔者曾测定过体重 550～

600 千克肉牛屠宰后肾脏和肾脂肪的重量为 15～16 千克,加上属于胴体组成部分而被割除的重量共计为 27～28 千克,为活牛体重的 4.7%～4.9%。按民营屠宰企业定价规定增加 1 个百分点每千克体重加 0.2 元计算,体重 550 千克肉牛的价值相差 517 元〔4.7%×(0.2 元/千克)×体重 550 千克〕。民营屠宰企业得利了,肉牛饲养户或肉牛经纪人吃大亏了。这是当前民营屠宰企业存在的最大问题之一。

五、肉牛屠宰率概念

（一）肉牛屠宰率概念　肉牛屠宰率是肉牛胴体重和屠宰前活(体)重的比率。是肉牛生产性能的重要指标,屠宰率越高,牛的生产性能越好。影响肉牛屠宰率高低的因素较多,在肥育过程中进行充分育肥牛的屠宰率高,育肥力度差的牛屠宰率低。育肥牛品种也影响屠宰率的高低,国外专用肉牛的屠宰率高达 65% 以上,我国黄牛较充分育肥时屠宰率可达 63% 左右。屠宰前是否停食停水对屠宰率的影响更大。对胴体的理解不同,屠宰率相差很大。

肉牛屠宰率(畜牧界共认的)一般在 55%～65%,较好的肉牛品种屠宰率能达到 70% 以上,我国肉牛的屠宰率一般在 60% 以上(表 1-2),说明我国黄牛具有较好的肉用性能。

表 1-2　肉牛屠宰率统计

序号	肉牛品种	屠宰前体重(千克)	屠宰率(%)	备注
1	夏洛来牛	600～650	67.00	
2	利木赞牛	600～700	64.00	
3	安格斯牛	500～550	65.00	
4	海福特牛	500～550	59.80	
5	短角牛	550～600	65.00	
6	罗马诺拉牛	550～600	58～65	

续表 1-2

序 号	肉牛品种	屠宰前体重(千克)	屠宰率(%)	备 注
7	圣格鲁迪牛	600～700	71.90	
8	德国黄牛	600～650	61.50	
9	丹麦红牛	550～650	56.00	
10	瑞士褐牛	550～600	55.00	
11	瑞士西门塔尔牛	600～650	65.00	
12	德国西门塔尔牛	600～650	62.00	
13	法国西门塔尔牛	600～650	58～64	
14	意大利西门塔尔牛	600～650	57.70	
15	匈牙利西门塔尔牛	600～650	56～58	
16	前苏联西门塔尔牛	600～650	60.50	
17	中国晋南牛	550～600	64.20	去势公牛
18	中国秦川牛	550～600	63.40	去势公牛
19	中国鲁西牛	500～550	63.10	去势公牛
20	中国南阳牛	500～550	63.70	去势公牛
21	中国延边牛	500～550	61.20	晚去势公牛
22	中国复州牛	550～600	62.10	公牛
23	中国渤海黑牛	500～550	63.60	公牛
24	中国科尔沁牛	550～600	62.40	去势公牛
25	中国科尔沁牛	600～650	61.70	公牛
26	中国新疆褐牛	500～550	59.80	去势公牛
27	中国草原红牛	500～550	58.90	去势公牛

（二）肉牛屠宰率的计算方法　肉牛屠宰率的计算方法是：肉牛屠宰率(%)＝(胴体重/屠宰前活(体)重)×100%。目前我国肉牛屠宰率的计算方法因对胴体的理解差异而有畜牧界、商业部门、

民营企业几种。从形式上看计算方法是相同的,但是由于对胴体的理解和利润的驱动,同一头牛的屠宰率由于对胴体概念的理解的差异会造成非常悬殊的差异。笔者在某屠宰厂分别以畜牧界统计法计算了包含肾及肾周边脂肪(腰窝油、腹脂)和民营企业统计法计算不包含肾及肾周边脂肪(腰窝油、腹脂)屠宰率的差别资料如表1-3。

表1-3 屠宰率差异统计

项　目	统计头数	屠宰率(%)	比较(百分点)
带腹部脂肪(肾周边脂肪、腰窝油)屠宰率	60	60.78	104.22
不带腹部脂肪(肾周边脂肪、腰窝油)屠宰率	88	56.56	100.00
差　额		4.22	4.22

仅仅这一项指标,肉牛的屠宰率就差 4.22 个百分点,1 头 550 千克肉牛的产值(或出售价格)相差(550×4.22×0.2)464.2 元。

(三)当前民营屠宰企业的屠宰率 民营屠宰企业自行出台的肉牛屠宰分级、收购标准多以肉牛屠宰率(起步价的基本屠宰率为50%～52%)计价。从形式上看,以肉牛屠宰率的高低作为肉牛的作价依据是比较公平、公正的,但是在实践操作中存在的问题很多。主要问题是对胴体的理解、胴体称重时的暗箱操作。从肉牛屠宰率的定义不难看出,胴体重量越轻屠宰率就越低(计算肉牛屠宰率的分子越小,屠宰率就越小),肉牛的起步价格就越低。故一些民营屠宰企业为了赢利就在胴体的重量上大做文章,把应当属于胴体的部分剔除了,肉牛的胴体重越小,屠宰率就越低。这样操作的结果带来的负面影响很大:一方面影响了我国黄牛的肉用声誉;第二方面和国际标准化生产接轨带来困难;第三方面更重要的是给肉牛饲养者带来极大的经济损失,严重影响我国肉牛的饲养业,更加剧了肉牛饲养和屠宰间的矛盾,对我国肉牛产业化产生极为不利的影响。

1. 造成民营屠宰企业屠宰率低的原因

(1)肉牛运输后体重非正常损失量异常大　笔者于 2000～2001 年跟随某一肉牛场向甲、乙、丙、丁 4 家民营肉牛屠宰厂分别运送经过 8～10 个月肥育的肉牛,运送前逐头称体重,达到屠宰厂后仍旧逐头称体重,前后称重的结果差异异常大。现将称重情况列表介绍于下(表 1-4)。

育肥牛场离 4 家屠宰厂的距离为 55～65 千米,育肥牛场用卡车(车厢底板垫干草防滑、每头牛用头绳拴系固定、每头牛占有车厢面积 1.4 平方米)经过 80～85 分钟运送到屠宰厂称重,441 头育肥肉牛在屠宰前的运输失重量平均为 51.72 千克(36.44～56.74 千克),为牛屠宰前体重的 7.19%～11.76%,比笔者测定的正常运输损失体重多了 3～7 个百分点(380 头育肥牛运输前的平均体重为 610 千克,经过 70 分钟 60 千米距离运输后的体重为 582 千克,失重率为 4.59%)。其中屠宰厂"丙"失重量最高,达到 56.74 千克,为牛屠宰前体重的 11.76%。正是这种运输后体重非正常损失量大导致了肉牛的屠宰率低。

表 1-4　4 家屠宰厂屠宰成绩

屠宰厂代号	屠宰牛数	出栏体重(千克)	宰前体重(千克)	宰前掉重(千克)	屠宰率(%)	单价(元/千克)
甲	90	550.89±61.89	496.03±59.28	54.86	52.07±2.18	7.9164
乙	97	543.26±57.92	506.82±55.46	36.44	55.18±1.78	7.8740
丙	80	539.12±53.11	482.38±46.68	56.74	52.41±2.21	7.6924
丁	174	488.13±28.30	431.81±48.21	56.32	54.62±2.07	7.9500
合计	441	522.31	470.59	51.72	53.82	7.8797

(2)肉牛屠宰率异常低　4 家屠宰厂的肉牛的屠宰率只有 52.07%～54.62%,这样低的屠宰率绝不是我国肉牛的真实的屠宰率。笔者曾做过多次肉牛的屠宰试验研究,在未停水停食时的

屠宰率达到 63% 以上(200 多头牛的平均统计值)。停水停食 24 小时,体重损失 23 千克,肉牛的屠宰率应该上升 4 个百分点,上述 4 家屠宰厂的屠宰率不仅没有提高,相反还降低了 8 个百分点。为什么会有如此的差异? 首先根据笔者的实践经验,关键在于对胴体的理解,目前民营屠宰企业把应该属于胴体部分的肾脏及附近脂肪、盆腔脂肪、胸腹膈膜、体表部分脂肪统统剔除了,剔除部分约为 28 千克,为 500 千克肉牛体重的 5.6%;其次,如果我们养牛户认可这 5.6%,那么笔者测定的肉牛屠宰率 63% 除去认可的 5.6%,还应有 57.4%,距离以上 4 家屠宰企业的最高屠宰率 54.62% 仍有 2.78% 的差异,距离以上 4 家屠宰企业的最低屠宰率 52.07% 多达 5.33% 的差异,这些差异来自何处,比较有支持的解释是活牛和胴体的称重出了问题(尤其是胴体的称重为暗箱操作)。正是这种非正常胴体和暗箱操作导致了肉牛的屠宰率低,屠宰率低是当前民营屠宰企业存在的另一大问题。

(3)养牛户损失巨大　养牛户的损失来自两方面。

①体重的无谓损失:体重的无谓损失造成了养牛户的重大损失,育肥肉牛在屠宰前的掉重量达 36.44~56.74 千克(比正常运输多掉重量 11~31 千克),以每千克肉牛价格为 11 元计,养牛户卖 1 头体重 500 千克的牛,损失 121~341 元。

②肉牛屠宰率无谓的低:肉牛屠宰率无谓的低进一步造成了养牛户的损失。屠宰厂"丙"肉牛的屠宰率最低,比正常屠宰率低 5.33 个百分点,以每个百分点 0.2 元计,1 头 500 千克体重肉牛又损失 533 元[(5.33×0.2)×500]。

屠宰前体重非正常失重和屠宰率低造成的双重损失,较严重地影响养牛户的积极性,导致养牛户少养牛或不养牛,严重影响我国肉牛业产业化。

2. 民营屠宰企业以屠宰前体重为计价标准时也有不良的后果

如果民营屠宰企业以屠宰前体重作为计价标准的方法收购养

牛户的牛,一些养牛户为增加出售牛的体重往往采用引诱牛多采食精饲料、甚至人为灌水等,造成牛的屠宰率低,民营屠宰企业亏本。

因此,要妥善解决当前肉牛屠宰企业收购不到优质育肥牛,而养牛户不愿多投入养好牛的矛盾,养牛户和民营屠宰企业两方面都要遵循商界规范,讲商业道德。

(四)屠宰前肉牛运输后体重的下降 育肥肉牛屠宰前停食24小时是屠宰业的需要。因此,养牛户在计算饲养效益时,必须要考虑育肥肉牛屠宰前停食停水后体重的下降,但是非正常失重应该避免,希望屠宰企业家能以平常心态经商。

1. 育肥牛屠宰前停食停水导致失重

(1)停食停水24小时体重变化 笔者于2001年在北京市鑫农肉牛场测定了13批178头育肥肉牛屠宰前停食停水24小时体重变化(表1-5)。

表1-5 肉牛宰前停食停水24小时体重变化情况

批次	统计头数	停食停水前体重(千克)	24小时后(千克)			备注
			体重	掉重	%	
1	7	515.00±20.26	496.43±18.87	18.57	3.61	拴系停食停水
2	9	494.87±28.26	482.78±28.19	11.09	2.25	拴系停食停水
3	16	549.69±65.76	524.69±59.09	25.00	6.55	拴系停食停水
4	17	470.59±28.06	455.88±25.87	14.71	3.13	拴系停食停水
5	22	540.45±52.48	522.50±50.89	17.95	3.32	拴系停食停水
6	16	535.63±32.70	517.50±30.82	18.13	3.38	拴系停食停水
7	15	559.00±46.61	530.33±45.96	28.67	5.13	拴系停食停水
8	15	545.67±56.03	518.00±52.47	27.67	5.07	拴系停食停水
9	12	529.17±46.99	509.17±45.15	20.00	4.78	拴系停食停水
10	10	554.00±57.92	527.50±55.34	26.50	4.78	拴系停食停水

续表 1-5

批　次	统　计头　数	停食停水前体重（千克）	24 小时后（千克）			备　注
			体　重	掉重	％	
11	6	565.17±99.15	538.33±86.12	25.84	6.58	拴系停食停水
12	9	564.89±55.10	536.56±54.28	28.33	5.02	拴系停食停水
13	24	555.83±40.18	524.38±38.77	31.45	5.66	拴系停食停水
合　计	178	536.88	514.96	22.92	4.27	

经过 8～10 个月较充分育肥的肉牛屠宰前停食停水 24 小时，体重由 537 千克降为 515 千克，每头掉重 22 千克，占停食停水前体重的 4.27％，较上述 4 个屠宰厂的运输失重(51 千克)少 29 千克。

(2)停食停水 48 小时体重变化　笔者于 2001 年在北京市鑫农肉牛场测定了 10 批 125 头育肥牛停食停水 48 小时的体重变化(表 1-6)。停食停水 48 小时时，肉牛的体重损失量为 37.56 千克，占停食停水前体重的 6.81％，如以 48 小时掉重 37.56 千克与前述 3 个屠宰厂中"甲、丙、丁"的掉重 54.86 千克、56.74 千克、56.32 千克比较，仍少损失 17.3 千克、19.18 千克、18.76 千克体重。

笔者的试验材料和民营屠宰企业称重材料的差距(停食停水 24 小时少损失的体重 29 千克，停食停水 48 小时少损失的体重 17.3～19.18 千克)为何如此大，只有民营屠宰企业才能说得清楚。

表 1-6　肉牛宰前停食停水 48 时体重变化情况

批次	统计头数	停食停水前体重（千克）	48 小时后（千克）			备　注
			体　重	掉重	％	
1	7	515.00±20.26	485.00±18.93	30.0	5.83	拴系停食停水
2	7	590.00±52.99	552.14±46.89	37.86	6.42	拴系停食停水
3	22	540.45±52.48	517.50±49.20	22.95	4.25	拴系停食停水
4	16	535.63±32.70	508.44±28.03	27.19	5.08	拴系停食停水

续表 1-6

批 次	统计头数	停食停水前体重（千克）	48 小时后（千克）			备 注
			体 重	掉重	%	
5	8	610.88±60.17	573.13±57.32	37.75	6.18	拴系停食停水
6	14	550.36±26.92	515.35±21.35	35.01	6.36	拴系停食停水
7	12	529.17±46.99	500.58±43.52	28.59	5.40	拴系停食停水
8	6	565.17±99.15	523.33±83.29	40.84	7.24	拴系停食停水
9	9	564.89±55.10	517.22±49.82	46.67	8.28	拴系停食停水
10	24	555.83±40.18	495.17±37.49	61.21	11.01	拴系停食停水
合 计	125	551.50	514.94	37.56	6.81	

2. 育肥牛屠宰前运输失重　笔者于 2005 年在北京市鑫农肉牛场测定了 18 批 234 头育肥肉牛屠宰前停食停水 16 小时后装车，经过 70～75 分钟，运输距离 60 千米到达某屠宰厂，卸车称重，体重变化如表 1-7。

表 1-7　育肥牛屠宰前运输失重情况

批次	头数	运输前体重（千克）	运输后体重（千克）	运输失重（千克）	占运输前体重(%)	屠宰率(%)
1	12	612.50±41.20	580.08±43.22	32.42±4.14	5.29	55.84±1.58
2	24	640.42±53.32	603.04±51.04	37.38±3.14	5.84	61.32±1.69
3	11	626.36±42.20	594.09±42.37	32.27±4.96	5.15	56.84±1.71
4	12	700.00±43.17	669.92±41.17	30.08±6.32	4.30	57.63±1.93
5	12	687.92±51.45	553.00±49.57	34.92±4.89	5.08	55.74±1.77
6	12	624.58±54.04	596.75±54.25	27.83±6.31	4.46	55.63±2.16
7	16	725.31±63.39	694.63±61.01	30.69±12.88	4.23	59.62±2.72
8	5	565.00±47.30	544.49±49.61	20.20±4.29	3.58	58.40±2.68
9	12	612.50±65.56	581.42±61.97	31.08±8.01	5.07	57.58±1.63

续表 1-7

批次	头数	运输前体重 (千克)	运输后体重 (千克)	运输失重 (千克)	占运输前 体重(%)	屠宰率(%)
10	12	632.08±60.82	595.33±58.82	36.75±8.00	5.81	60.71±2.12
11	24	597.50±61.93	567.08±59.93	30.42±6.27	5.09	60.14±1.29
12	12	643.33±66.41	610.42±63.62	32.92±6.57	5.12	60.76±1.28
13	12	632.08±47.65	601.58±45.71	30.50±6.50	4.83	60.00±1.03
14	12	651.25±52.40	620.42±56.97	30.83±11.01	4.73	60.73±1.70
15	12	621.67±41.08	590.42±42.59	31.25±7.92	5.03	60.73±1.95
16	12	641.67±58.09	617.50±57.50	24.17±6.32	3.77	60.86±1.68
17	10	634.00±25.77	604.50±25.17	29.50±4.99	4.65	56.09±1.66
18	12	636.67±52.54	609.75±49.56	26.92±5.14	4.23	56.01±2.11
合计	234	634.72	603.50	31.22	4.92	58.86

在既停食停水,又经过 70~75 分钟的运输后,育肥牛的平均失重量为 31.22 千克,占停食停水前体重的 4.92%。

同一个育肥牛场的育肥牛,换了个屠宰厂,结果就产生如此悬殊的差异。某肉牛屠宰厂和甲、丙、丁屠宰厂的差异达 25 千克以上。

以上列举的调查数据说明,当前我国民营的肉牛屠宰行业因无标准、无规范可依造成的混乱局面。

(五)牛经济人的对策 牛经济人针对当前绝大多数屠宰企业以屠宰率为计算肉牛价值的依据,因此在屠宰率上做足文章。既然影响屠宰率因素是屠宰前体重和胴体重,而肉牛屠宰前体重又受胃肠内容物多少的影响,胃肠内容物多少又直接影响屠宰率〔屠宰率(%)=(胴体重÷屠宰前体重×100%)〕的高低。因此,多数地区牛经济人为了提高肉牛的屠宰率,他们在屠宰前的牛体重上

(屠宰率的分母)狠做文章,尽最大限度降低屠宰牛宰前的体重,以获得较高的屠宰率,他们将屠宰前肉牛停食停水的时间达到 48 小时以上,由原来体重 500 千克的牛经过饥饿后体重减少为 470 千克,甚至更低。那么,出售 500 千克体重的牛合算还是出卖 470 千克体重的牛合算,实践证明出售 470 千克体重的牛更合算(表 1-8)。计算时,屠宰率 52% 为活牛作价的起步价,增加或减少 1 个百分点,加或减 0.2 元/千克体重。

表 1-8　屠宰前肉牛的体重下降对售价的影响

计价体重(千克)	屠宰率(%)	计价(元/千克)	每头售价(元)	差额(元/头)
500	52.0	10.0	5000.0	—
495	53.0	10.2	5059.0	59
490	54.0	10.4	5096.0	96
485	55.0	10.6	5141.0	141
480	56.0	10.8	5184.0	184
475	57.0	11.0	5225.0	225
470	58.0	11.2	5264.0	264

从表 1-8 的计算不难看出,屠宰前牛的体重每下降 5 千克,屠宰率(%)就增加了 1 个百分点,每千克体重价增加了 0.2 元。未失重时育肥牛体重 500 千克时的出售价为 5 000 元,停水停食后体重减少了 30 千克时,但是由于屠宰率提高,每千克活重的价格也提高了,体重 470 千克的出售价为 5 264 元,比体重 500 千克出售收入多了 264 元。因此,养牛户要获得较好的效益,一方面出售育肥牛时一定要把屠宰企业计算牛体重标准、计价标准了解清楚,并采用合理减重技术措施增加养牛效益。

在进一步计算时发现,起步计价(元/千克)越高,每头牛的差价越小,如起步计价为 8.8 元/千克,停水停食 48 小时后体重为

470 千克的产值为 4 700 元(470×10＝4 700),较不停水停食时的产值(500×8.8＝4 400 元)多了 300 元;如较起步计价定为 8 元/千克,停水停食 48 小时后体重为 470 千克的产值为 4 324 元(470×9.2＝4 324 元),较不停水停食时的产值(500×8＝4 000 元)多了 324 元,后者较前者每头牛增加了 24 元。因此,养牛户要充分利用屠宰企业的收购规定,获得较高的利润。

但是,DFD 肉(指肌糖原过少且受到应激的牛,屠宰后产生的色暗、坚硬和发干的肉)和 DCB 肉(指牛在饥饿应激下宰杀得到的肌肉切面颜色变暗的肉)的发生降低了牛肉的品质。因此,不应提倡过度饥饿再屠宰的方法。

六、屠宰肉牛的收购方法和标准

(一)屠宰肉牛的收购方法　据笔者考察,目前我国肉牛屠宰企业收购肉牛的计价方法只有民营企业的,没有国家或地方的方法,民营企业收购肉牛的计价方法有以下几种。

1. 整体估价　凭目测,从肉牛的体型、外貌、体积、肥瘦程度、产肉性能等方面估算 1 头牛的价值。

2. 净肉重计价　交易双方首先商定每千克净肉重的价格,然后凭目测估算 1 头牛宰后出净肉重量,再计算出 1 头牛的价值。

3. 体重计价　交易双方首先确定每千克体重的价格。

(1)凭目测估测该牛体重,再计算出 1 头牛的价值　目测估测该牛体重的差异较大,正确性较差。

(2)以实际称量体重计算出 1 头牛的价值　称量体重的准确性受称量前是否喂料、饮水的影响,人为给牛灌水更严重影响肉牛的实际体重,也影响屠宰户的效益。

4. 屠宰率计价　按肉牛屠宰率为计价基础,宰前体重为计价标准。大多数肉牛屠宰企业规定,肉牛屠宰率以 52% 作为起步价,屠宰率增加或减少 1 个百分点,每千克体重价增加或减少

0.16～0.2 元,以活牛体重计算牛的价值。

比较以上 4 种收购肉牛的计价方法,笔者认为从计价方法本身考察,屠宰率计价方法较为公平、公正,但是屠宰企业应尽量公开,减少暗箱操作。

(二)屠宰肉牛的收购标准 笔者考察了中原肉牛带、东北肉牛带等 40 余家肉牛屠宰企业收购屠宰牛的方法和标准,现汇总如下。

肉牛质量的评价主要分为 3 个环节:即肉牛屠宰前个体称重,初评;屠宰后胴体质量评级;牛肉质量评级。

1. **肉牛屠宰前等级评定** 是确定该牛等级的第一步。活牛等级标准分为 A 级、B 级、C 级、D 级等 4 级,即特级、1 级、2 级、3 级。各个等级牛的特点如下。

(1)A 级牛(特级)

①品种:体型较大的我国纯种黄牛,如秦川牛(彩图 1)、晋南牛(彩图 2)、鲁西牛(彩图 3)、南阳牛(彩图 4)、延边牛(彩图 5)、郏县红牛(彩图 6)、复州牛(彩图 7)、冀南牛(彩图 8)、草原红牛、三河牛和新疆褐牛等,及以体型较大的我国纯种黄牛为母本、引进的肉用品种牛为父本的杂交牛。

②性别:去势(阉割)公牛。

③年龄:小于 30 月龄。

④体重:屠宰前肉牛的活重 550 千克以上。

⑤体型外貌:外貌丰满,皮毛光顺;躯体结构匀称,符合品种特点;背部平宽,臀部方圆,尾根两侧隆起明显,两臀部末端下方有明显的脂肪沉积,平坦无沟;前胸开张,胸部突出、丰满而圆大;体型呈长方形或圆筒形。

⑥体膘肥度:满膘(全身丰满、体态臃肿、行走缓慢)。

⑦体质:健康,活体检测(血检)各项指标均为阴性,体表无划伤、无疤痕。

(2)B级牛(1级)

①品种:体型较大的我国纯种黄牛,如秦川牛、晋南牛、鲁西牛、南阳牛、延边牛、郏县红牛、复州牛、冀南牛、草原红牛、三河牛、新疆褐牛等,及以体型较大的我国纯种黄牛为母本、引进的肉用品种牛为父本的杂交牛。

②性别:去势(阉割)公牛。

③年龄:小于30月龄。

④体重:屠宰前肉牛的活重500千克以上。

⑤体型外貌:外貌较丰满,皮毛光顺;躯体结构匀称,符合品种特点;背部平宽,臀部较方圆,尾根两侧隆起较明显,两臀部末端下方较平坦;前胸部较开张,胸部突出、较丰满而圆大;体型呈长方形或圆筒形。

⑥体膘肥度:几乎满膘(即全身丰满、体态臃肿、行走缓慢)。

⑦体质:健康,活体检测(血检)各项指标均为阴性,体表无划伤、无疤痕。

(3)C级牛(2级)

①品种:体型较大的我国纯种黄牛,如秦川牛、晋南牛、鲁西牛、南阳牛、延边牛、郏县红牛、复州牛、冀南牛、草原红牛、三河牛、新疆褐牛等,及以体型较大的我国纯种黄牛为母本、引进的肉用品种为父本的杂交牛。

②性别:去势(阉割)公牛。

③年龄:小于36月龄。

④体重:屠宰前肉牛的活重450千克以上。

⑤体型外貌:外貌尚丰满,皮毛光顺;躯体结构较匀称,符合品种特点;背部平直,尾根两侧隆起;前胸稍开张,胸部稍丰满圆大;全身肌肉发育尚可;体型接近长方形或圆筒形。

⑥体膘肥度:八九成膘,即全身较丰满,隐隐约约可见到骨头突出点,体态较臃肿,行走较缓慢。

⑦体质：健康，活体检测（血检）各项指标均为阴性，体表无划伤、无疤痕。

（4）D级牛（3级）

①品种：体型较大的我国纯种黄牛，如秦川牛、晋南牛、鲁西牛、南阳牛、延边牛、郏县红牛、复州牛、冀南牛、草原红牛、三河牛、新疆褐牛等，及以体型较大的我国纯种黄牛为母本，引进的肉用品种牛为父本的杂交牛。

②性别：去势（阉割）公牛或公牛。

③年龄：小于48月龄。

④体重：屠宰前肉牛的活重400千克以上。

⑤体型外貌：外貌尚丰满，皮毛尚光顺；躯体结构尚匀称，符合品种特点；背部平直，尾根两侧隆起差；前胸开张差，胸部丰满度差；全身肌肉发育差；体型呈长方形或圆筒形稍差。

⑥体膘肥度：七八成膘，即全身比较丰满，尚能见到骨头突出点，行走较缓慢。

⑦体质：健康，活体检测（血检）各项指标均为阴性，体表有少量划伤或疤痕。

各屠宰企业在实施上述收购标准时可变性很大

2. 屠宰后胴体质量评级　肉牛胴体等级标准是划分肉牛胴体质量等级优劣的依据，是根据上万头肉牛胴体质量评定而制定的。肉牛胴体等级标准的制定和实施是肉牛优质优价的基础，屠宰企业收购肉牛和饲养户饲养肉牛的目标都应有同一的标志依据。肉牛胴体等级标准包括肉牛胴体外形标准和品质标准，现将实施较广的肉牛胴体等级标准介绍如下。

肉牛胴体外形等级标准评定分为6个等级（表1-9）。

表 1-9 胴体外形等级标准评定

外形等级	描　述
特　级	胴体非常丰满,肌肉发育特别好,胴体内侧胸膈膜及盆腔覆盖脂肪较厚,脂肪洁白,胴体整齐
1　级	胴体丰满,肌肉发达,胴体内侧胸膈膜及盆腔覆盖有脂肪,脂肪洁白,胴体整齐
2　级	胴体总体丰满,肌肉较发达,胴体内侧胸膈膜及盆腔覆盖较少脂肪
3　级	胴体总体呈直线形,肌肉发育良好,胴体内侧胸膈膜及盆腔覆盖很少脂肪
4　级	肌肉呈直线形,不丰满,发育一般,胴体内侧胸膈膜及盆腔无覆盖脂肪
5　级	胴体显瘦,肌肉不发达

3. 牛肉质量评级 屠宰后肉牛胴体分等定级标准,一般分为 4 级(S 级、A 级、B 级、C 级),特级(S 级)即高档肉牛胴体、1 级(A 级)即优质肉牛胴体、2 级(B 级)即普通肉牛胴体、3 级(C 级)即等外级肉牛胴体。现将笔者调查考察的分级定价标准归纳于表 1-10。

4. 最终评级 根据胴体重量、胴体体表脂肪的沉积厚度、脂肪颜色(白色、乳白色最好)、脂肪硬度、胴体的整齐度、大理石花纹丰富程度、牛肉色泽(鲜红色或樱桃红色最好)等最终评定胴体等级。

表 1-10 屠宰牛分级标准(企业)

项　目	特级胴体	一级胴体	二级胴体	三级胴体
品　种	纯种牛 *	纯种牛	要求不严	无要求
年龄(月龄)	<30	<36	<48	≥48
性　别	去势(阉)公牛	去势(阉)公牛	去势(阉)公牛	不严格
屠宰前活体重(千克)	≥580	≥530	≥480	≥400
胴体重(千克)	≥300	≥240	≥220	<220
屠宰率(%)	≥52	≥52	≥50	<50
背部脂肪厚(毫米)	≥15	≥10	<10	光板
脂肪颜色	白色	白色或微黄	微黄色	黄色
胴体体表伤痕淤血	无	无	少量	较多
胴体体表脂肪覆盖率(%)	≥90	≥85	≥80	<80

续表 1-10

项　目	特级胴体	一级胴体	二级胴体	三级胴体
胴体外观	整齐、匀称	较匀称	尚匀称	不匀称
大理石花纹(1级最好)	丰富(1级)	较丰富(1,2级)	少量(3级)	无
产　地	"南牛"＊＊	"南牛"	不严	不严
卫生检测	健康无病	健康无病	健康无病	健康无病

＊纯种牛 指鲁西黄牛、晋南牛、秦川牛、南阳牛、延边牛、复州牛、郏县红牛、渤海黑牛、冀南黄牛、大别山牛、新疆褐牛、草原红牛等

＊＊"南牛"指鲁西黄牛、晋南牛、秦川牛、南阳牛、郏县红牛、渤海黑牛、冀南黄牛、大别山牛等

七、肉牛屠宰标准

直到现在,我国尚未正式颁布国家级的肉牛屠宰标准。在 20 世纪 70 年代,全国肉牛繁育协作组制定了我国"肉牛屠宰试验暂行标准";20 世纪 80 年代当时的商业部委托某企业起草了"肉牛四分体屠宰分割规程";1987 年 12 月由全国肉类工业科技情报中心站起草"鲜、冻四分体带骨牛肉"标准;1990 年北京市农林科学院肉牛研究室提出了高档牛肉生产模式和高档牛肉生产标准等。

八、牛肉质量分级标准

牛肉质量分级标准的制订工作量大,既费时间,又需要资金的支持。因此,直至今日,我国尚未正式颁布国家级的牛肉质量分级标准。1997 年由南京农业大学牵头制订了"牛肉质量分级",农业部于 2003 年 7 月发布了农业部行业标准(NY/T 676—2003);1998～2006 年以笔者为主,以屠宰现场几千头肉牛的分割肉为基础起草了"肉牛胴体及牛肉分级企业级标准方案",尚在征求意见中。

从目前已经出台的肉牛屠宰、牛肉分级标准(方案)情况看,存在以下问题。

第一,如何让肉牛饲养户依据肉牛屠宰分级标准、牛肉分级标

准,饲养的优质牛能够获得优惠价格(优质优价)。

第二,分级标准与牛肉销售价格体系如何挂钩,肉好价高(优质优价),为消费市场服务,让消费者得到实惠。

第三,如何让肉牛屠宰企业使用标准而获得更大的利润。

第四,如何与国际标准接轨。

出台符合我国国情的肉牛屠宰标准、牛肉分级标准,还需我国畜牧界、屠宰企业、牛肉贸易界共同努力才能完成。

第三节　我国牛肉品质质量

评议我国牛肉质量的内容有牛肉品质质量和重量质量。品质质量包括:牛肉的嫩度、牛肉的大理石花纹丰富程度、胴体及牛肉块间的脂肪颜色、牛肉的系水力、牛肉风味等。重量质量包括:总产肉量、各部位肉块的重量等。

一、牛肉品质质量

(一)牛肉嫩度　牛肉嫩度是指牛肉煮熟后被人们食用时嚼碎的难易程度,易嚼碎的,嫩度好,不易嚼碎的,嫩度不好。牛肉嫩度是牛肉品质质量的重要指标之一。

1. 判定牛肉嫩度的方法

(1)采用专用剪切仪测定牛肉的嫩度　剪切仪指示的剪切数值(千克)越大,牛肉的嫩度越差;剪切仪指示的剪切数值(千克)越小,牛肉的嫩度越好。剪切数值小于3.62(千克),牛肉嫩度好,剪切数值大于3.62(千克),牛肉嫩度差。常用的嫩度仪有美国产沃布氏肌肉剪切仪、东北农业大学工程学院制造的肌肉嫩度仪(C-LM3型数显式肌肉嫩度仪)等。

(2)无仪器设备时,依据人们咬碎(断)牛肉的难易程度判定牛肉的嫩度　嫩度好的牛肉容易咬碎(断),嫩度差的牛肉不容易咬碎(断)。

2. 我国牛肉的嫩度　用剪切值 X(千克)的大小来表示牛肉嫩度,比较公正、客观,消除了人为因素。剪切值 X(千克)数值越大,牛肉的嫩度越差,剪切值 X(千克)数值越小,牛肉的嫩度越好。高档次(高价)牛肉的剪切值 X<3.62 的出现率达到 65% 以上;而优质牛肉的剪切值 X<3.62 的出现率只有 15% 左右;普通牛肉的剪切值 X<3.62 的出现率为 0(表 1-11)。牛肉嫩度是评定牛肉品质优劣的十分重要的依据之一。影响牛肉嫩度的因素有以下几个方面。

表 1-11　牛肉剪切值出现率统计　(%)

项　目	剪切值(千克)			
	X<3.62	3.62<X<4.7	4.7<X<6.0	X>6
高档次(高价)牛肉	65	30	5	0
优质牛肉	15	55	20	10
普通牛肉	0	0	20	80

第一,年龄小的牛,牛肉嫩度好,大年龄牛的牛肉嫩度较差。

第二,同年龄的阉公牛牛肉的嫩度比公牛牛肉的嫩度好(表1-12)。

表 1-12　我国部分肉牛的牛肉嫩度　(千克)

牛品种	牛肉剪切值合计	剪切值≤3.62	占品种牛的比例(%)	剪切值≥3.63	占品种牛的比例(%)
秦川牛	3.10	2.76	78.8	5.2	21.2
晋南牛	3.00	2.67	81.6	5.48	18.4
复州牛(公牛)	4.00	2.70	48.0	6.04	52.0
渤黑牛(公牛)	4.42	3.01	26.4	6.21	73.6
延边牛	3.64	3.06	60.0	5.37	40.0
科尔沁牛(公牛)	4.46	2.78	62.0	5.84	38.0
科尔沁牛(去势)	3.51	2.79	28.7	5.80	71.3

第三,同年龄的阉公牛及公牛都经过较长时间肥育,阉公牛的牛肉嫩度比公牛的牛肉嫩度好;同年龄的阉公牛及公牛都没有肥

育,阉公牛的牛肉嫩度仍比公牛的牛肉嫩度好。

第四,肉牛屠宰后排酸(成熟)处理能显著改善牛肉嫩度。排酸(成熟)处理时间越适宜,嫩度改善效果越好。

第五,牛肉加工方法(烹调)影响牛肉的嫩度。

(二)牛肉大理石花纹

1. **定义**　牛肉大理石花纹是指牛肉中肌肉和脂肪交杂形成图案美丽,色泽鲜艳,红白分明,形如天然大理石花纹状,故称之。牛肉大理石花纹的形成是脂肪在肌肉纤维中的沉积,脂肪沉积量越多,大理石花纹越丰富。我国牛肉大理石花纹测定部位在牛第十二至第十三胸肋处(背最长肌)的横切面,日本则在牛第六至第七胸肋处的横切面。

牛肉大理石花纹丰富程度是评定牛肉品质优劣的又一个十分重要的指标。在高档次(高价)牛肉中,1级、2级产品率占有比例达到70%以上,没有5级、6级产品。在优质牛肉中,1级、2级产品率占有比例达到10%左右,没有6级产品。在普通牛肉中,5级、6级产品率占有比例达到65%以上,没有1级、2级产品(表1-13)。

表1-13　不同等级牛肉大理石花纹的丰富程度

大理石花纹等级	1级	2级	3级	4级	5级	6级
高档次(高价)牛肉中占的比例(%)	10	60	20	10	0	0
优质牛肉中占的比例(%)	0	10	60	15	15	0
普通牛肉中占的比例(%)	0	0	5	30	60	5

2. **牛肉大理石花纹等级评定**　牛肉大理石花纹的测定是由科技工作者和具有生产实践经验的第一线员工,选择品种、年龄、阉公牛、育肥时营养条件相仿、屠宰体重类似的育肥牛,在同一位置(第十二至第十三胸肋处背最长肌)把多块含大理石花纹丰富程度不同的牛肉横切面,摄影后制成照片,根据大理石花纹丰富程度

排位制成 1~6 级草图。

有了大理石花纹分级的标准草图后,再在众多的屠宰企业和科技工作者中广泛征求意见,修改、定稿执行。

制成标准图,给某牛定级时用标准图比较即可判定级别。

笔者拟议中的牛肉大理石花纹等级摄影图见插页中彩图,修改后制成标准图试行。

3. 牛肉的大理石花纹等级划分

(1)牛肉大理石花纹分级制 牛肉大理石花纹分级制在不同的国家有不同的等级区分:①我国牛肉大理石花纹等级分为 6 级,1 级最好,6 级最差;②美国牛肉大理石花纹等级分为 9 级,1 级最好,9 级最差;③日本国牛肉大理石花纹等级分为 15 级,A5 级最好,C1 级最差;④欧共体牛肉大理石花纹等级分为 7 级,1 级最好,7 级最差;⑤澳大利亚牛肉大理石花纹等级分为 10 级,10 级最好,1 级最差。

(2)我国肉牛的大理石花纹等级 我国牛肉的大理石花纹等级最早分为 9 级,后改为 6 级,南京农业大学近年提出分为 4 级,执行哪个分级标准,目前尚未得到统一认识。笔者按照 6 级分级标准测定了我国部分黄牛的牛肉大理石花纹等级的出现率见表1-14。被测定牛为经过较充分育肥的去势(阉割)公牛,牛的年龄为 28~32 月龄。

表 1-14 我国部分肉牛的牛肉大理石花纹等级

牛品种	1级(%)	2级(%)	3级(%)	4级(%)	5级(%)	6级(%)
秦川牛	44.00	44.00	8.00	4.00		
晋南牛	64.00	20.00	16.00	—		
复州牛(公牛)	—	—	—	90.00	10.00	
渤海黑牛(公牛)	10.00	20.00	70.00			
延边牛	—	9.09	27.27	54.55	9.09	
科尔沁牛(公牛)	—	13.33	53.33	13.33	20.00	
科尔沁牛(去势)	53.33	33.33	13.33			

我国黄牛在 6～8 月龄去势,32 月龄以内经过较充分育肥,牛肉大理石花纹的等级都较好(1 级、2 级比例高)。

(3)影响牛肉的大理石花纹等级的因素

①肉牛在育肥期内体脂肪的沉积(形成)过程是有序的,有规律的。

第一,肉牛生长规律分析。肉牛体重的增加,肌肉的生长在先,随年龄的增长和饲料能量水平的提高,脂肪才逐渐沉积,体重达到一定程度后,脂肪沉积加快。我国黄牛在体重达到 400 千克以上时,再增加的体重是以脂肪为主了。

第二,据科学研究确定,育肥牛体内脂肪沉积是有规律的,次序为心脏→肾脏→盆腔→背部皮下→肌肉。

第三,我国黄牛育肥时脂肪沉积能力强。根据笔者的研究,体重 300 千克左右的我国黄牛育肥 8～10 个月,脂肪沉积量已经达到日韩烧烤牛肉标准。以专用肉牛为父本的杂交牛育肥也达到日韩烧烤牛肉标准时,比我国黄牛至少要多饲养 2～3 个月。

②牛肉大理石花纹的形成有其自身的规律,也有很多影响因素。

第一,肉牛自身的规律。

研究资料显示,在正常饲养条件下,16 月龄是牛肉大理石花纹形成的开始,高峰期在 16～24 月龄,24 月龄以后牛肉大理石花纹形成的速度显著减缓。也有特殊情况,我国黄牛品种在 6～7 岁育肥时大理石花纹形成的速度仍然较快;据文献记载,利木赞牛肌肉中开始沉积脂肪形成大理石花纹的年龄为 8 月龄。

第二,影响大理石花纹的形成的因素。

A. 育肥牛的性别。育肥牛的性别对牛肉大理石花纹的形成影响极大。据笔者的研究资料,阉公牛育肥时能够较快较多地形成大理石花纹(1～2 级占 80％以上,无 5～6 级产品),而公牛育肥时却很难(无 1 级产品)。不仅去势与否,而且去势时间的早晚也影响牛肉大理石花纹的形成,18 月龄去势育肥牛较 6～8 月龄去势育肥牛的大理石花纹丰富程度差别较大(前者 1～2 级占 30％,

后者1～2级占80％以上)。

B. 育肥期日粮浓度。饲喂育肥牛日粮的浓度也影响牛肉大理石花纹的形成。当日粮浓度偏低时,牛肉大理石花纹形成的速度就减慢;当日粮浓度高时,牛肉大理石花纹形成的速度就加快。

C. 育肥期日粮饲喂量。饲喂育肥牛日粮的饲喂量也影响牛肉大理石花纹的形成。当日粮饲喂量偏少时,牛肉大理石花纹形成的速度就减慢;当日粮饲喂量增加时,牛肉大理石花纹形成的速度就加快。

D. 育肥期使用的饲料品种。在育肥牛使用的饲料中,有些饲料能够增加牛肉大理石花纹的形成,如蒸汽压扁的玉米、大麦。

E. 育肥时间。育肥时间的长短也影响牛肉大理石花纹的形成。当育肥时间较长时,牛肉大理石花纹形成就丰富;当育肥时间较短时,牛肉大理石花纹形成就较少。

F. 育肥牛采食方式。育肥牛的采食方式即自由采食和限制采食,自由采食时育肥牛能够最大限度获取自身需要的饲料量,而限制采食时育肥牛则无法完全获得自身需要的饲料量。因此,自由采食时牛肉大理石花纹的形成量和形成速度比限制采食时多和快。

第三,大理石花纹丰富程度和育肥牛体重之间的关联。笔者在2005年1～9月统计了某屠宰厂来自同一牛场、饲养水平类似、牛品种相同、牛的年龄基本一致的育肥牛234头,结果见表1-15。

表1-15　肉牛屠宰体重和大理石花纹等级

体重(千克)	统计头数	大理石花纹等级					
		1级	2级	3级	4级	5级	6级
＜500	9	0	33.33	33.33	22.22	11.11	0
501～550	35	10.53	15.77	26.32	47.38	0	0
551～600	76	3.95	23.68	32.89	38.16	1.32	0
601～650	60	3.33	21.67	25.00	46.67	1.67	0
651～700	34	5.88	14.70	38.24	41.18	0	0
＞701	17	0	41.19	35.29	23.53	0	0

表 1-15 表明随着肉牛屠宰体重的增加,大理石花纹较高等级有所提高、较低等级有下降的趋势,但是规律性不十分明显。屠宰体重小于 500 千克肉牛的大理石花纹 2 级占比例高,是因为体重虽小,但脂肪沉积较好(脂肪沉积差时屠宰厂不会收购)。仅有较大体重而无较好的育肥条件,不会形成较好的大理石花纹。

屠宰企业要把大理石花纹形成规律、影响因素向肉牛饲养户宣传、引导,养牛户要了解和掌握牛肉大理石花纹形成的规律,在实际工作中为育肥牛创造牛肉大理石花纹形成的有利条件,并把握规律饲养出大理石花纹丰富的肉牛,既对自已有利也对牛肉市场有利。

(4)重视牛肉大理石花纹的理由 ①牛肉大理石花纹是决定牛肉等级优劣非常重要的指标,也是牛肉价格高低的重要依据,大理石花纹丰富时牛肉的定级高,销售价格也高,大理石花纹差时牛肉的定级低,销售价格也低。②牛肉的多汁性、口味、嫩度都和大理石花纹有关,在牛肉品质评定中占有决定性的地位,而在牛肉价格的决定中也是决定因素。③牛肉大理石花纹丰富,牛肉多汁,松软味美;牛肉大理石花纹不丰富,牛肉汁少,干硬。④牛肉大理石花纹丰富,牛肉的口味浓、口感好;牛肉大理石花纹不丰富,牛肉口味淡无纯真牛肉味。⑤牛肉大理石花纹丰富,牛肉嫩度好,鲜嫩易嚼;牛肉大理石花纹不丰富,牛肉粗老,不易嚼碎,塞牙。

(三)牛肉颜色 牛肉颜色是牛肉质量优劣的重要标准之一。牛肉颜色可分为淡红色、深(暗)红色和鲜红色(樱桃红),以鲜红色(樱桃红)为最好。我国牛肉的颜色为鲜红色或樱桃红色。影响牛肉颜色的因素有以下几点。

1. 肉牛品种的差异 有些品种牛生产的牛肉,颜色较深,呈深红色;而有些品种牛生产的牛肉,颜色较淡,呈淡红色;绝大多数品种牛生产的牛肉为鲜红色或樱桃红色。

2. 放血彻底程度 放血充分时,牛肉色泽鲜红;放血不充分时,牛肉色泽深(暗)红。

3. 在空气中暴露时间　牛肉在空气中暴露的时间越长,牛肉的颜色越深(深红或暗红)。

(四)胴体脂肪及肉块间脂肪

1. 脂肪颜色　脂肪颜色是牛肉品质质量的重要指标之一。肉牛的脂肪颜色可分为白色、乳白色、淡黄色、黄色、深黄色(彩图11),以白色、乳白色为上等,黄色、深黄色为等外品。

我国肉牛的脂肪颜色以乳白色、淡黄色较多。影响脂肪颜色的因素有牛的年龄和饲料种类。

(1)牛的年龄　脂肪颜色随着牛的年龄的增长而变化,2～3岁育肥牛的脂肪颜色绝大多数呈白色、乳白色或微黄色;4～6岁育肥牛的脂肪颜色绝大多数呈淡黄色;7～8岁育肥牛的脂肪颜色绝大多数呈黄色或深黄色。

(2)使用饲料的种类和时间　长期饲喂叶黄素较多饲料的牛,脂肪颜色以黄色、深黄色为主;在育肥期多使用白玉米、大麦喂牛,脂肪颜色绝大多数呈白色、乳白色或微黄色。

2. 胴体背部脂肪厚度　胴体背部脂肪厚度是指第十二至第十三胸肋皮下脂肪厚度。不同消费市场对胴体背部脂肪厚度的要求差异悬殊,如日本餐饮要求胴体背部脂肪厚度达到 15 毫米以上,欧共体餐饮要求胴体背部脂肪厚度为零毫米,美国餐饮要求胴体背部脂肪厚度达到 10～15 毫米。饲养条件(育肥时间、饲养营养水平)是影响胴体背部脂肪厚度的主要因素。

我国纯种黄牛的胴体背部脂肪厚度在较充分育肥后能满足日本餐饮和美国餐饮的要求;我国地方品种黄牛较肉用牛为父本的杂交牛更易沉积脂肪。

3. 脂肪硬度　脂肪硬度是指脂肪坚挺程度。脂肪坚挺是牛肉优质的标志。

我国纯种黄牛的脂肪硬度一般较好。

（五）牛肉的系水力　牛肉的系水力是牛肉品质质量的重要指标之一。牛肉的系水力也叫牛肉的保水性或系水性，是指当肌肉受外力作用时，如加压、切碎、加热、解冻、腌制等加工或贮藏条件下保持其原有的水分与添加水分的能力。它对牛肉的品质有很大的影响，是牛肉品质评定时的重要指标之一。牛肉系水力的高低可直接影响到牛肉的风味、颜色、质地、嫩度、凝结性等，牛肉的系水力小，鲜肉保水性能差，冻肉在解冻过程中损失的水分大，加大了经济损失。据笔者的测定，我国纯种黄牛牛肉的系水力为 88.77%～89.54%（国家标准系水力为 88.00%）。

（六）牛肉风味　牛肉风味是牛肉品质质量的重要指标之一。我国纯种黄牛牛肉的风味以味道鲜美、纯真、地地道道的牛肉味称雄于食界。

（七）影响牛肉质量的主要因素　牛肉质量主要指牛肉的嫩度、大理石花纹丰富程度、牛肉颜色、适口性、多汁性、系水力等指标，可量化的指标有牛肉的嫩度、大理石花纹丰富程度、系水力等。

1. 肉牛的品种　由于肉牛的品种差异造成牛肉的嫩度、大理石花纹丰富程度、系水力等的差别。我国纯种黄牛的牛肉的嫩度、大理石花纹丰富程度、系水力比同等条件下的杂交牛好。

2. 肉牛的年龄　由于肉牛的年龄差异造成牛肉的嫩度、大理石花纹丰富程度、系水力等的差别。年轻牛（30 月龄以内）的牛肉嫩度比老龄牛的（大于 48 月龄）好；16～30 月龄肉牛的大理石花纹丰富程度比年龄小于 16 月龄的肉牛好；经过较充分育肥的大年龄（月龄大于 30 月）肉牛的大理石花纹丰富程度比年龄小于 16 月龄的肉牛好。

3. 肉牛的性别　肉牛的性别差异可造成牛肉的嫩度、大理石花纹丰富程度、系水力等差别。去势（阉割）牛牛肉的嫩度、大理石花纹丰富程度比公牛好，正常年龄（6～8 月龄）去势牛又比晚去势牛（18～20 月龄）好（表 1-16）。

表 1-16　肉牛性别和牛肉嫩度(剪切值千克表示)统计

剪切值	阉割公牛*	阉割公牛*	晚阉割公牛**	公牛	公牛	公牛	公牛
测定次数	250	250	100	150	100	110	150
剪切值(千克)	3.001	3.098	3.639	3.513	4.004	4.416	4.458
比　较	100		121.25	117.06	133.42	147.15	148.55

　　*公牛阉割月龄8～10月龄　　**公牛晚阉割月龄18～20月龄

　　4. 肉牛的育肥程度　由于肉牛的育肥程度差异造成牛肉的嫩度、大理石花纹丰富程度、系水力等的差别。充分育肥牛的牛肉的嫩度、大理石花纹丰富程度比育肥欠充分的牛好,更比未育肥牛好。

　　5. 肉牛的体质　肉牛的体质差异可造成牛肉质量的差别,强壮健康牛牛肉的嫩度、大理石花纹丰富程度、系水力比体质差的牛好(表 1-17)。

表 1-17　不同体重高档次(高价)肉块产量关系　(千克)

高档次(高价)牛肉名称	高档次(高价)牛肉占活牛重(%)	650千克产高档次肉	600千克产高档次肉	550千克产高档次肉	500千克产高档次肉	450千克产高档次肉	400千克产高档次肉
牛柳(里脊)	0.72～0.73	4.88	4.32	3.96	3.60	3.24	2.88
西冷(外脊)	2.10～2.20	13.65	12.60	11.55	10.50	9.45	8.40
眼　肉	1.68～1.70	10.92	10.08	9.24	8.40	7.56	6.72
上　脑	1.96～2.10	12.74	11.76	10.78	9.80	8.82	7.84
S腹肉	0.067～0.07	4.36	4.02	3.68	3.35	不能生产	
S特外	3.85～3.88	25.03	23.10	21.17	不能生产		
T骨扒	0.96～0.98	6.24	5.76	5.28	4.80	不能生产	
牛仔骨	0.95～0.96	6.17	5.70	5.22	4.75	不能生产	
牛　肩	1.68～1.70	10.92	10.08	9.24	8.40	7.56	6.72
带骨腹肉	1.56～1.58	10.14	9.36	8.58	7.80	不能生产	
卡鲁比	0.63～0.64	3.98	3.78	3.47	3.15	2.84	2.52

　　分割牛肉肉块的重量和肉牛屠宰前体重间存在极强的正相关关系：肉牛屠宰前体重越重，分割肉块的重量也越重；肉牛屠宰前体重越小，高档次（高价）肉块就出不了。因此，肉牛屠宰前体重小的牛卖不出高价钱。

　　从上面的数据不难看出，体重较小的肉牛品种（屠宰体重小于530 千克）能够生产优质牛肉，但是不能生产高笃次（高价）牛肉，因为肉块的重量达不到高档次（高价）牛肉的要求。

　　较大体重的品种牛有鲁西牛、晋南牛、南阳牛、延边牛、复州牛、郏县红牛、秦川牛、草原红牛、新疆褐牛、三河牛、渤海黑牛、冀南牛等，和以这些品种牛为母本的杂交牛均能生产高档次（高价）牛肉。

　　从牛肉加工（屠宰企业）、牛肉流通（牛肉销售中间商）到用肉单位（餐饮业）都要求（渴望）高档次肉块越大越好（利润空间大）。但是，从饲养者的经济利益考虑，育肥牛育肥结束体重越大，饲养成本就越高，养牛的利润空间就越小。笔者建议肉牛育肥户将肉牛体重育肥到550～580 千克时出售，此时既能生产高档次（高价）牛肉（表 1-18），又能降低成本。

表 1-18　肉牛屠宰体重和大理石花纹等级　（%）

体重(千克)	统计头数	大理石花纹等级					
		1 级	2 级	3 级	4 级	5 级	6 级
<500	9	0	33.33	33.33	22.22	11.11	0
501～550	35	10.53	15.77	26.32	47.38	0	0
551～600	76	3.95	23.68	32.89	38.16	1.32	0
601～650	60	3.33	21.67	25.00	46.67	1.67	0
651～700	34	5.88	14.70	38.24	41.18	0	0
>701	17	0	41.19	35.29	23.53	0	0

　　表 1-18 表明，随着肉牛屠宰体重的增加，大理石花纹较高等级有所提高、较低等级有下降的趋势，但是规律性不十分明显。屠

宰体重小于500千克肉牛的大理石花纹2级占比例高,是因为体重虽小,但脂肪沉积较好(脂肪沉积差时屠宰厂不会收购)。仅有较大体重而无较好的育肥条件,不会形成较好的大理石花纹。

6. 肉牛的屠宰加工技术

(1)屠宰方法   由于肉牛的屠宰方法差异造成牛肉的嫩度、系水力等的差别。采用现代化肉牛屠宰方法屠宰的牛的牛肉的嫩度、系水力比"地打滚"屠宰的牛好。

(2)胴体成熟时间   由于肉牛的胴体成熟时间差异造成牛肉的嫩度、系水力等的差别。胴体成熟时间长的(7天以上)比胴体成熟时间短的,牛肉的嫩度和系水力好。

(3)胴体分割(切块)方法   肉牛的胴体分割(切块)方法差异可造成牛肉的嫩度、大理石花纹丰富程度、系水力等的差别。正确的胴体分割(切块)方法会改善牛肉的品质。

(4)牛肉冻结环境条件   牛肉冻结环境条件差异可造成牛肉的嫩度、大理石花纹丰富程度、系水力等的差别。牛肉冻结环境条件好(−35℃、冻结时间少于18小时)会使牛肉的品质得到改善。

肉牛屠宰厂要克服对牛肉品质不利因素,充分发挥有利因素,以获得较好的经济利益。

二、牛肉重量质量

牛肉重量质量的重要性表现在牛肉交易等级上,高档优质牛肉对肉块的重量要求更为严格,达不到规定的重量就卖不上高价。牛肉重量质量受肉牛屠宰前体重的影响最大,屠宰前体重越大,肉块重量也越大。

第四节 我国牛肉的安全质量

牛肉被称为营养型、享受型食品,不仅仅是由于牛肉的蛋白质含量高、脂肪含量低、胆固醇含量少,而且还应该是不含有毒有害物质、无农药和药物残留的安全卫生食品。因此,对我国牛肉安全品质现状的了解,具有特别重要的意义。

为了比较全面地了解我国当前牛肉安全品质的现有水平,存在的主要问题,笔者于 2002～2003 年,在我国 12 个省、自治区、直辖市选用纯种黄牛品种 9 个、杂交类群牛 3 个,试验牛 557 头,测定兽药残留量 8 项、重金属残留量 5 项、农药残留量 21 项;测定饲料样品 8 种、重金属残留量 5 项、农药残留量 8 项。具体情况如下。

一、牛肉安全性测定

(一)牛肉安全性测定的基本情况

1. 采样测定的牛品种和地区

(1)东北肉牛带　吉林省延边市延边黄牛,长春市皓月公司杂交牛,内蒙古自治区呼伦贝尔市三河牛。

(2)中原肉牛带　山东鲁西牛、山东杂交牛、河北杂交牛、山西晋南牛、陕西秦川牛、河南南阳牛、安徽杂交牛。

(3)湖南　巫陵牛(湘西牛)。

(4)海南　雷琼牛(海南牛)。

(5)西北地区　甘肃杂交牛。

(6)北京　杂交牛。

2. 采样测定规模　每个采样点采样 30～60 头。

3. 样品采集方法

(1)采样牛的条件

①性别:去势(阉割)公牛。

②年龄:2～4 岁。

③育肥情况:经过育肥。

④健康状况:健康无病。

(2)采样方法

①每一个采样点采样牛数 30～60 头。

②每一头牛采样 50～70 克。

③采样部位为前躯臂肉(每头牛的采样点相同)。

④样品采集后装塑料袋冻结(-18℃)保存。

⑤制作样品:由于测定费用昂贵(4 500 元/1 个样品),我们只能将每一份样品采集的 30～60 头牛的牛肉,1～2 天内采集齐全后低温(-18℃)保存,待多个样品采集后,解冻后用同一不锈钢搅肉机搅碎,连续搅碎 3 次,并充分搅拌均匀,再多点取样,作为一个送检样品(委托其他单位测定),每个送检样品重量为 600～800 克。

(3)粗样品运输

①运输保温:保温瓶(冰块)。

②运输工具:飞机或汽车。

(4)细样品运输

①运输保温:保温瓶(冰块)。

②运输工具:汽车。

4. 牛肉样品测定内容

(1)兽药残留量测定　金霉素、土霉素、青霉素、氯霉素、恩诺沙星、磺胺类、氯羟吡啶、环丙沙星(测定单位部分兽药测定不了)等 8 项。

(2)重金属残留量测定　砷(As)、汞(Hg)、铅(Pb)、铬(Cr)、镉(Cd)等 5 项。

(3)农药残留量测定　六六六(α-666,β-666,γ-666,δ-666)、滴滴涕(PP-DDE,OP-DDT,PP-DDD,PP-DDT)、敌百虫、蝇毒磷、敌敌畏、有机磷(乐果、氧化乐果、对硫磷、杀螟硫磷、甲拌磷、甲胺磷、水胺硫磷、辛硫磷、马拉硫磷、毒死蜱)等 21 项。

(二)饲料样品测定　测定育肥牛常用饲料 8 种,测定有毒有害重金属 5 种,作物常用农药 8 种。测定方法和测定牛肉方法相同(见附录五)。

二、牛肉安全质量考核指标

(一)无公害牛肉安全质量考核指标　目前牛肉安全、卫生指标的表示方法有无公害食品(牛肉)质量、绿色食品质量、有机食品质量3种(指标)。有关部门颁布实施的无公害食品行业标准——牛肉,见本书附录五。

(二)绿色牛肉安全质量考核指标　虽然尚未出台明文规定的绿色牛肉质量考核指标,但是对绿色食品标准的分级已有文字表述,绿色食品标准分为A级和AA级。A级绿色食品的产地环境质量要求评价项目的综合污染指数不超过1,在生产过程中允许限量、限品种、限时间的使用安全的人工合成农药、兽药、饲料及食品添加剂。AA级绿色食品的产地环境质量要求评价项目的综合污染指数不超过1,在生产过程中不得使用任何人工合成的化学物质,且产品要有3年的过渡期。

(三)有机牛肉安全质量考核指标　虽然尚未出台明文规定的有机牛肉质量考核指标,但是对有机食品已有明确的文字描述,即在肉牛的饲养过程中,禁止用化学饲料或含有化肥、农药成分的饲料来喂牛。当育肥牛有病时,也尽量不用有滞留性的有毒药品,以免人们食用牛肉及其制品后损害人体健康。

三、无公害牛肉测定结果及分析

根据采样点不公布实名的要求,我们用编号代之。

(一)12省(市)牛肉样品农药残留量测定结果　列于表1-19。

表 1-19　牛肉农药残留量检验情况　（毫克/千克）

检测项目	1 号	2 号	3 号	4 号	5 号
α-666	0.0076	0.00023	未检出	未检出	未检出
β-666	未检出	未检出	未检出	未检出	未检出
γ-666	0.00178	0.00123	0.0007	未检出	未检出
δ-666	0.2045	0.0052	0.0067	0.0028	0.0033
PP-DDE	0.1089	0.0042	0.2049	未检出	未检出
OP-DDT	未检出	未检出	未检出	未检出	未检出
PP-DDD	未检出	未检出	未检出	未检出	未检出
PP-DDT	0.016	未检出	未检出	未检出	未检出
乐　果	未　检	0.002	0.002	0.002	0.002
氧化乐果	未　检	0.00082	0.00082	0.00082	0.00082
对硫磷	未　检	0.008	0.008	0.008	0.008
杀螟硫磷	未　检	0.005	0.005	0.005	0.005
甲拌磷	未　检	0.002	0.002	0.002	0.002
甲胺磷	未　检	0.0025	0.0025	0.0025	0.0025
水胺硫磷	未　检	0.005	0.005	0.005	0.005
辛硫磷	未　检	0.00065	0.00065	0.00065	0.00065
马拉硫磷	未　检	0.006	0.006	0.006	0.006
毒死蜱	未　检	0.00004	0.00004	0.00004	0.0005
砷（As）	未检出	未检出	未检出	未检出	未检出
汞（Hg）	未检出	未检出	未检出	未检出	未检出
铅（Pb）	<0.1	<0.01	<0.1	<0.01	<0.01
铬（Cr）	0.26	0.27	0.28	0.31	0.29
镉（Cd）	0.2014	0.00281	0.00527	0.00153	0.00275

续表 1-19

检测项目	6 号	7 号	8 号	9 号	10 号
α-666	0.0013	0.0006	未检出	未检出	未检出
β-666	0.0036	0.00424	0.0064	未检出	0.0009
γ-666	未检出	未检出	未检出	未检出	0.00047
δ-666	0.0186	0.00163	0.0245	0.00157	未检出
PP-DDE	0.02105	0.01669	未检出	0.00407	0.00098
OP-DDT	未检出	未检出	未检出	未检出	未检出
PP-DDD	未检出	0.00292	未检出	未检出	未检出
PP-DDT	未检出	未检出	未检出	未检出	未检出
乐　果	0.002	未检	0.002	未检	未检
氧化乐果	0.00082	未检	0.00082	未检	未检
对硫磷	0.008	未检	0.008	未检	未检
杀螟硫磷	0.005	未检	0.005	未检	未检
甲拌磷	0.002	未检	0.002	未检	未检
甲胺磷	0.0025	未检	0.0025	未检	未检
水胺硫磷	0.005	未检	0.005	未检	未检
辛硫磷	0.00065	未检	0.00065	未检	未检
马拉硫磷	0.006	未检	0.006	未检	未检
毒死蜱	0.0005	未检	0.0004	未检	未检
砷(As)	未检出	未检出	未检出	未检出	未检出
汞(Hg)	未检出	未检出	未检出	未检出	未检出
铅(Pb)	<0.01	<0.01	<0.1	<0.01	<0.1
铬(Cr)	0.40	0.13	0.23	0.47	0.28
镉(Cd)	0.0154	0.0285	0.00476	0.00186	0.0021

续表 1-19

检测项目	11 号	12 号	13 号	15 号	16 号
α-666	未检出	0.0194	未检出	未检出	未检出
β-666	未检出	0.0229	0.0521	未检出	未检出
γ-666	0.0246	0.0113	0.0134	未检出	未检出
δ-666	0.0014	0.0562	0.01102	0.0012	0.00153
PP-DDE	未检出	0.226	0.1909	未检出	0.0157
OP-DDT	未检出	未检出	未检出	未检出	未检出
PP-DDD	未检出	未检出	未检出	未检出	未检出
PP-DDT	未检出	未检出	未检出	未检出	未检出
乐 果	0.002	未检出	0.002	未检	未检
氧化乐果	0.00082	未检出	0.00082	未检	未检
对硫磷	0.008	未检出	0.008	未检	未检
杀螟硫磷	0.005	未检出	0.005	未检	未检
甲拌磷	0.002	未检出	0.002	未检	未检
甲胺磷	0.0025	未检出	0.0025	未检	未检
水胺硫磷	0.005	未检出	0.005	未检	未检
辛硫磷	0.00065	未检出	0.00065	未检	未检
马拉硫磷	0.006	未检出	0.006	未检	未检
毒死蜱	0.0004	未检出	0.0004	未检	未检
砷(As)	未检出	未检出	未检出	未检出	未检出
汞(Hg)	未检出	未检出	未检出	未检出	未检出
铅(Pb)	<0.001	<0.01	<0.01	<0.01	<0.01
铬(Cr)	0.15	0.27	0.29	0.37	0.28
镉(Cd)	0.00587	0.12	0.0255	0.00575	0.0118

从表 1-19 测定结果看出：

第一，测定的 15 个牛肉样品中砷（As）、汞（Hg）均未测出，检出率为 0，说明牛肉成分中砷（As）、汞（Hg）是安全的。

第二，测定的 15 个牛肉样品中铅（Pb）的检出率达 100％，实际测定含量为 0.01～0.1 毫克/千克，未超过无公害食品质量考核指标（≤0.1 毫克/千克）。

第三，测定的 15 个牛肉样品中铬（Cr）的检出率达 100％，实际测定含量为 0.13～0.40 毫克/千克，但含量都没有超出标准（≤1.0 毫克/千克）。

第四，测定的 15 个牛肉样品中镉（Cd）的检出率达 100％，但只有 1 号样品（0.2014 毫克/千克）和 12 号样品（0.12）的含量超出标准（0.1 毫克/千克），其余 13 个样品均未超出标准（0.0015～0.015 毫克/千克）。

第五，测定的 15 个牛肉样品中六六六的 4 种成分中 δ-666 含量只有 10 号样品未检出，其余 14 个样品都检出，检出率达 92.86％。其中，只有 1 号样品的含量超出标准（0.2045 毫克/千克）。

在六六六的另 3 种成分中 α-666，β-666，γ-666 有 15 个样品检出，但是都没有超出标准。

第六，测定的 15 个牛肉样品中 DDT 的 4 种成分中 PP-DDE 检出率较高达 66.67％（10/15），但只有 12 号样品的含量（0.226 毫克/千克）超出标准 0.026（标准为≤0.2 毫克/千克），其余 14 个样品都没有超出标准。

第七，测定的 8 个牛肉样品中有机磷的检出率达 100％，但是含量低，另外 7 个样品未测。

第八，15 个样品中有毒有害金属含量各品种间有差异：①有毒有害金属砷（As）、汞（Hg）都未检出，安全性能好；②有毒有害金属铅（Pb）的检出率达 100％，品种间有差异；③有毒有害金属铬（Cr）的检出率达 100％，品种间有差异；④有毒有害金属镉

(Cd)的检出率达 100%,品种间有差异。

第九,15 个样品中有毒有害金属含量各地区间有差异:①有毒有害金属砷(As)、汞(Hg)都未检出,安全性能好;②有毒有害金属铅(Pb)的检出率达 100%,地区间有差异;③有毒有害金属铬(Cr)的检出率达 100%,地区间有差异;④有毒有害金属镉(Cd)的检出率达 100%,地区间有差异。

(二)牛肉兽药残留量测定结果 列于表 1-20。

表1-20 牛肉兽药残留量检测结果 单位:毫克/千克

样品编号	青霉素(毫克/千克)	土霉素(毫克/千克)	金霉素(毫克/千克)	氯霉素(微克/千克)	氯羟吡啶(微克/千克)	磺胺(毫克/千克)	恩诺沙星(毫克/千克)	环丙沙星(毫克/千克)
1号	未检出	未检出	未检出	0.46	10.76	未检出	未检出	未检出
2号	未检出	未检出	未检出	0.07	未检出	未检出	未检出	未检出
3号	未检出	未检出	未检出	0.40	未检出	未检出	未检出	未检出
4号	未检出	0.029	未检出	0.66	未检出	未检出	未检出	未检出
5号	未检出	0.038	未检出	2.47	未检出	未检出	未检出	未检出
6号	未检出	0.044	未检出	0.83	11.82	未检出	未检出	未检出
7号	未检出	未检出	未检出	1.26	未检出	未检出	未检出	未检出
8号	未检出	0.016	未检出	0.51	未检出	未检出	未检出	未检出
9号	未检出	未检出	未检出	1.78	203.95	未检出	未检出	未检出
10号	未检出	未检出	未检出	0.75	50.50	未检出	未检出	未检出
11号	未检出	未检出	未检出	1.06	未检出	未检出	未检出	未检出
12号	未检出	未检出	未检出	0.79	未检出	未检出	未检出	未检出
13号	未检出	0.020	未检出	1.08	未检出	未检出	未检出	未检出
15号	未检出	未检出	未检出	0.25	39.46	未检出	未检出	未检出
16号	未检出	未检出	未检出	0.32	126.83	未检出	未检出	未检出

从表1-20测定结果看出：

第一，测定的15个牛肉样品中青霉素的检出率为0。

第二，测定的15个牛肉样品中土霉素的检出率为33.33%（0.016%~0.044%），但都未超出标准（0.1毫克/千克）。

第三，测定的15个牛肉样品中金霉素的检出率为0。

第四，测定的15个牛肉样品中氯霉素检出15个，检出率达100%（0.07~2.47）。其中，2号样品含量0.07微克/千克，超出标准为最少；5号样品含量2.47微克/千克，超出标准最多，达24.7倍（图1-2）。

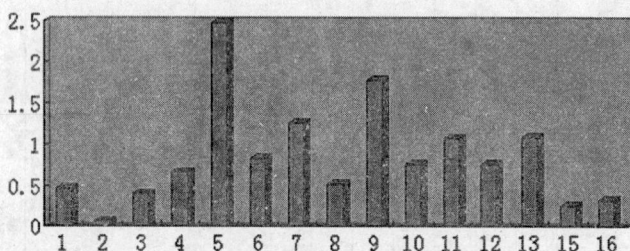

图1-2　样品氯霉素含量图

氯霉素是一种治疗牛的消化道、呼吸系统疾病的药物。一次使用，终生残留。我国农业部已在第193号公告"食品动物禁用的兽药及其他化合物清单"颁令禁用。但是在这次检测中检出率达100%，说明禁用药仍然有药厂生产，兽医部门仍在使用。

第五，测定的15个牛肉样品中，氯羟吡啶的检出率达40%（10.76~203.95）。其中，1号、7号样品超出标准不多，9号样品为203.95微克/千克，超出标准最多，达20.3倍。

氯羟吡啶又名氯毗醇、氯甲羟吡啶、氯吡多、克球多，是一种化学合成物，有镇静作用；在养鸡业用于预防、治疗球虫病。对动物自身免疫力有抑制作用。日本国于1974年下令禁用。

第六，测定的15个牛肉样品中磺胺的检出率为0。

第七,测定的 15 个牛肉样品中恩诺沙星的检出率为 0。

第八,测定的 15 个牛肉样品中环丙沙星的检出率为 0。

第九,15 个样品中氯霉素和氯羟吡啶含量,品种间有差异,各地区间也有差异。

(三)饲料检测结果　玉米青贮料、玉米秸粉、麸皮、棉籽饼、干玉米酒精蛋白(DDGS)、玉米粉、预混料等饲料检测结果见表 1-21。

表 1-21　饲料中农药残留量检验结果

检测项目	单 位	玉米青贮料	玉米秸粉	麸 皮	棉籽饼	干玉米酒精蛋白	玉米粉	预混料
α-666	毫克/千克	0.0018	0.2012	0.0023	0.0006	0.0004	0	0.0006
β-666	毫克/千克	0.0029	0.0109	0.0042	0.0031	0.0019	0.0023	0.0002
γ-666	毫克/千克	0.0109	0.0235	0.0166	0.0022	0.0038	0.0173	0.0028
δ-666	毫克/千克	0.0524	0.0628	0.0287	0.0244	0.0250	0.0157	0.0091
PP-DDE	毫克/千克	0	0	0	0	0	0	0
OP-DDT	毫克/千克	0	0	0	0	0	0	0
PP-DDD	毫克/千克	0	0	0	0	0	0	0
PP-DDT	毫克/千克	0	0	0	0	0	0	0
砷(As)	毫克/千克	未检出	未检出	未检出	未检出	未检出	未检出	2.0500
汞(Hg)	毫克/千克	未检出	未检出	未检出	未检出	未检出	未检出	0.9500
铅(Pb)	毫克/千克	0.0600	0.0500	0.0700	0.0400	0.0500	0.0200	11.2300
铬(Cr)	毫克/千克	0.2100	0.1900	0.1600	0.1400	0.1700	0.0900	5.6200
镉(Cd)	毫克/千克	0.0100	0.0200	0.0200	0.0100	0.0100	0.0040	1.7800

从表 1-21 检测结果非常明显的看出:①被检测的育肥牛场的预混料中砷(As)、汞(Hg)不仅检出,而且含量很高;②被检测的育肥牛场的预混料中铅(Pb)、铬(Cr)、镉(Cd)3 项指标都严重

超出标准,尤其是铅(Pb)超出标准 112 倍。因此可以初步认为牛肉中铅(Pb)来源于预混料;③被检测的育肥牛场的常用饲料玉米青贮料、玉米秸粉、麸皮、棉籽饼、干玉米酒精蛋白、玉米粉中农药残留量和 5 项重金属残留量都不超标。

为了验证被检测的育肥牛场的预混料中砷(As)、汞(Hg)、铅(Pb)、铬(Cr)、镉(Cd)的含量,笔者于 2003 年 8 月 6 日又采集被检测的育肥牛场的预混饲料样品 1 份送检测中心检测,结果如下:砷(As)3.4 毫克/千克,汞(Hg)1.2 毫克/千克,铅(Pb)18.16 毫克/千克,铬(Cr)14.7 毫克/千克,镉(Cd)2.2 毫克/千克。第二次砷(As)、汞(Hg)、铅(Pb)、铬(Cr)、镉(Cd)测定的含量远远超过第一次。因此,被检测的育肥牛场的预混料应修改配方。

四、生产安全牛肉的几点初步结论

第一,12 省(市)15 个牛肉样品的检测结果,对我国目前牛肉安全品质有了基本的认识:①牛肉中未测出砷(As)、汞(Hg),因此我国牛肉成分中砷(As)、汞(Hg)是安全的;②铅(Pb)的检出率达 100%,但是未超过标准,因此我国牛肉成分中铅(Pb)含量是安全的;③铬(Cr)、镉(Cd)的检出率虽然达到 100%,但没有超出标准;④农药(有机磷)的检出率达 100%,但没有超出标准;⑤兽药中氯霉素(禁用药)的检出率达 100%,这个数字说明我国牛肉成分中兽药残留量超出标准,影响我国牛肉的安全性。

第二,测定结果表明,被测定的牛肉样品能达到无公害食品标准,但是离绿色、有机食品标准的距离较远。

第三,测定结果明示了为畜牧界(人)创建优质、无公害、绿色、有机牛肉品牌找到了工作的重点和切入点。一是从饲料、饮水、药物三线同时开展工作,经常(定期)测定育肥牛场常用饲料及水中的砷(As)、汞(Hg)、铅(Pb)、铬(Cr)、镉(Cd)农药残留量指标。凡是超出标准的饲料、饮水、药物,禁止使用或限量、限时间、限品种使用,阻止砷(As)、汞(Hg)、铅(Pb)、铬(Cr)、镉(Cd)、农药、兽药进入牛体。如已经查出的预混料中砷(As)、汞(Hg)、铅(Pb)、铬(Cr)、镉(Cd)严重超标,应立即调整预混料的配方。二是划定地块种植饲料,检测土壤中砷(As)、汞(Hg)、铅(Pb)、铬(Cr)、镉(Cd)的含量,培植低含量砷(As)、汞(Hg)、铅(Pb)、铬(Cr)、镉(Cd)饲料,低农药含量的饲料。以生态学原理建立一个多种种养结合、循环再生的完整体系,尽量减少对外部物质的依赖,禁止使用人工合成的农用化学品,采用生物防治技术防病治病。三是经常(定期)测定育肥牛场育肥牛牛肉中砷(As)、汞(Hg)、铅(Pb)、铬(Cr)、镉(Cd)、农药、兽药残留量,无实验室检测条件的可委托测定。四是育肥牛场使用保健类、增重类、调味类、抗氧化类、防腐类、防霉类添加剂时必须考核该添加剂在牛体内的残留程度以及在体内滞留的最长时间,体内排尽的最长时间,制订相应的停止使用添加剂的时间(最好本公司自己设计、自己研制生产各类添加剂),坚决杜绝使用禁用药品。

第五节　肉牛屠宰加工安全质量的基本条件

一、屠宰加工用水质量和牛肉安全质量

(一)屠宰用水卫生标准　在肉牛屠宰加工中离不开水的清洗、冲刷,1头肉牛的屠宰用水量达到1 200~1 500升。因此,水的卫生质量十分重要。屠宰车间、加工车间用水的水质应符合《无公害食品　畜禽产品加工用水水质》的有关规定(表1-22)。

表 1-22　肉牛屠宰用水卫生指标

	项目名称	标　准
感官性状和一般化学指标	色	≤20°,不得呈现其他异色
	浑浊度	≤10°
	嗅味	不得有臭味
	味道	不得有异味
	肉眼可见物	不得含有肉眼可见物
	pH 值	5.5～9.0
	硫酸(毫克/升)	≤300
	氯化物(以 Cl 计)(毫克/升)	≤300
	总溶解性固体(毫克/升)	≤1500
	总硬度(以 CaCO₃ 计)(毫克/升)	≤550
毒理学指标	总砷(毫克/升)	≤0.05
	总汞(毫克/升)	≤0.001
	总铅(毫克/升)	≤0.05
	总铬(6 价)(毫克/升)	≤0.05
	总镉(毫克/升)	≤0.01
	硝酸盐(以 N 计)(毫克/升)	≤20
	氟化物(以 F 计)(毫克/升)	≤0.1
	氰化物(毫克/升)	≤0.05
微生物指标	总大肠菌群(cfu/100 毫升)	≤10
	粪大肠菌群(个/100 毫升)	≤0

（二）其他用水卫生　肉牛屠宰厂在生产过程中其他用水的卫生要求,如冷冻车间使用的循环冷却水、冲洗设备用水等,应符合《生活用水水质标准》的有关规定。

二、屠宰加工过程中污染物和牛肉安全质量

屠宰加工过程中污染物来源有血污、油脂、骨肉屑、肠胃内容物等,这些污染物一方面很难避免,另一方面对牛肉的安全卫生质量构成危险,因此要认真处理好,关键是操作员工的素质和屠宰加工企业切实可行的规章制度。

三、肉牛屠宰加工空气卫生和牛肉安全质量

屠宰加工过程中屠宰和加工车间的空气质量也是影响牛肉安全卫生质量的重要因素,混浊空气常常会污染牛肉,如牛肉的色泽、牛肉的货架寿命等。屠宰和加工车间的卫生标准参考以下指标:①二氧化碳(%),<0.15%;②氨(毫克/米^3),<5;③硫化氢(毫克/米^3),<2;④一氧化碳(毫克/米^3),<2。

四、牛肉分割技术和牛肉品质质量

影响牛肉分割技术的因素主要有以下3个方面。

(一)员工操作的技术水平　员工操作的技术水平高,分割牛肉的质量就好;员工操作的技术水平低,分割牛肉的质量就差。

(二)企业管理制度　企业制订的管理制度,有利于调动员工的积极性,分割牛肉的质量就好。如实施定额管理,既能保证员工增加收入,又能保证分割牛肉的质量。过多强调进度,质量难以保证;过多强调质量,进度难以保证。

(三)操作环境　牛肉分割的环境条件之一是严格控制温度(9℃~11℃)。高于或低于9℃~11℃都会影响牛肉品质质量。

五、牛肉包装技术和牛肉品质质量

牛肉包装技术和牛肉品质质量的关系非常密切。如抽真空的技术不到位,牛肉保质期就短,牛肉在贮藏过程中的失重也大。

六、牛肉冻结技术和牛肉品质质量

牛肉冻结过程中，如果冻结时间短，牛肉中心温度没有达到标准要求，牛肉保质期就短；冻结时间长，牛肉中心温度虽然达到标准要求，但是增加了电能的消耗量。经试验，牛肉的冻结时间以16～24小时为宜。

牛肉在冻结过程中冻结温度高，牛肉中心温度没有达到标准要求，牛肉保质期就短；冻结温度低，牛肉中心温度达到了标准要求，牛肉的贮藏时间长，牛肉保质期也长，但是消耗能量多。经试验，牛肉适宜的冻结温度为－25℃～－33℃。

第六节　肉牛屠宰加工和品牌

品牌是企业产品质量和数量的标志，也是企业文化的外在反映。没有品牌的企业，企业效益不好或不稳定，肯定不会长久。

牛肉品牌是由牛肉的质量和数量为支柱，没有牛肉的质量和数量，牛肉的品牌就站不住脚。育肥牛品牌标志的核心是安全性与优质性。肉牛屠宰加工是保证牛肉数量和质量不可缺少的环节。

一、牛肉品牌的安全性

育肥牛屠宰后的牛肉有毒有害金属、农药、兽药残留，在我国已有规定的标准。

二、牛肉品牌的优质性

牛肉的优质性表现在品种的同一性、牛肉重量的一致性、牛肉颜色的类同性和牛肉嫩度品质的稳定性等方面。

三、牛肉品牌的市场

市场成就品牌,没有市场就没有品牌,而牛肉市场是以牛肉的质量和数量为支柱。因此,没有质量和数量为支柱也就没有市场,三者缺一不可。

四、牛肉品牌的质量和数量

质量是育肥牛品牌的基础,没有质量就谈不上品牌;数量是育肥牛品牌的依托和支柱,没有数量也就没有品牌。

五、如何打造牛肉品牌

牛肉品牌的生产是一项综合配套技术。

(一)育肥牛品种　根据黄牛资源量选择 1 个或几个品种牛为育肥牛牛源。同时育肥几个品种牛时,把同一品种牛饲养在一个饲养区,设计饲料配方和饲料喂量;生产品牌牛肉的肉牛品种最好类同。

(二)育肥牛年龄　品牌牛的年龄基本要求是:育肥结束时优质肉牛年龄小于 36 月龄,高档(高价)肉牛年龄小于 30 月龄。生产品牌牛肉的肉牛年龄最好类同。

(三)育肥牛体重　品牌牛的体重基本类同:育肥结束时优质肉牛体重不小于 480 千克,高档(高价)肉牛体重不小于 550 千克。生产牛肉品牌的肉牛体重最好类同。

(四)育肥牛性别　高档(高价)肉牛品牌牛的性别为阉公牛,优质肉牛品牌牛的性别为阉公牛或公牛。生产品牌牛肉的肉牛性别最好类同。

(五)育肥牛体型体膘　长方形或圆筒形体型。高档(高价)肉牛品牌牛的体膘为满膘,优质肉牛品牌牛的体膘为八九成膘。生产品牌牛肉的肉牛体型体膘最好类同。

（六）育肥牛的屠宰成绩

1. 屠宰率 63%～67%（含腹脂，变异范围 1%～2%）。

2. 净肉率 53%～57%（变异范围 1%～2%）。

3. 胴体产肉率 86%～87%（变异范围 1%～2%）。

4. 胴体等级 1级、2级占 90%以上。

5. 脂肪颜色 洁白色或微黄色。

6. 胴体脂肪覆盖率 85%以上（变异范围 1%～2%）。

生产品牌牛肉的肉牛屠宰成绩最好类同。

六、质量跟踪

装备和完善牛肉质量跟踪系统。从牛的来源、性别、体重、健康状况、屠宰过程、胴体分割、牛肉切割、包装、销售等的全过程跟踪，牛肉质量可以检查到任何一个环节上，确保品牌牛肉的质量。

七、质量监督

除了设置质量跟踪系统外，还要设置牛肉质量监督机构，配备专业质量监督员，进行全程质量监督。

第二章　肉牛屠宰加工厂厂址选择

第一节　肉牛屠宰加工厂厂址环境条件

一、肉牛屠宰加工厂厂址的选择

地势较高、交通方便、电力供应充足并且较少停电和便于污水排放的地区。

远离湖泊、江河,间隔距离2 000米以上,尤其远离饮用水源。

当地肉牛资源量比较充足、当地百姓有养牛习惯、当地行政领导重视养牛产业的地区。

在肉牛屠宰加工厂周边150～200千米范围内,养牛数量应该是肉牛屠宰加工厂年设计屠宰量的10倍以上。

在华南、西南等地区,育肥牛体重300～400千克,由于体重较小,生产高档牛肉的难度大。在这类地区建设肉牛屠宰加工厂以生产优质牛肉为主,生产设备、设施应与之配套。

在东北肉牛带、中原肉牛带和西北等地区,育肥牛体重500～600千克,由于体重较大,适合生产高档牛肉。在这类地区建设肉牛屠宰加工厂生产高档牛肉具有有利条件,生产设备、设施应与之配套。

二、远离居民点

肉牛屠宰厂厂址选择应离居民点较远(间隔1 000米以上),并且在居民点的下风向的地区。

三、远离疫区

肉牛屠宰厂厂址选择应考察该地近几年来是否发生过重大传染病,尤其是牛羊传染病,不在发生过重大传染病(如口蹄疫等)的村镇上兴建。

四、符合当地规划

肉牛屠宰厂厂址应选择在符合当地城镇乡村发展规划、并得到当地规划、卫生等部门准许建设的批文。土地使用权证明确,不要在土地使用权有争议的地皮上兴建。

五、与其他厂(场)有一定距离

(一)与有毒有害生产源的距离 肉牛屠宰厂距离有毒有害物质生产源(如化工厂、猪屠宰厂、制药厂、制革厂、造纸厂等)的安全距离至少2 000米,并且在其上风向。

(二)与养猪场、养禽场的距离 肉牛屠宰加工厂距离养猪场、养禽场的安全距离至少为1 000米,避免畜禽疾病的交叉感染。

第二节 肉牛屠宰加工厂水源水质条件

肉牛屠宰厂的厂址应选择在具有丰富水资源(地下水或地表水)、水质优良(符合人饮用水水质标准)的地区。

一、肉牛屠宰加工厂用水种类

可以为肉牛屠宰加工厂提供的水源有几种,地表(江、河、湖、水库)水、地下水(又分深层水和浅层水)和自来水。在肉牛屠宰加工厂生产过程使用地表水时,使用前必须过滤、净化、消毒,达标后使用。

二、肉牛屠宰加工厂用水量

(一)肉牛屠宰加工厂需要用水的区位　肉牛屠宰前喷淋用水,冲洗牛胴体用水,清洗车间地面用水,冷冻机冷却用水,生活用水等。

(二)用水量

1.每头牛平均用水量　2 700~2 800升(含喷淋用水,冲洗牛胴体用水,清洗车间地面用水,冷冻机冷却用水等)。

2.人均每天用水量　30~50升(含饮水、清洁用水等)。

三、肉牛屠宰加工厂水源质量

(一)利用地表水为肉牛屠宰厂用水的质量标准　肉牛屠宰厂常利用地表水作为生产用水时,必须过滤、净化、消毒后才可使用,因为地表水水质质量对牛肉的影响是直接和严重的,地表水水质质量标准如表 2-1,表 2-2。

表 2-1　地表水质量基本标准限度

项　　目	标准值(毫克/升)
pH 值	6~9
水温(℃)	周平均最大升温≤1,周平均最大降温≤2
溶解氧	≥6
高锰酸盐指数	≤4
化学需氧量	≤15
5 天生化需氧量(BODS)	≤3
氨氮(NH₃⁻计)	≤0.50
总磷(以 P 计)	0.1(湖、水库 0.025)
总氮(湖、水库,以 N 计)	≤0.50
铜	≤1.00
锌	≤1.00
氟化物(以 F⁻计)	≤1.00

续表 2-1

项　　目	标准值（毫克/升）
硒	≤0.01
砷	≤0.05
汞	≤0.00005
铅	≤0.01
铬（六价）	≤0.05
镉	≤0.005
氰化物	≤0.05
挥发酚	≤0.002
石油类	≤0.05
阴离子表面活性剂	≤0.20
硫化物	≤0.10
粪大肠菌群（个/升）	≤2000

表 2-2　地表水源地主要有毒有害物质标准限值　（毫克/升）

项　目	标准值	项　目	标准值	项　目	标准值
三氯甲烷	0.060	丙酸酰胺	0.0005	四氯苯	0.020
四氯化碳	0.002	丙烯腈	0.100	六氯苯	0.050
三溴甲烷	0.100	邻苯二甲酸二丁酯	0.003	硝基苯	0.017
二氯甲烷	0.020	邻苯二甲酸二酯	0.008	二硝基苯	0.500
1,2-二氯乙烷	0.030	水合肼	0.010	2,4-二硝基甲苯	0.0003
环氧氯丙烷	0.020	四乙基铅	0.001	2,4,6-三硝基甲苯	0.500
氯乙烯	0.005	吡啶	0.200	硝基氯苯	0.050
1,1-二氯乙烯	0.030	松节油	0.200	2,4-二硝基氯苯	0.500
1,2-二氯乙烯	0.050	苦味	0.500	2,4-二氯苯酚	0.093
三氯乙烯	0.070	丁基黄原酸	0.005	2,4,6-三氯苯酚	0.200
四氯乙烯	0.040	活性氯	0.010	五氯酚	0.009
氯丁二烯	0.002	滴滴涕	0.001	苯胺	0.100
六氯丁二烯	0.0006	林丹	0.002	联苯胺	0.002

续表 2-2

项 目	标准值	项 目	标准值	项 目	标准值
苯乙烯	0.020	环氧七氯	0.0002	微囊藻毒素-LR	0.001
甲 醛	0.900	对硫磷	0.003	黄 磷	0.003
乙 醛	0.050	马拉硫磷	0.050	钼	0.070
丙烯醛	0.100	乐 果	0.080	钴	1.000
三氯乙醛	0.010	敌敌畏	0.050	铍	0.002
苯	0.010	敌百虫	0.050	硼	0.500
甲 苯	0.700	内吸磷	0.030	锑	0.005
乙 苯	0.300	百菌清	0.010	镍	0.020
二甲苯	0.500	甲萘威	0.050	钡	0.700
异丙苯	0.250	溴氰菊酯	0.020	钒	0.050
氯 苯	0.300	阿特拉津	0.003	钛	0.100
1,2-二氯苯	1.000	苯并(a)芘	2×10-	铊	0.0001
1,4-二氯苯	0.300	甲基汞	2×10-		
三氯苯	0.020	多氯联苯	2×10-		

(二)屠宰厂用水水质卫生标准 屠宰厂用水尽可能利用符合水质卫生标准的水,采用自来水或深层地下水(深层地下水也必须过滤、净化、消毒后才可使用),屠宰厂用水水质卫生标准如表2-3。

表 2-3 屠宰厂用水水质卫生标准

序号	项 目	标准(毫克/升)
1	色(°)	色度不超过 1.5,并不得呈现其他异色
2	浑浊度	不超过 3 度,特殊情况不超过 5 度
3	嗅和味	不得有异味、异臭
4	肉眼可见物	不得含有
5	pH 值	6.5～8.5
6	总硬度(以碳酸钙计)	450
7	铁	0.300

续表 2-3

序号	项 目	标准(毫克/升)
8	锰	0.100
9	铜	1.000
10	锌	1.000
11	挥发酚类(以苯酚计)	0.002
12	阴离子合成洗涤剂	0.300
13	硫酸盐	250
14	氯化物	250
15	溶解性总固体	1000
16	氟化物	1.000
17	氰化物	0.050
18	砷	0.050
19	硒	0.010
20	汞	0.001
21	镉	0.010
22	铬(六价)	0.050
23	铅	0.050
24	银	0.050
25	硝酸盐(以氮计)	20
26	氯 仿	60 微克/升
27	四氯化碳	3 微克/升
28	苯并(a)芘	0.01 微克/升
29	滴滴涕	1 微克/升
30	六六六	5 微克/升
31	细菌总数	100 个/毫升
32	游离余氯	不低于 0.3,集中式给水除出厂水应符合上述要求外,管网末梢水不低于 0.25
33	总 α 放射性	0.1 贝可/升
34	总 β 放射性	1 贝可/升

第三节　肉牛屠宰加工厂交通

一、肉牛屠宰加工厂外交通

肉牛屠宰加工厂必须具备便捷的交通,才能满足肉牛屠宰加工厂繁重的运输任务。但是,为了防疫安全,肉牛屠宰加工厂距离交通主干线的安全距离至少1000米,以确保防疫安全。

二、肉牛屠宰加工厂内交通

肉牛屠宰加工厂内的交通设计有污染运输道和清洁运输道。污染运输道和清洁运输道严格分开,不得交叉。

(一)污染运输道　在污染道上运输的物品主要是待宰牛、牛皮和废弃物。

1.待宰牛运输　由待宰围栏驱赶到喷淋间喷淋,喷淋后进入称重间,再牵引到S通道,直至屠宰栏(笼子)。

2.废弃物运输　胃肠内容物、碎骨肉渣等废弃物用不渗漏的专用运输车辆运到指定地点,或设计地下通道。

3.牛皮的运输　用不渗漏的专用运输车辆运到特定地点或设计风吹系统输送。

(二)清洁运输道　在清洁道上运输的物品主要是成品牛肉、牛骨和脂肪。在冷藏库的一侧设有成品装车台。

(三)肉牛屠宰加工厂内参观通道　到肉牛屠宰加工厂内参观、交流是不可避免的,但是参观不能和牛胴体、牛肉近距离接触。因此,要设计参观通道(在屠宰、分割车间的一侧或设计在屠宰、分割车间的二层),用玻璃窗隔离。

第三章　肉牛屠宰加工厂布局

第一节　肉牛屠宰加工厂总体布局原则

肉牛屠宰加工厂厂址选定后,应考虑布局设计,即各个功能区(生产区、办公区、生活区、辅助性区域等)的布局,各个功能区符合防疫卫生要求,便于生产、运输、防火防盗、协调一致等,是肉牛屠宰加工厂总体布局的宗旨。

一、肉牛屠宰加工厂总体布局的要求

肉牛屠宰加工厂是一个综合性生产企业,各个生产环节上下连接、环环相扣。

(一)肉牛屠宰加工厂的建筑物布局要满足生产工艺的要求　遵循国家、地方、行业的有关现行规范、标准,布置肉牛屠宰加工厂的建筑物。结合牛肉加工工艺的特点,采用国内外先进技术,确实能满足牛肉加工生产工艺(流程、卫生、安全)的要求。

(二)肉牛屠宰加工厂的建筑物布局要符合卫生防疫的要求　肉牛屠宰加工厂生产的产品是提供人们食用的牛肉食品。因此,肉牛屠宰加工厂布局设计中卫生条件尤其重要,对清洁区、过渡区、污染区必须区分明显,清洁区设在肉牛屠宰加工厂厂区常年主风向的上风向,污染区设在肉牛屠宰加工厂厂区常年主风向的下风向,有非常显著的标志。肉牛屠宰加工厂的建筑物布局中生活区和生产区必须具有一定的卫生防疫间隔;生产区专设参观通道,避免污染。肉牛屠宰加工厂的建筑物布局中办公室、生产区、生活区、清洁区、污染区等分区标志明显。

（三）肉牛屠宰加工厂的建筑物布局要符合企业形象的要求

企业形象是企业十分重要的企业文化内涵，是企业产品销售中的一个极为重要的窗口、标志，也是激励本企业员工努力奋斗的标识物。肉牛屠宰加工厂布局设计中要突出企业文化形象。

（四）肉牛屠宰加工厂的建筑物布局要符合节省土地的要求

肉牛屠宰加工厂布局设计中既要符合卫生防疫的间隔要求，保证各功能车间生产的连续性，又要减少各车间的距离，节约管线，尽量少占地，节省用地，并且能节省投资。

（五）肉牛屠宰加工厂的建筑物布局要符合交通流畅的要求

肉牛屠宰加工厂布局设计中要符合交通流畅的要求，入厂原料（不清洁）的运输和出厂产品（清洁）的输送不能交叉，洁污分流，杜绝物流人流的交叉污染，确保牛肉产品的生产质量和牛肉产品的安全卫生。

（六）肉牛屠宰加工厂的建筑物布局要符合物流流畅的要求

在肉牛屠宰生产过程中物流的流量大，并且频繁，因此肉牛屠宰加工厂布局设计中要符合物流流畅的要求。整座肉牛屠宰加工厂应设计在同一平面上，使肥育牛（原材料）的接收、肥育牛的检验验收、疑似病牛的处理、包装材料的接收、屠宰加工生产的全过程直至成品的入库、出库均在一条生产流线上，一个平台上，物流其道，人行其路，各行其道。

（七）肉牛屠宰加工厂的建筑物布局要符合当地规划的要求

肉牛屠宰加工厂的建筑物布局的设计图要报请当地有关部门审批（规划、环境保护、水、电等），符合当地规划设计的要求。

（八）肉牛屠宰加工厂的建筑物布局要符合宗教信仰的要求

在少数民族地区要符合该民族的特殊要求。屠宰供应少数民族食用的畜类产品的屠宰厂（场），要尊重民族风俗习惯；使用祭牲法宰杀放血时，应设置使活畜仰卧固定的装置。

二、肉牛屠宰加工厂总平面规划

（一）总平面规划项目内容　根据肉牛屠宰作业生产流水线的特点，总平面规划项目内容包括：肉牛接收区，待宰肉牛静养区，待宰肉牛输送线，屠宰生产区，牛胴体快速冷却处理车间，牛胴体成熟（排酸）车间，牛胴体分割（切）车间，牛肉成品冷冻、贮存、转运车间，牛皮贮存及输送、废弃物的输送，供水排水工程，供电线路，污水处理设施，急宰加工车间等。依据当地常年主风方向及周边环境条件等进行总平面规划。

在总平面规划设计中应力求功能区分区合理、工程管线顺畅、人货分流畅通、动力负荷集中、生产管理方便、环境卫生安全（图3-1）。各车间的布置既便利各生产环节的相互衔接，又便于加工过程的卫生控制，符合国家牛肉生产流程工艺与卫生注册标准，满足国家出入境检验检疫局发布的有关要求、规定。

（二）在总平面规划设计中应明确区分洁净区和污染区

1. 洁净区　包括屠宰环节的后段（出白内脏工序后）即胴体称重、胴体冲洗、胴体装运轨道、胴体预冷处理、胴体成熟处理、四分体站、胴体分割（切）、牛肉分割、牛肉包装、冷冻、冷藏、牛肉二次包装、成品冷藏库、出库平台等。

2. 污染区　包括活牛接收、检验、称重、待宰间、喷淋室、S通道、屠宰环节前段（出白内脏工序前）、急宰加工、可疑胴体间、污水处理场等。

（三）在总平面规划设计中建筑物按生产流水线布置　依次为育肥牛进入屠宰厂收购区（检疫、验质、称重）、肉牛运输车辆回车场、待宰肉牛静养区（可疑病牛进入急宰化制车间）、待宰肉牛输送线（喷淋室、宰前称重、S通道）、肉牛屠宰生产线（宰杀、沥血槽、步进器、同步卫生检验线、红白内脏处理间、可疑胴体处理间、牛头、牛蹄处理间、牛皮暂存间、胴体称重、冲洗）、胴体输送通道（轨道）、

N

氨瓶库　物料库　循环冷却水池　变配电　泵房　制冷　冷库

冷却排酸间

冻结间

分割加工间

综合办公楼　办公室

宿舍

浴室　食堂

牛圈　屠宰车间　综合车间

地磅房

锅炉房

传达室　自行车棚　修车库

污水处理站

胃肠内容物

急宰　废宰物

柴油罐及泵房

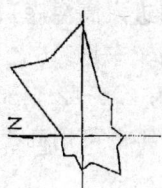

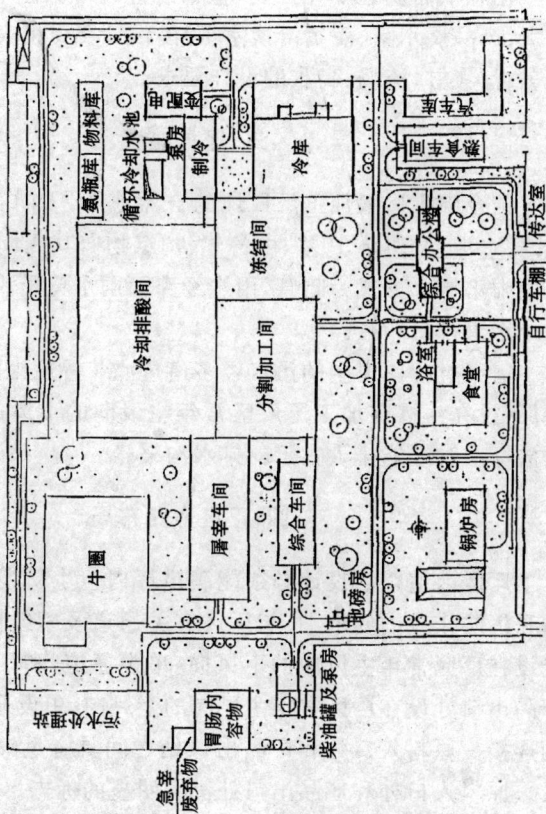

图 3-1　肉牛屠宰加工厂平面示意图

胴体成熟处理（排酸）间、四分体站、胴体分割（切）车间、牛肉分割修正车间、分割牛肉经过包装后进入冻结间（冰鲜肉进入高温库）、冻结肉移入冷库冷藏、成品出库平台、成品肉运输回车车场。

在总平面规划设计中总厂的围墙设置是高度为 2.2～2.5 米的铁艺栏杆，美观、开放、有序；生活区、生产区的隔离也可用高度为 2～2.1 米的铁艺栏杆或实体围墙。

在总平面规划中办公区（包括总经理办公室、企划处、质量监控室、产品展示室、商贸洽谈室等）的设计要突出表现企业形象，达到美观、大方、流畅、高雅的设计要求。

三、竖向布置

结合肉牛屠宰加工厂厂地的自然地形，竖向布置应采用平坡型，排水坡度 5‰～10‰，由各建、构筑物向其四周道路路面倾斜。地面雨水排水方式为暗管，雨水经路面雨水箅子流入暗管，最后汇入排水道排出厂区。

屠宰过程中产生的污水经多道过滤装置后由暗管流入污水处理厂（设在牛屠宰加工厂厂区常年主风向的下风向），处理后符合排放标准时才能排入指定的排水沟渠。

四、厂区道路布局

厂区内道路的设计必须能满足厂内卫生防疫、厂内外交通运输和消防作业的要求，并与厂区有关通道及管线协调。原料入口处设在厂区常年主风向的下风向，单设通道，和厂外通道相连接。产品出口处设在厂区常年主风向的上风向，单设通道，和厂外通道相连接。原料入口处和产品出口处之间具有足够的距离，互不交叉。原料入口处和产品出口处都有明显的标志。废弃物出口处设在厂区常年主风向的下风向，单设通道，和厂外通道相连接。

厂区内道路的设计，原则上平行于主要建筑物，呈正交和环状布置。

厂区内道路的设计,采用水泥砼路面。厂区内部的主干道路宽度为 9 米,厂区内部的次干道路宽度为 6 米,厂区内部的普通道路宽度为 4 米。

五、绿化区规划

肉牛屠宰加工厂厂区内绿化,可以美化环境、遮阴防风、调节小气候,对提升企业形象具有极为重要的作用。

肉牛屠宰加工厂厂区内的绿化设计应依据其位置及功能的不同,采用不同的格局,高、中、矮 3 个品种树种搭配,树草结合。

肉牛屠宰加工厂厂区内的绿化面积应达到厂总面积(覆盖率)的 30% 左右。

第二节 肉牛屠宰加工厂主车间布局和面积

以建设每年屠宰加工肉牛 30 000 头(单班)规模的肉牛屠宰加工厂为例,该肉牛屠宰加工厂各个建筑物的布局和面积如下。

一、肉牛屠宰车间

(一)肉牛屠宰车间是肉牛屠宰厂的核心部位之一 肉牛屠宰车间的设施面积见表 3-1。

表 3-1 肉牛屠宰车间设施面积

序 号	建筑物名称	面积(米²)	结 构
1	肉牛屠宰间	860	钢筋砖混结构
1-1	屠宰箱(笼)		
1-2	沥血槽		
1-3	毛牛电刺激区		
1-4	步进器		

续表 3-1

序 号	建筑物名称	面积(米²)	结 构
1-5	同步卫检线		
1-6	胴体劈半		
2	病牛急宰间	100	钢筋砖混结构
3	穿 堂	100	钢筋砖混结构
4	内脏整理间		钢筋砖混结构
4-1	白内脏整理间	100	钢筋砖混结构
4-2	红内脏整理间	60	钢筋砖混结构
4-3	牛蹄处理间	20	钢筋砖混结构
4-4	牛头处理间	20	钢筋砖混结构
5	修整胴体碎物处理间	20	钢筋砖混结构
6	牛皮暂存间	200	钢筋砖混结构
7	男更衣室	60	钢筋砖混结构
8	女更衣室	20	钢筋砖混结构
9	刀具室	20	钢筋砖混结构
10	卫生间	16	钢筋砖混结构
11	兽医检验室	30	钢筋砖混结构
12	包装材料暂存室	120	钢筋砖混结构
13	气泵房	16	钢筋砖混结构
14	参观走廊		钢筋砖混结构
14-1	更衣室	16	轻钢结构
14-2	消毒间	16	钢筋砖混结构
14-3	参观走廊	170	钢筋砖混结构
15	车间主任办公室	16	钢筋砖混结构
16	资料室	16	钢筋砖混结构
17	胴体称重	8	轻钢结构

续表 3-1

序　号	建筑物名称	面积(米²)	结　构
18	胴体冲洗	8	钢筋砖混结构
19	消毒间(洗手处)	30	钢筋砖混结构
20	质量检验室	16	钢筋砖混结构
21	技术室	32	钢筋砖混结构
22	可疑胴体处理间	80	钢筋砖混结构
	合　计	2170	

（二）肉牛屠宰车间布局　　肉牛屠宰车间是肉牛屠宰厂的主要建筑物，一般为单层布局。车间高度 6 米左右。建筑物内安排肉牛的宰杀箱、沥血槽、毛牛电刺激、步进器、同步卫生检验线、红白内脏清洗间、可疑胴体处理间、牛头牛蹄处理间、牛皮暂存间、牛胴体称重、冲洗等工位布局。由污染区逐渐向清洁区过渡，即从活牛到牛胴体生产的全过程。肉牛屠宰车间平面图如图 3-2 所示。

二、肉牛胴体成熟(排酸)车间

（一）牛胴体成熟(排酸)车间面积　　牛胴体成熟(排酸)车间包括胴体快速冷却间和胴体成熟(排酸)车间。胴体快速冷却间（120 头循环使用）面积为 120 平方米，胴体成熟(排酸)车间面积为 680 平方米。

（二）牛胴体成熟(排酸)车间布局　　牛胴体成熟(排酸)车间紧靠肉牛屠宰车间，在胴体冲洗后通过穿堂便是牛胴体成熟(排酸)车间。牛胴体成熟(排酸)车间平面图如图 3-3 所示。牛胴体成熟(排酸)间可布局为进出口合一式或一端为进口，另一端为出口。

三、牛肉分割(切)车间

（一）牛肉分割(切)车间面积　　牛肉分割(切)车间包括胴体

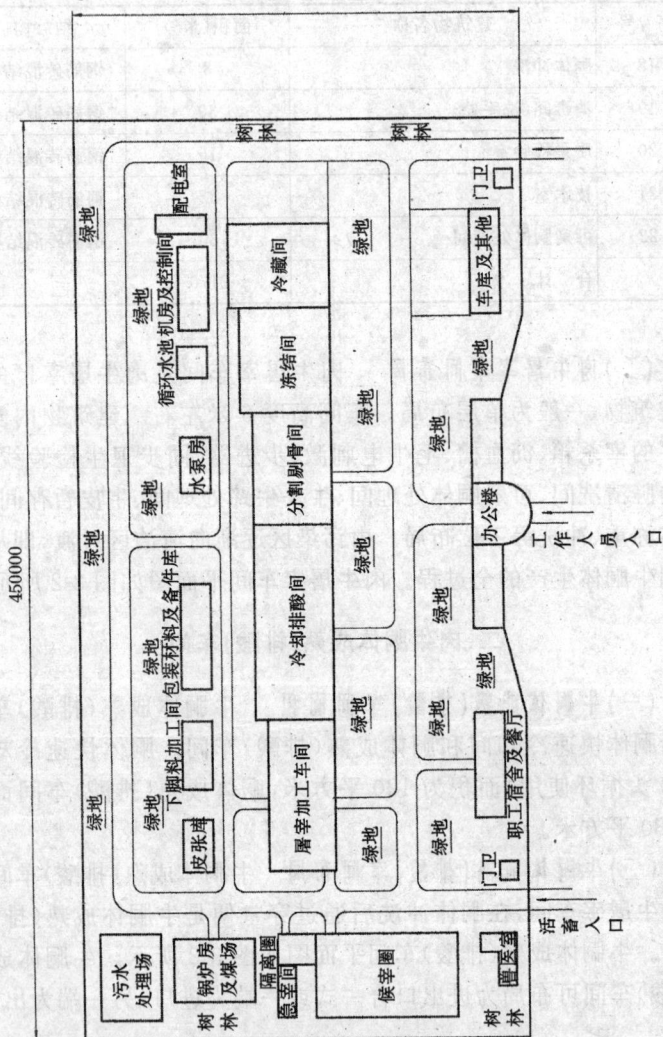

图 3-2 屠宰车间平面图

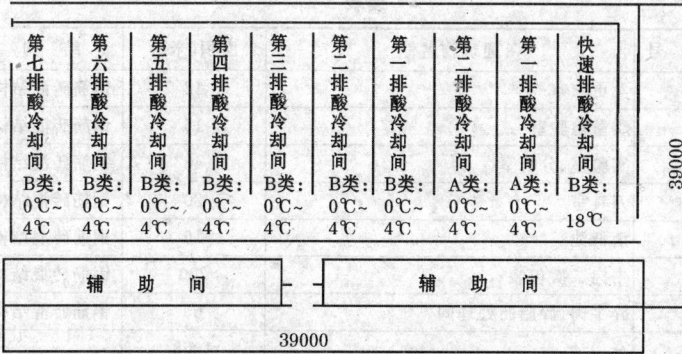

第七排酸冷却间 B类 0℃~4℃	第六排酸冷却间 B类 0℃~4℃	第五排酸冷却间 B类 0℃~4℃	第四排酸冷却间 B类 0℃~4℃	第三排酸冷却间 B类 0℃~4℃	第二排酸冷却间 B类 0℃~4℃	第一排酸冷却间 A类 0℃~4℃	第二排酸冷却间 B类 0℃~4℃	第一排酸冷却间 A类 0℃~4℃	快速排酸冷却间 B类 18℃	39000
辅　助　间				辅　助　间						
39000										

图 3-3　成熟间平面图　（单位：毫米）

四分体站、牛肉分割（切）台、牛肉输送线、真空包装台等工位。其面积如表 3-2 所示。

表 3-2　牛肉分割车间面积

序　号	建筑物名称	面积（米²）	结　　构
1	穿堂（胴体至四分体站）	60	钢筋砖混结构
2	四分体站	40	钢筋砖混结构
3	牛肉分割（切）车间	400	
3-1	牛肉分割（切）台		钢筋砖混结构
3-2	牛肉输送线		
3-3	分割碎肉输送线		
4	牛肉初处理	100	钢筋砖混结构
4-1	牛肉分类		
4-2	牛肉称量		
4-3	初包装		
5	牛肉输送线（初包装牛肉至速冻库）	40	钢筋砖混结构
6	消毒间（洗手处）	16	钢筋砖混结构
7	卫生间	8	钢筋砖混结构
8	男更衣室	32	钢筋砖混结构

续表 3-2

序　号	建筑物名称	面积(米²)	结　　构
9	女更衣室	12	钢筋砖混结构
10	质量检验室	16	钢筋砖混结构
11	实验室、分析室	48	钢筋砖混结构
12	刀具室	20	钢筋砖混结构
13	消毒池	16	钢筋砖混结构
14	牛肉二次包装	200	钢筋砖混结构
15	碎牛肉、碎脂肪处理间	60	钢筋砖混结构
	合　计	1068	

(二)牛肉分割(切)车间布局　牛肉分割(切)车间紧靠牛胴体成熟(排酸)车间。牛肉分割(切)车间内的主要设备为四分体输送线(分割台上空)、牛肉分割线(分割台、输送线),牛肉分类、称重等。牛肉分割(切)车间布局的平面图如图3-4。

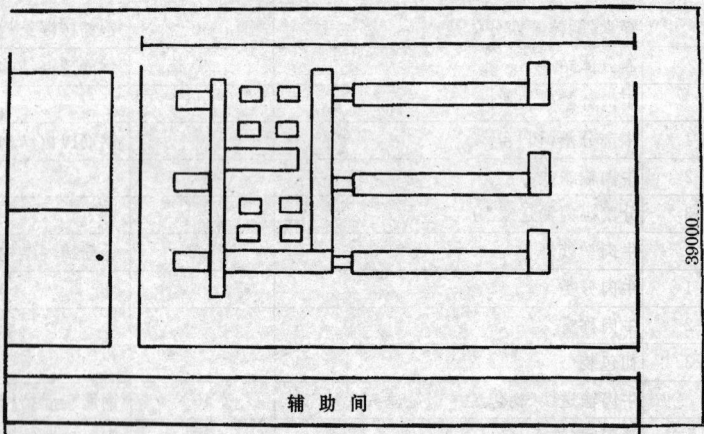

图 3-4　牛肉分割(切)车间平面图

(单位:毫米)

四、牛肉速冻车间（冻结间）

（一）牛肉速冻车间面积 牛肉速冻车间面积为 290 平方米。

（二）牛肉速冻车间布局 牛肉速冻车间的位置紧靠牛肉分割（切）车间。牛肉速冻车间内存放牛肉的方法有搁架式、冷冻车式等几种。牛肉速冻车间布局平面图如图 3-5。

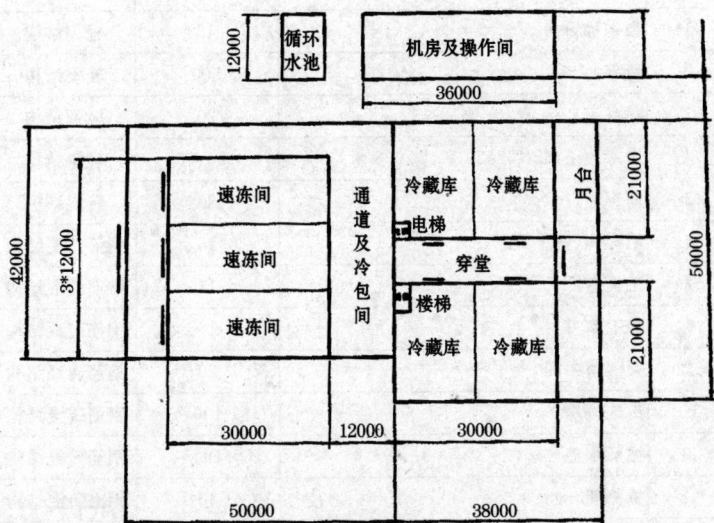

图 3-5 牛肉速冻车间平面图

（单位：毫米）

五、牛肉贮存车间（冷库）

（一）牛肉贮存车间（冷库）面积 冷库的贮存量为 300 吨，冷库面积为 600 平方米。

（二）牛肉贮存车间（冷库）布局 牛肉贮存车间（冷库）的位置紧靠牛肉速冻车间。牛肉在贮存车间（冷库）内分类堆放，不同种类牛肉堆之间留有通道,牛肉堆的高度4～5米。牛肉贮存车间(冷库)的平面图参见图3-5。

六、屠宰车间附属建筑物

(一)屠宰车间附属建筑物面积 见表3-3。

表 3-3 屠宰车间附属建筑物面积

序 号	建筑物名称	面积(米²)	结 构
1	肉牛称重房	12	轻钢结构
2	待宰间	500	轻钢结构
3	喷淋室	20	轻钢结构
4	屠宰通道(长15～20米,宽0.8米)	12～16	轻钢结构
5	消毒池	20	砖混结构
6	消毒间(洗手处)	16	钢筋砖混结构
7	工具室	16	钢筋砖混结构
8	警卫室	16	钢筋砖混结构
9	疑似病牛间	20	钢筋砖混结构
10	冷冻机房	100	钢筋砖混结构
11	循环水池	100	钢筋砖混结构
12	机修间	40	钢筋砖混结构
13	值班室	16	钢筋砖混结构
14	电工室	16	钢筋砖混结构
15	病牛化制间	60	钢筋砖混结构
16	废弃物堆放处(胃肠内容物等)	100	
	合　计	1064	

(二)屠宰主车间附属建筑物布局　屠宰主车间附属建筑物的布局围绕屠宰主车间。待宰间布置于整个肉牛屠宰加工厂的下风

向,喷淋室、屠宰通道紧靠屠宰车间布置,冷冻机房、循环水池紧靠需要冷源量最大的冻结库、贮存冷库布置,电工室、机修间布置在冷冻机房旁边,疑似病牛间布置在屠宰车间的入口不远处,胃肠内容物处理布置于整个肉牛屠宰加工厂的下风向。

七、肉牛屠宰加工厂附属设施建筑

(一)肉牛屠宰加工厂附属设施建筑面积　肉牛屠宰加工厂附属设施建筑面积如表3-4。

表3-4　肉牛屠宰加工厂附属设施面积

序　号	建筑物名称	面积(米²)	结　构
1	办公室(经理室)	60	钢筋砖混结构
2	产品展示室	500	钢筋砖混结构
3	会议室兼科技交流室	60	钢筋砖混结构
4	接待室	48	钢筋砖混结构
5	洽谈室(一)	16	钢筋砖混结构
6	洽谈室(二)	12	钢筋砖混结构
7	卫生间	32	钢筋砖混结构
8	变压器室	30	钢筋砖混结构
9	机井房	16	钢筋砖混结构
10	锅炉房	200	钢筋砖混结构
11	停车场	500	水泥地面
12	成品出库平台	100	水泥地面
13	车　库	300	轻钢结构
14	职工宿舍	350	钢筋砖混结构
15	职工食堂	250	钢筋砖混结构
16	阿訇活动间	16	钢筋砖混结构
17	职工活动室	100	钢筋砖混结构
18	电脑室、档案室	32	钢筋砖混结构
19	质量检查室	16	钢筋砖混结构
20	产品销售部	48	钢筋砖混结构

续表 3-4

序 号	建筑物名称	面积(米²)	结　构
21	污水处理厂	1000	轻钢结构
22	绿化地(全厂)	2400	
23	警卫室兼收发室	24	钢筋砖混结构
24	荣誉室	48	钢筋砖混结构
25	财会室	32	钢筋砖混结构
26	后勤服务室	32	钢筋砖混结构
27	医疗点	16	钢筋砖混结构
28	党、团、工会办公室	16	钢筋砖混结构
29	人事部	16	钢筋砖混结构
	合　计	6270	

（二）肉牛屠宰加工厂附属设施建筑布局　肉牛屠宰加工厂附属设施建筑都是配合肉牛屠宰加工厂更好完成任务、提高功效、提高产品质量、节约开支、降低成本服务的。因此,肉牛屠宰加工厂附属设施建筑的布局既要突出企业形象,又要使人有简洁明快、清洁卫生的感觉。

办公室、产品展示室、会议室兼科技交流室、洽谈室、荣誉室、质量检查室、产品销售部等布局于附属设施建筑物的上风向,位置前沿、明显;职工宿舍、职工食堂等布局于附属设施建筑物的中部;锅炉房、变压器室等布局于附属设施建筑物的后部;污水处理厂布局于附属设施建筑物的最后、下风向处。

（三）成品出厂处设计

1. 成品出厂处地点　在清洁区,紧靠贮藏冷库,和牛肉运输车辆回转场连接。

2. 构造　装卸台台高 1.4 米(和贮藏库、车厢底同一水平面),装卸台台面光滑易冲洗,设避雨、遮阳顶棚,顶棚高 3 米。

3. 面积　100 平方米。

八、肉牛屠宰加工厂厂房结构说明

厂房结构合理、坚固耐用,便于清洗消毒,应能满足生产优质(高价)牛肉的要求。厂房主体包括屠宰车间(主线及牛皮暂存间、内脏清洗间)、冷却成熟处理间、分割车间、冻结间、冷藏间、熟食加工间等。厂房配套设施有育肥牛待宰间、活牛称重间、制冷机房、锅炉房、污水处理场、化制车间等。

(一)屠宰车间、冷却成熟处理车间、冻结车间、冷藏车间、熟食加工车间建设

1. 屠宰车间高度 屠宰车间高度为单层建筑 6 米左右,满足设备安装要求。

2. 屠宰车间跨度 屠宰车间跨度 7 米左右,满足设备安装要求(尤其是同步卫生防疫检查线)。

3. 车间墙壁 屠宰车间墙壁采用防酸、防碱、耐腐蚀、防水防滑可冲洗、无毒不吸潮的瓷砖。

4. 屠宰车间通风口 屠宰车间设置通风口,通风口有防蚊蝇设施。

5. 车间地面 厂房地面要求防酸、防碱、耐腐蚀、防水防滑可冲洗、不吸潮,防虫害鼠害,地表面无裂缝,易于清洗消毒。屠宰厂地面明地沟设在屠宰线正下方,地面向明地沟的坡度为 2°。明地沟断面呈弧形,上方设网罩。

6. 车间墙角 车间所有的顶角、墙角、地角呈弧形,不留死角,便于冲洗干净。

7. 车间天花板 车间天花板表面应涂层牢固光滑,便于冲洗,避免污物积聚。

8. 屠宰车间门、窗 屠宰车间门应安装为内外双开型,并安装压缩空气幕。窗口设有防蚊蝇设施。

9. 车间工作温度要求 冷却、成熟处理车间温度 0℃~4℃,

冻结车间－35℃,冷藏车间－25℃,熟食加工车间 9℃～11℃;各车间均配置温度自动记录仪或温度湿度计。

(二)牛肉分割加工厂车间 牛肉分割加工厂车间的墙壁、地面、顶角、墙角、地角、天花板、门、窗的建设要求和屠宰厂相同。分割车间不允许阳光直接照射,采用电源灯光。分割间的通风采用强制通风措施。车间工作温度 9℃～11℃。

(三)肉牛屠宰加工厂的安全设施 为了安全、有序、高效生产,要强化和完善肉牛屠宰加工厂的设施建设。

1. 防震防雷 执行(GB 50067—94)规定的安全生产设施。

2. 消防设施 执行(GBJ 16－87)的规定。

3. 消毒防病防疫设施 执行中华人民共和国动物防疫法的规定。

4. 防盗防偷设施 企业自行制订防盗防偷措施。

5. 防暑防寒设施 企业自行制订防暑防寒措施。

6. 用水设施(除了消毒洗手设施外) 在屠宰线的每个工位处均设节水水龙头。

肉牛屠宰厂、牛肉加工企业对屠宰厂的布局设计必须遵守我国《食品企业通用卫生规范》、《肉类加工厂卫生规范》、《畜类屠宰加工通用技术条件》等有关规定,才能真正完成肉牛的生产过程。

第三节　肉牛屠宰加工厂水、电、气布局

一、肉牛屠宰加工厂供水、排水布局

(一)肉牛屠宰加工厂供水布局

1. 肉牛屠宰加工厂用水量

(1)冷水用水点 肉牛屠宰加工厂用水,包括运牛车冲洗用水、活牛屠宰前喷淋用水、胴体预剥皮冲洗用水、胴体冲洗用水、红

白内脏洗刷用水、制冷系统降温用水、冻结和冷藏库冲霜用水、消防用水和生活用水等。

（2）热水用水点　清洗屠宰车间清洁卫生冲洗用水、浴室用水、刀具消毒用水（各工位点的消毒水槽）、洗手消毒用水等。

（3）用水量　每头牛的用水量以 2.7～2.8 吨计算。1 年屠宰肉牛 30 000 头的屠宰厂每年的用水量为 81 000～84 000 吨（按照年开工 250 天计算，每天的用水量为 324～336 吨）。

2. 肉牛屠宰加工厂供水线路

（1）冷水供水水源　肉牛屠宰加工厂的供水水源有几种选择（视肉牛屠宰厂的地理位置而选定），其一为地下水水源，其二为自来水水源，其三为江河湖泊水源。使用地下水水源和江河湖泊水源前必须经过净化消毒处理和软化处理［过滤→除铁、除锰、除有毒有害物质设备→清水塔（罐、池）→消毒］。

（2）冷水供水线路　将水源水引入肉牛屠宰厂的贮水设备（水塔、水罐、水池，容积 250 立方米，贮水设备的高度为 20～30 米），利用贮水设备高度形成的压力通过变频调速给水设备（管道），经过消毒后向屠宰车间、分割车间、运牛车冲洗、活牛屠宰前喷淋等各个用水点供水。

（3）热水供水水源　经过净化消毒及软化处理的冷水引入锅炉加热。

（4）热水供水线路　由锅炉的热水进入调节水箱调温（换热器）后再通过管道向用水点输送，所有热水供应均用机械循环方式，并在热水进水管上安装 Y 型过滤器及内磁水器，以减少管道结垢。

热水水温要求：各工序点的消毒水槽 82℃，清洗屠宰车间清洁卫生冲洗用水 60℃～80℃，洗手消毒用水 60℃～80℃。

（5）消防用水　依据《建筑设计防火规范》，肉牛屠宰厂消防用水分为室内和室外，室内消火栓用水量为 10 升/秒，室外消火栓用水量为 40 升/秒，用于建筑防火分区水幕用水量为 10 升/秒。

肉牛屠宰加工厂内专设室内、室外消火栓系统,设消防水池1座,内贮有2小时室内室外消火栓用水量及1小时水幕用水量,共400立方米。消防水泵由消防水池取水,供室内、室外消火栓用水。

在厂区的最高建筑物屋顶设置高位消防贮水池(水罐、水箱、水塔),有效容积大于20立方米,以保证消防管网用水。

(6)冲霜用水 冲霜用水设计为循环用水。设计冲霜用水池1座,容积30立方米,由水塔、罐、池供水,并设4台冲霜水泵,冲霜时同时工作。

冲霜用水系统:水塔、水罐、水池 $\xrightarrow{供水}$ 冲霜用水池→冲霜水泵→冷风机冲霜 $\xrightarrow{回流}$ 冲霜用水池→提升到水塔、水罐、水池 $\xrightarrow{供水}$ 水池。

(7)冷冻机冷却用水 冷冻机冷却用水设计为循环用水。设计循环水池1座,容积60立方米,由水塔、水罐、水池供水。

(二)肉牛屠宰加工厂排水布局

1. 排水口 各用水点的地面下均铺设排水口,每个排水口均设置铁制箅子。废水经箅子流入分支暗管(每隔40～50米设有沉淀池),由分支暗管汇集到蓄水池,再由蓄水池流入污水处理场处理,符合排放标准(见环境保护一节)后向指定点排放。

2. 屠宰车间废水的排放 因为屠宰废水含有较多的碎骨碎肉、油污油脂血块、胃肠内容物。因此,在废水的排放过程中要多设沉淀池(每隔8～10米设沉淀池1个),在沉淀池的下游处设置隔栅,以减少碎骨碎肉、油污油脂血块、胃肠内容物进入污水处理场,减少污水处理的难度,降低污水处理成本,提高屠宰厂的经济效益。

3. 雨水排放 雨水采用明沟就近排放到厂外,明沟每隔5～6米设沉淀池1个,在沉淀池的下游处设置隔栅,以减少泥土堵塞沟道。

二、肉牛屠宰加工厂用电布局

(一)电源 一般肉牛屠宰加工厂的电源为二级负荷,引自当地电源 10 千伏专用线,设变(配)电站 1 座。由变电站向厂内输送电流。

(二)动力线和照明线

1. **动力线** 动力线大多采用交联聚乙烯电缆,通过桥架式穿钢管敷设,在低温、潮湿场所采用橡皮电缆铺设。

2. **照明灯线** 肉牛屠宰加工厂屠宰车间、胴体成熟车间、牛肉分割(切)车间、冻结车间、牛肉贮存间等多为低温潮湿场所,照明灯具采用密闭防护式荧光灯。制冷机房为防暴二区,照明灯具采用防暴灯具。其他场所的照明一般采用常规灯具。

(三)安全用电 大多场所的动力设备采用就地控制,直接启动方式。制冷场所采用温度遥测、氨压机保护等控制方式。屠宰车间、制冷机房等按三类防雷建筑物进行保护,采用 TN-S 防雷系统。变配电站的集中接地电阻不大于 1。设防浪涌保护和等电位联结系统。

三、肉牛屠宰加工厂用气布局

(一)气源 设气泵站,有气泵提供气源。

(二)供气 由管道(封闭式)连接气源和用气点。

四、空调、通风及供热布局

(一)空调(各生产车间及办公室温度指标)

1. **室外计算参数的确定** ①冬季采暖计算温度-33℃。②冬季通风计算温度-26℃。③夏季通风计算温度25℃。④冬季空气调节计算温度-36℃。⑤夏季空气调节计算温度29℃。⑥夏季空气调节日平均温度23℃。⑦冬季空气调节相对湿度75%。⑧最热月月平均计算相对湿度79%。⑨夏季通风计算相对湿度57%。⑩冬季风速 V=1.6 米³/时。⑪夏季风速 V=2.4 米³/小时。

2. **室内计算参数的确定**

(1)**包装车间** 夏季空调温度 10℃±1℃,冬季空调温度

$10℃±1℃$。

（2）分割车间　　夏季空调温度 $10℃±1℃$；冬季空调温度 $10℃±1℃$。

（3）屠宰车间　16℃。

（4）氨压缩机房　16℃。

（5）办公室　26℃。

（6）休息室　26℃。

空调系统冷源由制冷机房提供，选用制冷蒸发器交换。

（二）通风换气系统　　低温库地坪设置通风系统、防冻系统。屠宰车间等易散发气味场合，设置通风换气系统。氨压缩机房设置事故排风系统。为减少空调的冷耗，在门上设置防冷耗装置。

（三）厂区热冷管网布置

1. 热管网布置　　由本厂锅炉房提供热源，由供热管向各车间供热。采用地下铺设。

2. 冷管网布置　　由本厂制冷机房提供冷源，由供冷管向各车间供冷。采用架空铺设。

（四）空调、通风设备　见表3-5。

表 3-5　空调、通风设备

序　号	设备名称	单　位	数　量
1	冷冻液循环泵 G=80 米³/时	台	2
2	水—水换热器 F=10 平方米	台	1
3	离心式通风机 L=6500 米³/时	台	1
4	低位定压罐	台	1
5	吊顶式冷风机 F=150 平方米	台	16
6	风机 L=3000 米³/时	台	4
7	排风机 L=5000 米³/时	台	10

第四章 肉牛屠宰加工厂设备

第一节 肉牛屠宰车间设备

肉牛屠宰厂的设备是实施优质(高价)牛肉生产目的十分重要的手段。因此,配置的设备必须具备先进性、完整无缺、坚固耐用、外表美观、便于清洗消毒、价格低廉、易于维修保养等特点。不过,这不是惟一手段。因为虽然具备了非常现代化的先进设备,但是肉牛育肥质量没有达到优质程度,用最先进的设备也生产不了优质(高价)牛肉。所以笔者不反对购置先进设备,但不主张不从自身经济基础出发,盲目投入巨额资金购买洋设备。洋设备买回来了,流动资金没有了,生产迟迟不能运行,或肉牛质量较差,达不到预期要求。国内已有多家屠宰企业吃亏不浅。

一、国内肉牛屠宰设备

我国肉牛的屠宰设备,在 20 世纪 80 年代前非常原始和简单(麻绳、挂钩、放血剔骨刀、砍骨斧、水桶等)。但是到了 80 年代末我国已经具备制造先进屠宰设备的技术条件,并已有相当规模的制造厂家,产品还远销国外。如今,国产化肉牛屠宰设备已应有尽有,完全能满足生产优质牛肉的需求,如南京亨齐达食品机械有限公司生产的肉牛屠宰设备就是其中一例(表 4-1)。

表4-1　南京亨齐达食品机械有限公司肉牛屠宰设备产品表

序号	设备名称	规格型号	单位	数量	材　质
1	牵牛机	QNJ-10	台	1	机架、链条热镀锌,间控24伏
2	气动翻板箱	FB-2800	台	1	机架、链条热镀锌,气缸及气动元件为铝合金,电器箱为不锈钢
3	步进式输送机	NBJ-1600	台	1	机架、链条热镀锌,气缸及气动元件为铝合金,电器箱为不锈钢,电器为程序控制、间控24伏
4	拴牛链		条	30	不锈钢
5	同步卫检线	NTW-10	套	1	机架、链条、机座热镀锌,双滑轮为不锈钢,滑架为高强度铝合金,大小托盘及钩子为不锈钢,气缸及气动元件为铝合金,电器箱为不锈钢,电器为程序控制、间控24伏
6	液压剥皮机	NBP-5300	套	1	机架热镀锌,升降台为全不锈钢,液压系统一套,气缸及气动元件为铝合金,电器箱为不锈钢,气管为螺旋伸缩管,间控24伏
7	气动升降台	XDT-1500	台	4	机架、台面为全不锈钢,气缸及气动元件为铝合金,气管为螺旋伸缩管
8	开胸电锯	DJKX-400	台	1	机架、罩壳镀铬,电器箱体为不锈钢

续表 4-1

序 号	设备名称	规格型号	单位	数 量	材 质
9	平衡器	PHQ-Ⅰ型	台	1	
10	往复劈半锯	DJBP-600	台	1	机架、罩壳镀铬,电器箱体为不锈钢
11	平衡器	PHQ-Ⅱ型	台	1	国 产
12	道 岔	IRG	付	20	全不锈钢
13	道 岔	2RG	付	20	全不锈钢
14	道 岔	2LG	付	20	全不锈钢
15	弯 道	R300×90°	个	20	全不锈钢
16	断轨器	DG-60	个	8	全不锈钢
17	吊 架	H=225	个	1000	高强度铝合金
18	管轨滚轮	GN-480	只	1000	铝合金架、不锈钢钩
19	刀具消毒器	XDX-1	只	20	全不锈钢、电加热系统
20	管 轨	Φ60×4	米	500	全不锈钢
21	肠胃滑槽	CWHC-1	台	3	全不锈钢
22	分割肉操作台	FG-2000	台	20	全不锈钢
23	屠宰工作台	TZ-1	台	10	全热镀锌
24	拴牛腿链	STN-800	根	50	全热镀锌
25	环链起吊器	慢速 QD-1	台	2	定 制
26	环链起吊器	快速 QD-K1	台	1	定 制
27	空压机	3 米³/分	台	2	外 购
28	毛牛放血输送线	XT-160	套	1	机架、链条热镀锌,无级调速,滑架为高强度铝合金,滑轮为不锈钢,间控 24V
29	排酸库门	PSM-3900	扇	8	不锈钢面

優质肉牛屠宰加工技术

续表 4-1

序　号	设备名称	规格型号	单位	数量	材　质
30	送料小车	TC-200	辆	20	全不锈钢
31	洗肚机	XDJ-1000	台	1	全不锈钢,清洗牛肚、百叶
32	锯骨锯	TDJ-300	台	1	全不锈钢
33	磨刀棒	MDB-1	根	20	国产(全不锈钢)
34	消毒水槽		个	15	国　产
35	刀具				
35-1	预剥皮刀	DJ-1	把	100	国产(全不锈钢)
35-2	放血刀		把	2	国产(全不锈钢)
35-3	剔骨刀		把	50	国产(全不锈钢)
35-4	切肉刀		把	10	国产(全不锈钢)
36	螺旋下降器	NXJ-160	台	1	全热镀锌
37	电子挂称	SB-1	台	1	国　产
38	劈半锯消毒器	XDX-PB	台	1	全不锈钢
39	开胸电锯消毒器	XDX-KX	台	1	全不锈钢
40	洗牛头设备	XNT-600	台	1	全不锈钢
41	喷淋头	PLT-1	只	40	国产(全不锈钢)
42	真空包装机				
43-1	真空包装机	600/2S	台	1	国　产
43-2	真空包装机	500/2S	台	1	国　产
44	封口机	FK-400	台	1	国　产
45	毛牛电刺激仪	DCJ-Ⅱ型	台	1	专有产品
46	气动升降滑槽	XDSL-1300	台	1	全不锈钢
47	气动升降换轨台	XDHG-1500	台	1	全不锈钢
48	风力输送机	FSJ-900	台	2	国　产

续表 4-1

序 号	设备名称	规格型号	单位	数量	材 质
49	槽形工作台		台	1	全不锈钢
50	高压清洗机		台	1	国 产
51	白下水冷却盘		个	70	全不锈钢
52	红下水吊钩架		个	50	全不锈钢
53	冷却间钢梁架		吨	15	全不锈钢
54	分割间钢梁架		吨	5	全不锈钢
55	副产品清洗机		台	1	全不锈钢
56	电动葫芦		台	1	国 产

笔者认为,南京亨齐达食品机械有限公司生产的产品中劈半锯、开胸电锯在形式、功能上再提高一步,质量就不差于施托克、半斯厂家的产品,但是该食品机械有限公司生产的产品价格要比施托克、半斯厂家的产品低几倍。因此,笔者主张新办肉牛屠宰厂采用国产设备,投资少、成本低、易维修、易保养是国产设备的优势。

二、国外肉牛屠宰设备

肉牛业较发达的国家,肉牛屠宰业规模较大,屠宰设备也已经规范化、标准化,有些设备很先进,值得我们借鉴并引进使用,提高我国肉牛屠宰分割水平。为此,对国外肉牛屠宰设备作简略的介绍(表 4-2)。

表 4-2 国外屠宰设备

序 号	设备名称	规 格	单 位	数 量
一	击晕/宰杀区			
1	活牛称重系统		套	1
2	牛绞链和轨道		组	1

续表 4-2

序　号	设备名称	规　格	单　位	数　量
3	旋转式宗教宰杀箱		个	1
4	牛接收/定位支架		组	1
5	气动击晕设备	EFA	套	1
6	手动工具支架		组	1
7	围裙清洗和刀具消毒设备		套	1
8	洗手池		个	1
9	电刺激系统	NES-1	套	1
二	挂钩区			
1	毛牛提升机		套	1
2	放血吊链		个	30
3	放血缓冲轨道		组	1
4	放血输送线		组	1
5	输送机链条滑轮装置		组	1
6	吊链回空轨道		组	1
三	牛前腿和尾巴切割			
1	切割牛蹄和前腿的平台		台	1
2	液压牛蹄切割器	EFAZ-14	个	1
3	切蹄机消毒设备		套	1
4	手动工具支架		组	1
5	牛角切割器	EFAZ-12	个	1
6	牛角切割器消毒装置		套	1
7	手动工具支架		组	1
四	食管结扎			
1	气动平台		台	1
2	围裙清洗和刀具消毒设备		套	1

续表 4-2

序　号	设备名称	规　格	单　位	数　量
3	食管结扎器	EFAE-21	个	1
4	食管结扎器消毒装置		套	1
五	前腿的转挂			
1	第一条腿装挂平台		台	1
2	切蹄器/平衡器/泵/油		组	1
3	液压牛蹄切割器	EFAZ-14	个	1
4	牛蹄切割器消毒装置		套	1
5	手动工具支架		组	1
6	前腿滑槽		个	1
六	后腿的转挂			
1	第二条腿装挂平台		台	1
2	液压牛蹄切割器	EFAZ-14	个	1
3	牛蹄切割器消毒装置		套	1
4	手动工具支架		组	1
5	后腿滑槽		个	1
七	肛肠结扎站			
1	肛肠结扎平台		台	1
2	肛肠结扎器装置	E-22	个	1
3	手动工具支架横梁		组	1
4	肛肠结扎器消毒装置		套	1
八	牛乳腺/预剥皮站			
1	牛乳腺/预剥皮工作平台		台	1
2	围裙清洗和刀具消毒设备		套	1
3	带气动阀的牛乳腺滑槽		个	1
4	气动剥皮刀	EFA-620	把	2

续表 4-2

序　号	设备名称	规　格	单　位	数　量
九	预剥皮工作台上部			
1	预剥皮气动工作台		台	1
2	围裙清洗和刀具消毒设备		套	1
3	气动剥皮刀	EFA-620	把	2
十	预剥皮工作台下部			
1	预剥皮气动工作台		台	1
2	气动剥皮刀	EFA-620	把	2
十一	剥皮			
1	剥皮、围裙清洗和刀具消毒设备	GORILLA	套	1
2	后蹄提升装置		组	1
3	剥皮机的气动推进器		个	1
4	气动剥皮刀	EFA-620	把	2
5	牛皮风送装置		组	1
6	空气传输系统、管道		组	1
7	空气传输系统、旋风扇		组	1
十二	胸骨锯			
1	胸骨锯气动工作台		台	1
2	围裙清洗和刀具消毒设备		套	1
3	胸骨锯	EFA-66	个	1
4	胸骨锯消毒设备		套	1
5	手动工具支架横梁		组	1
十三	去头区			
1	去头平台		台	1
2	围裙清洗和刀具消毒设备		套	1
3	牛头转挂装置		组	1

续表 4-2

序号	设备名称	规格	单位	数量
4	牛头消毒装置		组	1
5	牛头向内脏输送机转挂装置		组	1
十四	白内脏输送			
1	取白内脏气动提升工作台		台	1
2	围裙清洗和刀具消毒设备		套	1
3	白内脏接受输送机		组	1
4	白内脏检疫输送机		组	1
5	白内脏接收槽		个	1
6	白内脏检疫平台		台	1
7	红白内脏围裙清洗和刀具消毒设备		套	1
十五	取红内脏			
1	取红内脏气动提升工作台		台	1
2	红内脏和牛头输送机		组	1
3	输送机链条润滑装置		个	1
4	不锈钢滑槽		个	1
5	废弃内脏包空钩缓冲轨道		组	1
6	红内脏钩消毒装置		套	1
十六	胴体劈半			
1	劈半气动提升工作台		台	1
2	手动劈半锯	EFA SB322-E	个	1
3	自动劈半锯	DAMOCLES11	个	1
4	手动工具支架		组	1
5	劈半锯消毒装置		套	1
6	防溅屏		个	1

优质肉牛屠宰加工技术

续表 4-2

序号	设备名称	规格	单位	数量
十七	胴体检疫			
1	胴体检疫气动提升工作台		台	1
2	围裙清洗和刀具消毒设备		套	1
3	可疑胴体检疫气动提升工作台		台	1
4	围裙清洗和刀具消毒设备		套	1
十八	胴体修整			
1	修整气动提升工作台		台	1
2	围裙清洗和刀具消毒设备		套	1
3	修整气动提升工作台		台	1
十九	胴体转挂系统			
1	胴体传送转挂输送机		组	1
2	胴体输送机		组	1
3	输送机链条润滑装置		个	1
4	轨道称重系统		套	1
5	轨道称重气动推进器		个	1
6	胴体清洗机		个	1
7	圆盘锯		个	1
8	空气压缩机		台	1
9	标准推车		辆	10
10	推车		辆	5
二十	肉牛屠宰挂钩		个	300
二十一	废弃内脏输送			
1	废弃物输送装置		套	1
二十二	冷却区			
1	废弃内脏输送装置		组	1

续表 4-2

序 号	设备名称	规 格	单 位	数 量
2	输送机链条润滑装置		个	1
3	排酸间的卸料装置		组	1
4	输送机链条润滑装置		个	1
5	排酸间轨道		组	1
6	排酸间的卸料输送机		组	1
7	输送机链条润滑装置		个	1
8	肉牛四分体站		个	1
9	从四分体站到分割区的轨道		组	1
二十三	电控柜			
1	中央控制系统		套	1
2	连接箱		个	2
二十四	刀 具			
1	屠宰刀		把	2
2	分割刀		把	150
3	剔骨刀		把	150
4	切肉刀		把	10
5	检验刀		把	2
6	磨刀棍		把	70
7	牛蹄去甲器	400-D	台	1
二十五	其他设备			
1	靴子清洗器		套	1
2	剥皮刀修整器	EFA-53	个	1
3	四分体锯	EFA-85	把	2
4	刀具磨光机	EFA-70	个	1
5	高压清洗消毒设备		套	1

续表 4-2

序　号	设备名称	规　格	单位	数量
6	牛皮冷却运送装置		组	1
7	二分体和四分体出货轨道		组	1
8	跟踪系统		套	1
9	自动洗胃机	680-P	台	1
10	牛百叶清洗机		台	1
11	牛肚加工机		台	1
12	大肠清洗机	B-800-3BW	套	1
13	小肠清洗机	B-800-3BW	套	1
14	气动血液泵		套	1
15	牛皮扯皮机	SEMOR	套	1

第二节　牛肉分割加工车间设备

　　牛肉分割加工质量的优劣一方面决定于操作员工的责任心和技术水平,另一方面也与牛肉分割加工的设备性能有密切关系。因此,屠宰加工企业要尽可能配备较先进的牛肉分割加工设备(表4-3)。

表 4-3　分割加工设备

序　号	设备名称	规　格	单位	数量
1	胴体轨道(冷却间至四分体站)		米	25
2	冷却间轨道		米	180
3	四分体站		处	1
4	分割锯		把	2
5	剔骨输送线		条	2
6	收集输送线		条	2
7	成品输送线		条	1

续表 4-3

序 号	设备名称	规 格	单 位	数 量
8	旋转工作台		台	2
9	真空包装机	真空室长80	台	3
10	真空包装机	真空室长70	台	2
11	真空包装机	真空室长55	台	2
12	打包机		台	3
13	运肉小车		辆	15
14	镀锌板铁盒(冻结用)		个	300
15	带槽边不锈钢工作台		台	72
16-1	度量衡器	10千克	台	5
16-2	度量衡器	5千克	台	10
16-3	度量衡器	500千克	台	2
17	刀 具			
17-1	剔骨刀	JD-1	把	50
17-2	切割刀		把	15
18	磨刀器		只	10
19	磨刀棒	MDB-1	根	70
20	刀具消毒器	XDX-1	只	70
21	运骨车		辆	20
22	冻结间小车		辆	280
23	剔骨工作台		台	20
24	分割工作台		台	20
25	包装工作台		台	6
26	左钢丝手套		副	60
27	钢丝护胸背心		件	60
28	热缩机			
29	其他设备			

第三节　牛肉冷藏设备

牛肉冷藏设备包括排酸间、速冻库、贮存库和制冷设备等。

一、排 酸 间

为改善和提高牛胴体质量的成熟库。

1. 成熟库（排酸间）的面积　每头肉牛应占有 1.2～1.5 平方米。

2. 成熟库（排酸间）的温度　0℃～4℃。

3. 成熟库（排酸间）的高度　4～4.6 米；

4. 成熟库（排酸间）的地面　水泥地面、光滑。

5. 成熟库（排酸间）的墙体、顶棚　采用聚氨酯保温材料，厚度为 10～15 厘米。

二、速 冻 库

短时间内把牛肉的中心温度降低至 −18℃～−19℃。

（一）速冻库的容积　按每天生产牛肉的产量设计，如按每天生产牛肉 20 吨计算，应设计速冻库 2 间，每间存放牛肉 10 吨，每间速冻库的容积约 100 立方米。

（二）速冻库的温度

1. 速冻库内空气冷凝温度　−35℃～−38℃。

2. 牛肉中心温度　−18℃～−19℃。

3. 冻结时间　16～24 小时。

4. 设备　有冷风机、钢梁、加湿器等。

5. 速冻库的结构　速冻库的墙体、顶棚为保温材料（聚氨酯），厚度为 25 厘米。地面为水泥地面，光滑。进货、出货用同一门。

三、贮 存 库

能使牛肉长期保质的设备即为贮存库。贮存库的容积可大可小，要视牛肉的周转周期设计，一般把牛肉的周转周期设定为 60 天，并参考速冻库的容量，以每天生产牛肉 20 吨计算，60 天周转 1 次，则贮存库的容积应设计为 1 200 吨。

（一）贮存库的温度　－25℃。

（二）牛肉的中心温度　－18℃～－19℃。

（三）设备　有冷风机、钢梁、报警器等。

（四）贮存库的结构　贮存库的墙体、顶棚为保温材料（聚氨酯），厚度为 20 厘米。地面为水泥地面，光滑；进货、出货用同一门。

四、制冷设备

能使冷库温度保持的设备，冷库温度的保持依靠制冷设备。制冷系统设备见表 4-4。

表 4-4　制冷系统设备

序　号	设备名称	规　格	单　位	数　量
1	氨压缩机（双机）	S8-12.5	台	4
2	氨压缩机（单机）	4AV-12.5	台	2
3	立式冷凝器	LNA-120	台	2
4	中间冷却器	ZZQ-800	台	1
5	氨油分离器	YF-150TL	台	1
6	贮氨器	ZA-5.0	台	1
7	卧式桶氨泵组合装置	ZWB3.5-6×38	套	1
8	卧式桶氨泵组合装置	ZWB5.0-6×38	套	1
9	集油器	TY-500R	台	1
10	自动空气分离器	ZKF-1	套	1

续表 4-4

序 号	设备名称	规 格	单 位	数 量
11	油处理及油泵		套	1
12	冷风机	450型	台	2
13	冷风机	250型	台	12
14	冷风机	170型	台	12
15	阀门		个	300
16	无缝钢管		吨	25
17	型钢		吨	30
18	自控元件			
19	管道			
20	保温材料			
21	冷却水塔			1
22	冷却水池			1
23	给水泵	3/2GC-4	5.5×3	1

五、冷库保温设备

主要是冷库门和聚氨酯保温材料。

第四节　附属设备

运转良好的肉牛屠宰厂除了要有较先进的屠宰、分割加工和冷藏设备,还应有相应的配套设备,如采暖通风设备、供电设备、运输设备、称重设备、给排水设备、质量监控设备等。

一、采暖、通风和热水设备

(一)供暖设备　冬季需要供暖的地区,必须设置供暖设备

（表 4-5）。

表 4-5　采暖通风设备

序 号	设备名称	规 格	功 率	单 位	数 量
1	链条炉排快装锅炉	DZL4		台	
2	省煤器	DZL4		台	
3	链条炉排快装锅炉	DZL2		台	
4	省煤器	DZL2		台	
5	鼓风机	G6-41-11	3×3	台	
6	除尘器	XD-2		台	
7	引风机	Y6-41-11	11×3	台	
8	除渣机	DS2-Q/S129	0.75×3	台	
9	分气缸	$\Phi500L=2510$		台	
10	除污器	SG 型 DN125		台	
11	汽水热交换器			台	
12	给水箱			个	
13	组合式软化水装置	ZGR-II		台	
14	给水泵	3/2GC-4	5.5×3	台	
15	补给水泵	JR50	2.2×3	台	
16	循环水泵	JR80	1.5×3	台	
17	凝结水泵	JR50	2.2×3	台	
18	钢板烟囱	$\Phi500H=30^m$		个	
19	轴流风机	T35-11-28	0.2×3	台	
20	上煤装置		1.1×3	套	
21	配电及仪表			套	
22	屋顶风机	BWS	44	台	
23	低温乙二醇冷水机组		256	台	
24	冷冻水泵	IS100	15×3	台	
25	补给冷冻水泵	IS100	2.2×3	台	
26	吊顶空气冷却器	SJR	0.55×30	台	
27	新风机组	2KWI20-X	2.2×4	台	
28	膨胀水箱		2.2×10	个	
29	风 机			台	
30	洗衣设备		23	台	
31	冷却水泵		22×3	台	
32	其 他				

(二)通风设备　主要有排风扇(各种型号)和风斗(排酸间)。

(三)供热水设备　与供暖设备合用。

二、供电设备

肉牛屠宰加工厂需要用电的时间和用电的部位较多,离开电的供应,屠宰厂生产是不可想象的。因此,必须充分保证电的供应。

根据生产工艺对用电量要求,遵循国家制定的有关供电规范(GB 50052-95;GB 50053-95;GB 50054-95),肉牛屠宰加工厂供电设备见表4-6。

表 4-6　肉牛屠宰加工厂供电设备

序　号	设备名称	规　格	功率	单位	数　量
1	高压开关柜	国家标准		台	5
2	变压器	S9-1000KVA		台	2
3	低压开关柜			台	14
4	低压变电屏	DML		面	30
5	动力变电箱、柜	国家标准		台	20
6	无功功率补偿器	PGJ		套	4
7	进线兼计量柜			套	
8	电缆桥架	国家标准			
9	照明灯具(低温)	国家标准		个	
10	照明灯具(防潮)	国家标准		个	
11	照明灯具(防爆)	国家标准		个	

三、运输设备

屠宰厂的运输设备包括从活牛运进到成品牛肉运出的全过程,

各个环节应配备不同的运输车辆(表4-7)。尤其是牛肉的运输,我国已经实施冷链运输规范(从屠宰厂贮存库到销售点全程低温)。

表4-7　屠宰厂运输设备

序　号	车　型	规　格	载重量(吨)	数　量
1	冷藏车	国家标准	8	2
2	冷藏车	国家准标	4	2
3	冷藏车	国家标准	2	1
3	运牛车	国家标准	8	3
4	运牛车(兼运牛皮)	国家标准	4	2
5	小　车	国家标准		2
6	工具车	国家标准		1
7	叉　车	国家标准	0.5	3
8	小型货车	不渗漏	2	1

四、称重设备

屠宰厂的称重(计量)系统、称重(计量)管理非常重要,通过称重(计量)考核收购的肉牛是否符合收购标准;核算屠宰牛的成本;考核员工劳动业绩等。肉牛屠宰厂称重设备见表4-8。

表4-8　屠宰厂称重设备

序　号	名　称	型　号	数　量	备　注
1	活牛个体称重设备	1000	1	进厂时用
2	活牛群体全电子衡秤	SCS-30	1	进厂时用
3	胴体称重设备	500	1	
4	牛肉块称重设备	50	5	分割、装箱用
5	牛肉块称重设备	500	1	出厂时用
6	牛肉块称重设备	1000	1	出厂时用

五、供水、排水和消防设备

（一）供、排水设备　肉牛屠宰厂生产过程中用水量较多,如按每班屠宰肉牛数按 200 头计,需要提供清洁水 540～560 吨,排出污水 540～560 吨。因此,必须具备顺畅的供水和排水设备（表 4-9）。

表 4-9　供水、排水设备

序　号	设备名称	规　格	单　位	数　量
1	供暖水管	国家标准	米	
2	消毒用水水管	国家标准	米	
3	清洗用水水管	国家标准	米	
4	消防用水水管	国家标准	米	
5	排水管	国家标准	米	
6	供水水泵	国家标准	台	2
7	排水水泵	国家标准	台	2

肉牛屠宰加工厂的供水、排水,根据生产工艺对用水量和水质要求,应遵循国家制定的有关供水、排水规范（GB J15—88,GB J14—87,GB J13—86）。

（二）消防设备　应遵循国家制定的有关消防规范（GB J16—87）,肉牛屠宰厂应具备消防栓（以每班屠宰肉牛 200 头的加工量为例,下同。流量为 20 吨/时）、消防车和消防水池（贮水 200 吨）。

六、质量监控设备

肉牛屠宰加工厂质量监控设备是近几年来才开始应用,效果非常显著,生产中出现的问题可以追溯到发生事故的某个工序。产品质量跟踪设备（网络系统）,从牛的屠宰开始标记每头牛的信息,直至分割肉块。出现质量问题,可以查证到个体牛,如果连带肥育牛的信息,可以查证到活牛饲养阶段的某一过程。

七、安全设备

(一)**报警装置** 在排酸(成熟)库、速冻库、贮存库中安置报警装置,工作人员万一被反锁其内,可启动报警装置获救。

(二)**防氨设备** 在制冷机房备防氨面具。

(三)**防雷设备** 执行(GB 50067—94)规定的安全生产设施。

第五节 污水处理设备

肉牛屠宰厂产生的污水基本不含有毒有害重金属,而含有较多的易腐败物和易发臭物,所以屠宰厂的污水处理较简单。处理设备见表4-10。

表 4-10 污水处理设备

序 号	设备名称	型 号	规 格	单 位	数 量
1	食品加工废水处理设备	WSB		台	2
2	暴气池提升机	ZW50	2.2×6	台	6
3	污泥提升机	WQCL25	2.2×2	台	2
4	污水池提升机	WACL43	3×3	台	6
5	隔膜泵	DBY-40	2.2×2	台	2
6	潜水泵	50QW25	2.2×2	台	2
7	鼓风机	BH125	11×4	台	4
8	箱式压滤机	F=10 米^2	5.5	台	1
9	压力滤缸	Φ1200		套	3
10	机械隔栅	WGS-	0.75×2	套	2
11	加药装置	JY-1	0.75×4	套	4
12	污泥回流泵		2.2×6	台	6

第六节　化制间设备

　　购买后的肉牛在屠宰前发生病患死亡或在胴体检疫时发现可疑病症,应及时处置。在获得兽医确切的诊断结论,可食用的经过高温处理,不可食用的毛牛或胴体应立即在化制间处理,化制间的设备见表4-11。

表 4-11　化制间设备

序　号	设备名称	规　格	单　位	数　量
1	上料机	国家标准	台	1
2	二次蒸汽处理装置	国家标准	套	1
3	骨头粉碎机	国家标准	台	1
4	蒸煮锅	国家标准	个	1
5	复炼锅	国家标准	个	1
6	贮油罐	国家标准	个	1
7	电动葫芦	国家标准	台	1
8	管　道	国家标准		
9	分气缸	国家标准	个	1
10	电控柜	国家标准	套	1
11	不渗漏小车	国家标准	辆	5
12	工作台	国家标准	台	3
13	高压清洗车	国家标准	辆	1
14	消毒设备	国家标准	套	1
15	焚尸炉	国家标准	套	1
16	干化机或湿化机	国家标准	套	1

第七节　其他设备

一、化验设备

(一)肉牛病菌化验设备　参考兽医实验室常用设备。

(二)牛肉质量检验设备　包括牛肉成分测定设备、牛肉卫生指标测定设备、牛肉安全指标测定设备和牛肉等级评估设备。

(三)牛肉有毒有害物质测定设备　参考砷、汞、铅、镉、六六六、滴滴涕和氯等的测定设备。

二、办公设备

电脑、复印机、办公桌、电话、传真机、网络系统等。

三、维修保养设备

包括制冷设备维修、屠宰生产线维修和其他机械维修保养设备等。

第五章 肉牛屠宰工艺

第一节 肉牛屠宰工艺流程及说明

　　现代化的肉牛屠宰工艺流程是获得安全优质牛肉的保证条件，也是获得较高的屠宰效益的基础。肉牛屠宰工艺流程包括从待宰牛到牛胴体进入成熟间的全过程。吊宰和平床屠宰的工艺流程区别：①吊宰时牛头朝下，平床屠宰时牛头在水平面上；②预剥后肢皮吊宰时后肢在上，由上往下垂直作业，平床屠宰在平床上平面作业；③内脏的剥离，吊宰时往下垂直作业，平床屠宰时在平床上平面作业。平床屠宰的优点是减轻了劳动者的劳动强度、节省能源、改善卫生条件等。肉牛屠宰操作规程详见附录一。

一、肉牛屠宰工艺流程

　　肉牛屠宰工艺流程见图 5-1。

二、肉牛屠宰工艺流程说明

　　（一）待宰育肥牛　　待宰育肥牛是指经过肉牛饲养户比较充分育肥的、符合企业收购要求（标准）的、通过运输（车辆运输或赶运）已经到达屠宰厂准备屠宰的牛。

　　（二）检疫　　待宰育肥牛在进入屠宰厂专设的待宰围栏前由屠宰厂专职兽医进行全面现场检查（目测或取样检测）。

　　（三）停食静养　　检疫合格的肉牛应停食静养 24 小时（环境安静、气温适宜），满足饮水。

　　（四）停水　　屠宰前 3 小时停止饮水。

待宰育肥牛 → 检疫 → 称重 → 待宰栏 → 冲淋 → 通道 → 屠宰笼 → 吊挂 →
（检疫 → 急宰）

→ 宰杀（阿訇）→ 放血（沥血）→ 低压电刺激 → 预剥后肢皮 → 去角 → 去耳朵 →

→ 去前蹄 → 去后蹄 → 转挂 → 预剥腿皮、腹皮 → 机器剥皮 → 剖腹取肠胃 → 锯胸骨 →

→ 去头 → 取心、肝、肺 → 胴体劈半 → 兽医检疫 → 胴体修整 → 胴体称重 →
（兽医检疫 → 可疑或病牛胴体轨道）

冲洗胴体 → 入急冷间 → 入胴体成熟间

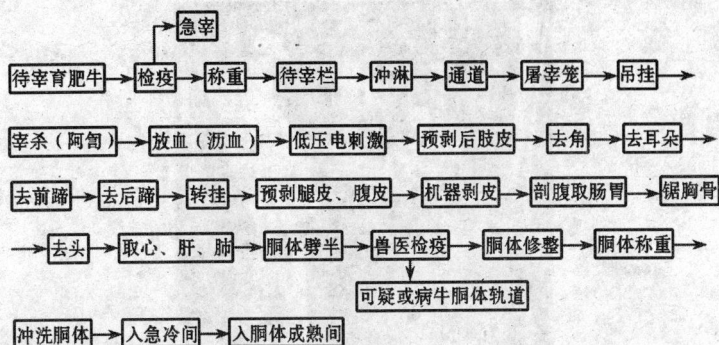

图 5-1　肉牛屠宰工艺流程

（五）急宰　专职兽医进行全面检查时发现的病牛或可疑病牛，实施急宰。

（六）称重　经专职兽医进行全面检查合格的待宰育肥牛进行体重称量。此为屠宰牛宰前体重，是计算肉牛屠宰率、牛计价的依据。

（七）待宰围栏　经过体重称量的待宰育肥牛可进入待宰围栏，待宰围栏由活动栏杆组成，围栏高 1.4 米，水泥地面，围栏两头设门，一般为有顶棚，防雨防太阳。围栏面积的大小随牛的多少调节，也可为固定面积，每头牛 2.3～2.5 平方米。

（八）冲淋间和冲淋　冲淋间的面积和 1 间待宰围栏相同，在冲淋间的上方和左右均设有喷水嘴，待宰牛进入冲淋间后打开水节门，进行全身冲淋，达到去除体表污物、清洁体表和缓解牛的应激程度。冲淋水水温春末、夏秋季用自来水，冬季、早春用 20℃ 左右的温水（图 5-2，彩图 9）。

（九）通道　由冲淋间通向屠宰笼的过道。①为了通行顺畅，设计的过道上宽 80～90 厘米，底宽 65～70 厘米。②为了减少待宰牛的应激反应程度，将通道设计成"S"形，避免后面的牛看到前面的牛。③为防止牛后退和调头，在每一头牛的站位后边设计只

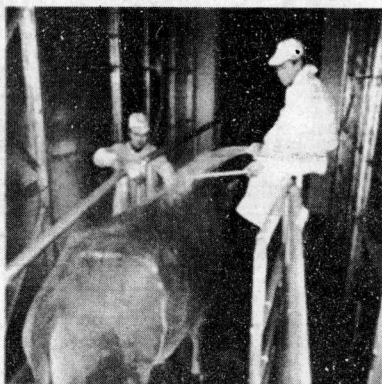

图 5-2　屠宰前处理　（本章插图由南京亨齐达公司提供）

能向前打开的活动门。④为防止牛滑倒，通道为防滑地面。

（十）屠宰　采取快速的、与其他动物隔离的方式进行屠宰。

人道屠宰是经济动物福利非常重要的环节。人道屠宰的最基本要求就是在宰杀动物时，必须先将动物致昏（二氧化碳、电击），使其失去痛觉，再予放血，使其死亡，减少动物的痛苦，提升动物福利。广义的人道屠宰包括经济动物的人道运输、装载，合乎动物行为的饲养环境、走道以及驱赶方式，以尽量减少动物的紧迫与恐惧。实施人道屠宰，不仅可以提升肉品品质，改善畜牧业的经济效益，同时也是兼顾屠宰从业人员的劳动安全与心理健康，以及消费者"吃得放心与安心"的权益的重要环节。

（十一）屠宰箱（笼）　屠宰箱（笼）是一个能翻动的笼子，屠宰笼是安全生产的保证。进口设备中的屠宰笼用液压装置，在旋转过程中将牛头挤入宰杀格（由于挤压牛体，所以牛在瞬间会产生应激反应，影响放血和牛肉质量等）。国产设备大多用翻板箱。

每头牛通过屠宰箱（笼）后均用水彻底冲洗，不留前一头牛的血液、粪尿等痕迹，以减少后续待宰牛的应激反应。

（十二）吊（挂）宰　肉牛屠宰时的姿势有"地打滚"（我国传统

肉牛屠宰方式)、"吊宰"和"平床式"几种。地打滚宰牛方法由于卫生条件差,放血不尽而被淘汰。目前国内绝大多数屠宰企业采用吊宰方法,即在屠宰笼内用毛牛吊钩钩住后蹄,再用放血提升机提升至放血轨道,牛头向下。平床式宰牛方法是近几年由德国半斯公司推出的,在屠宰笼内击昏后的肉牛放在行进式平台上放血、预剥皮。吊宰和平床式哪种方法的优势(省工省时、提高胴体质量、改善和提高牛肉品质等)更大,当前尚未见到相关的报道。

(十三)宰杀　肉牛宰杀的方式依宗教信仰而异。清真式的肉牛屠宰要求:牛头朝向为宗教圣地麦加方向,由阿訇动第一刀,一刀三管(血管、食管、气管)同断。汉族屠宰肉牛无特别的规定。

(十四)放血　采用吊宰,牛头朝下,放血充分(如遇到主放血管堵塞,应及时用刀切开血管),通过沥血槽的时间为9分钟左右;地面和刀口用水冲洗。毛牛胴体前进靠步进器(图5-3)。

图 5-3　步进器　(南京亨齐达公司提供)

(十五)低压电刺激　由特制的低压电刺激仪对毛牛进行电刺激60秒(30个脉冲电流),电压可调节(36~72伏)。主要作用为促进血液排放、方便剥皮和改善牛肉嫩度(图5-4,彩图10)。

(十六)预剥后脚皮　人工用刀预剥未被毛牛吊钩的后脚皮

图 5-4 电刺激

（左脚，有的没有此工序）。将毛牛吊钩转挂到已经预剥完的后脚，同时进行预剥右脚皮（用水冲洗）（图 5-5，彩图 11）。

（十七）去角 用牛角、后腿、前腿切割器，沿牛角与皮肤连接处剪去角。

（十八）去耳朵 用牛角、后腿、前腿切割器，沿牛耳根部剪去耳朵。

（十九）去后蹄 用牛角、后腿、前腿切割器，沿后

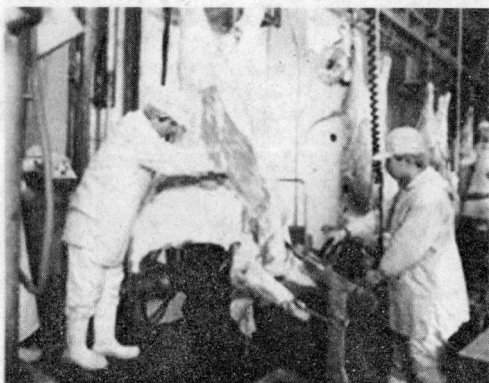

图 5-5 手工剥皮

肢飞节处剪去后蹄。

（二十）去前蹄 用牛角、后腿、前腿切割器，沿前肢腕关节处剪去前蹄。

（二十一）转挂 将已经预剥后脚皮的毛牛吊钩转挂到胴体吊

钩,胴体吊钩进入步进器(用水冲洗)。

(二十二)**预剥后腿皮**　人工用刀预剥后腿内侧牛皮(用水冲洗)。

(二十三)**预剥腹皮**　人工用刀预剥腹部牛皮(用水冲洗)。

(二十四)**扯皮**　用特制的扯皮机将整张牛皮扯下,在扯皮机的两侧各配备一人,手持专用剥皮刀帮助剥皮,防止牛胴体表层脂肪被扯皮机带走。操作时专用剥皮刀紧靠牛皮,尽量减少牛皮带走牛胴体上的脂肪(图5-6,彩图12)。

图5-6　机器扯皮

(二十五)**去除生殖器**　扯皮后剥离生殖器(牛鞭),将牛鞭完整割下(公牛带睾丸),并用水冲洗干净。

(二十六)**去除生殖器脂肪**　剥离和摘除生殖器后,将生殖器周围的脂肪去除,并用水冲洗干净。

(二十七)**剖腹取肠胃**　沿腹部中线轻轻地、细心地划破腹部,取出牛胃、胰脏及大小肠(取出物进入肠胃同步卫检线),用水冲洗腹腔(图5-7)。

(二十八)**锯胸骨**　沿胸骨中线用胸骨锯锯开胸骨,用水冲洗胸骨锯。

(二十九)**取红内脏**　锯开胸骨后取出心、肝、肺(取出物进入同步红内脏卫检线),并用水冲洗胸腔(图5-8,彩图13)。

(三十)**取头**　沿第一颈椎骨切割牛头(彩图14),挂于同步卫检线(用水冲洗)。

图 5-7　剖腹取肠胃

图 5-8　取红内脏

（三十一）**胴体劈半**　用专用劈半锯沿胴体中线将胴体分成均匀的两半，保留骨髓的完整性。胴体劈半要用自来水冲洗劈半锯，起到降温作用（彩图 18）。

（三十二）**兽医检疫**　由专业兽医人员现场进行兽医检疫，合格胴体盖合格章，不合格胴体进入可疑胴体轨道，进行进一步的检查。

（三十三）**可疑胴体处理**　兽医检验员确定或不能完全确定的

可疑胴体进入可疑或病牛胴体轨道,待兽医检验员最终确定并开出鉴定证书后,是病牛必须进行无害化处理或化制。

(三十四)胴体修整 对胴体外表进行修整,去除碎小肉块,使胴体外表整齐美观。

(三十五)胴体称重 用专用称量设备称重牛胴体(彩图 15),记录在案。

(三十六)胴体冲洗 用压力较大的水龙头全面冲洗胴体(彩图 16)。

(三十七)胴体检疫 按指定部位进行胴体检疫,合格者加盖合格专用印章;不合格者加盖不合格专用印章,转移至可疑胴体间等待进一步检验,并同时将该牛牛头、红白内脏转移至可疑胴体间等待进一步检验。

(三十八)牛头、红白内脏检疫 在胴体检疫的同时对牛头、红白内脏检疫,发现不合格者,转移至可疑胴体间等待进一步检验,并将该牛牛胴体转移至可疑胴体间等待进一步检验。

有病胴体、内脏等,应在兽医指导下处理。

图 5-9 排酸间

(三十九)胴体急冷 胴体冲洗后立即进入胴体急冷间。急冷温度 $-15℃\sim-20℃$,时间 2 小时。

(四十)胴体成熟(排酸) 胴体急冷后立即进入胴体成熟间(温度 $0℃\sim4℃$;时间:第一次 72 小时;第二次成熟时间,依牛肉品质和价格的高低有别,一般为 4~9 天)(图 5-9,彩图 17)。

三、肉牛屠宰工艺技术条件说明

获得优质、安全牛肉必需的肉牛屠宰工艺技术条件,内容如下。

(一)活牛验收间 为待宰肉牛进厂后检验接收的场所,面积的大小视每天屠宰牛的数量而定,其容量一般为日屠宰量的2～3倍。通常,应实施计划收购,均衡屠宰,尽量做到日宰日清。

(二)隔离间 隔离可疑病牛或病牛观察、检查疫病的场所,面积20～30平方米。

(三)待宰间 肉牛宰前停食、饮水的场所,分拴系和围栏式,每间30～40平方米,每间容纳肉牛10～15头。待宰间的多少视屠宰规模而定。

(四)冲淋间 肉牛宰前冲淋的场所,分拴系和围栏式,每间20～30平方米。

(五)肉牛通道 肉牛由冲淋间通向屠宰笼的通道,S形,不可后退,高1.5米,上宽0.8～0.9米,底宽0.65～0.7米,2.2～2.5米为一隔断。

(六)急宰间 屠宰时不能进入屠宰间的病、伤、残牛的处理场所(工区)。

(七)屠宰间 自肉牛被保定到胴体冲洗全过程的场所(工区)。

1. **翻板箱** 保定待宰牛的笼子(在屠宰笼内用毛牛吊钩钩住后蹄)。

2. **毛牛提升机** 吊宰方法,将钩住后蹄的肉牛,用提升机提升至放血轨道(毛牛轨道)的提升设备。牛头朝下(宗教屠宰时牛头朝向宗教圣地麦加)。

3. **沥血槽** 接牛血的槽。

4. **毛牛轨道** 毛牛挂钩行进的轨道,离地面的距离4.5～5

米,两头牛的吊挂间距不小于 1.2 米。

5. 毛牛挂钩回程道 毛牛挂钩回落到翻板箱位置的滑道。

6. 电刺激区 低压电刺激毛牛的区域。

7. 去牛角、耳朵工位 去除牛角、耳朵的工位,配备自动升降台。

8. 牛后腿皮预剥工位 预剥离牛后腿皮的工位,配备自动升降台。

9. 转挂 由毛牛轨道转挂到胴体轨道的工位,配备自动升降台。

10. 牛腹部牛皮预剥工位 预剥离牛腹部牛皮的工位,配备自动升降台。

11. 胴体轨道 胴体行进的轨道,离地面的距离 2.7～2.9 米。

12. 劈半锯工位 将牛胴体劈为两半的工位,配备自动升降台。

13. 同步卫检线 和牛胴体同步行进的卫生检验设备,分白内脏卫检线和红内脏卫检线。

14. 胴体称重点 称量胴体重量的工位。

15. 胴体冲洗点 冲洗胴体的工位,配备自动升降台。

16. 胴体通道 胴体冲洗后到胴体急冷间的轨道,胴体轨道离地面的距离 3.56 米。

(八)胴体急冷间 胴体快速冷却(急冷间温度 -15℃～-20℃),胴体轨道离地面的距离 3.56 米,轨道间的距离 1～1.1 米)的场所,停留 2 小时。

(九)胴体成熟间 利用温度促进牛肉品质改善,提高牛肉嫩度的场所。胴体轨道离地面的距离 3.56 米,轨道间的距离 1～1.1 米。

(十)胴体四分体站 将两分体胴体分为四分体的工位(图 5-

10)。

图 5-10 四分体站

(十一)副产品整理间 心脏、肝脏、肺脏、脾脏、胃、肠、肾脏、牛头、牛蹄、牛尾、牛鞭等器官及肠胃脂肪整理的场所(工区)。

(十二)有条件可食肉处理间 采用高温、冷冻或其他有效方法,使有条件可食用牛肉中的寄生虫和有害微生物致死的场所(工区)。

(十三)不可食肉处理间 对病、死牛及其废弃物进行无害化(化制)处理的场所。

(十四)非清洁区 肉牛致昏、放血、剥皮、内脏、头、蹄加工处理的场所(工区)。

(十五)半清洁区 肉牛剥皮后到同步卫检检验的场所(工区)。

(十六)清洁区 牛胴体整修、复检、胴体急冷、胴体成熟、胴体加工分割、分级计量、包装、冻结、贮存、成品发货的场所(工区)。

(十七)工具间 存放屠宰用工具的场所。

(十八)消毒间 消灭有毒有害微生物的场所。

(十九)更衣间 员工更换衣服的场所。

（二十）信息点、档案室　在屠宰过程的不同部位输入牛信息（体重、性别、耳号等）的点；资料档案室。

（二十一）兽医室　专业兽医人员工作的场所（胴体检疫）。

（二十二）技术室

1. 机械维修技术室　专业维修屠宰线机械人员工作场所。

2. 屠宰技术研究室　对屠宰技术进行研究、创新（革新）人员的工作场所。

四、牛肉分割工艺技术条件说明

（一）牛肉分割工艺流程

牛胴体成熟间→四分体站→预分割→牛肉分割间→牛肉分割台→剔骨、分割（切）部位肉块→输送带→旋转台（分类、分级）

冷藏肉→真空包装→热缩包装→装箱（标准）→冻结→低温库

二次成熟肉再入成熟库继续成熟→更换包装→真空包装→热缩包装→装箱（标准）→冻结→低温库

冷鲜肉→真空包装→高温库

（二）牛肉分割工艺技术条件

1. 四分体站　胴体由成熟间进入分割间前先在四分体站进行分割处理。

2. 牛肉分割间　将牛胴体剔骨、分割、分部位肉块的场所，分割间的温度要求为 9℃～11℃（图 5-11，图 5-12，彩图 19）。

3. 牛肉分割台　剔骨、分割、分部位肉块时的操作台（图 5-13，彩图 20）。

4. 输送带　输送牛肉、牛骨、脂肪、碎肉的传送带。

5. 旋转台　接收牛肉并分级、分类的操作台（图 5-14，彩图 21）。

6. 真空包装机　牛肉袋抽出空气的设备（图 5-15，彩图 23）。

7. 热缩机　提高真空袋保质期质量的设备。

图 5-11　粗分割

图 5-12　细分割

五、牛肉冷藏工艺技术条件说明

（一）冻结间　牛肉块快速冷却冻结的场所，冷凝温度为－35℃，冻结时间为 18～24 小时，肉块中心温度为－18℃。

（二）高温库　贮存冷鲜肉的场所，温度为 0℃～4℃。

（三）低温库　贮存冷冻肉的场所，温度为－23℃～－25℃，肉块中心温度为－18℃。

图 5-13　分割台

图 5-14　分　级

六、特殊屠宰

供应少数民族食用的肉牛屠宰,要尊重民族风俗习惯。使用祭牲法宰杀放血时,应设置活牛仰卧固定装置。

七、牛皮暂时存放间

牛皮暂时存放的房间,鲜牛皮房间的温度 10℃ 以下;盐渍牛

图 5-15 真空包装

皮房间内备有足够的盐(用盐量为牛皮重量的 20%)。

八、更换包装

速冻完成的产品,在进入贮藏库前要更换包装材料,包装成标准箱(20 千克/箱或 25 千克/箱)。

第二节 肉牛屠宰副产品加工工艺

一、白内脏、红内脏、牛头加工工艺

(一)白内脏

1. 牛胃 牛胃→翻倒牛胃内容物→去除油脂→清洗→去胃膜→漂洗→整理。

2. 牛肠 牛肠→摘油→翻肠→清洗→整理。

(二)红内脏加工工艺 红内脏(心、肝、肺)→修整→整理。

(三)牛头加工工艺 牛头→取双眼→取舌→取脑→劈半→去头骨。

二、牛皮初加工工艺

（一）新鲜牛皮初加工处理工艺　去除油脂→降温→堆放（毛面对毛面）。

（二）盐渍牛皮初加工处理工艺　去除油脂→撒盐→堆放。

三、其他副产品加工工艺

（一）牛　血

1. 制造血粉　牛血→蒸煮→凝结血蛋白→烘干→粉碎→装袋→入库。

2. 新鲜牛血出售　接牛血器材→加盐→调和→凝结→出售。

（二）牛　骨

1. 制造骨粉　牛骨→蒸煮→烘干→粉碎→过筛→装袋→入库。

2. 新鲜牛骨出售　清洗→分类→出售。

（三）牛脂肪

1. 炼油　牛脂肪→蒸煮→收集油水混合物→复炼去水→工业成品油→装桶→入库。

2. 鲜脂肪　冲洗→分类→出售。

第三节　废弃物处理

一、胃肠内容物处理

胃肠内容物包括未消化食物、半消化食糜、粪便。处理肠胃内容物的措施是收集和运送。

（一）采用风送系统　借助于强大的风力将胃肠内容物送到集粪点。

（二）水池沉淀　建筑水池，将胃肠内容物用水冲洗，通过管道流入沉淀池，经过一定时间沉淀，除去水液，再将沉淀物送到集粪点。

（三）粪车运送　采用专用运粪车（不渗漏）将胃肠内容物送到集粪点。

二、碎肉、碎脂肪和废液处理

（一）碎肉、碎脂肪处理　净水冲洗→排水沟→箅子→沉淀池→捡拾碎肉碎脂肪，送化制间处理。

（二）废液处理　屠宰、分割等过程中产生的废水，通过管道流放到污水处理池处理（见第十一章）。

第六章　肉牛胴体成熟(排酸)处理

第一节　胴体(或牛肉)成熟
处理的方法和意义

提高牛肉嫩度的工作包括肉牛屠宰前和肉牛屠宰后。在肉牛屠宰前提高牛肉嫩度的方法主要是选择好育肥牛的年龄(牛年龄越小,牛肉的嫩度越好)、牛的性别(阉公牛、母牛的牛肉嫩度好于公牛)、育肥牛的育肥程度(充分育肥肉牛的牛肉嫩度好于一般育肥或未育肥牛)、劳役程度(未劳役牛好于劳役牛)等。屠宰后提高牛肉嫩度的方法有机械(绞肉机、斩拌机、滚揉机等机械)嫩化,电刺激嫩化,温度(高温 15℃~40℃,低温 0℃~4℃)嫩化,化学(宰前注射液嫩化、宰后注射液嫩化、浸腌嫩化等酶嫩化)嫩化等。其中利用温度处理胴体或牛肉是提高牛肉嫩度的有效方法,优点是易操作、成本低、效果显著、无毒副作用。

一、牛肉成熟处理的作用和意义

(一)提高了牛肉的品质　牛肉成熟处理是提高牛肉嫩度的主要方法,牛肉嫩度的提高,牛肉的品质随之改善。据笔者测定,牛肉经过第一次成熟处理(在胴体上成熟处理 48 小时),牛肉嫩度提高了 19.73%,牛肉再经过第二次成熟处理(120 小时),牛肉嫩度提高了 63.26%。此时,牛肉的嫩度指标提高了几倍,牛肉的色泽得到很大的改善。

(二)提高了牛肉的销售价格　笔者曾在肉牛屠宰分割加工现场测定经过二次成熟处理的 1 800 余头肉牛的牛肉,在销售市场上的售价比未经二次成熟处理的 1 800 余头肉牛的牛肉,每千克牛肉平均售价高 1.8～2 元。1 头体重 550 千克肉牛就多得 475～538 元,1 年屠宰 10 000 头的企业,仅此一项一年就多得 470 万～530 万元。可见,牛肉二次成熟处理的经济效益非常显著。另一方面,目前由于成熟处理时间不到位,致使牛肉嫩度差而影响牛肉销售价格。尤其是高档牛肉如里脊肉、外脊肉,每千克的销售价只有 20～50 元。由于实施牛肉二次成熟处理工艺,成熟处理后牛肉嫩度提高,改善了牛肉的品质,销售价格随之提高,以每千克提高 20 元(已扣除二次成熟处理成本)估算:①某公司年屠宰肉牛 10 万头,生产牛肉 2.8 万吨中 5% 高档(高价)牛肉按 1 400 吨计算,增加效益 2 800 万元;②某市年屠宰肉牛 20 万头,生产牛肉 5.6 万吨中 5% 高档(高价)牛肉按 2 800 吨计算,增加效益 5 600 万元;③某省年屠宰肉牛 200 万头,生产牛肉 50 万吨中 5% 高档(高价)牛肉按 2.5 万吨计算,增加效益 5 亿元;④对全国年生产牛肉 600 万吨中 5% 高档(高价)牛肉按 30 万吨计算,增加效益 60 亿元。

因此,牛肉二次成熟带来的经济效益非常显著。

(三)提高了牛肉的可口性 通过成熟处理工艺,牛肉口感更香、更浓。

(四)减少了固定资产的投资 牛肉二次成熟处理可以减少成熟处理间的建设。采用二次成熟处理时每家肉牛屠宰厂可减少成熟处理间 2 间(120 平方米/间,1 500 元/平方米,18 万元/间)。山东省现有肉牛屠宰厂 26 家,可减少投资 900 万元。全国现有肉牛屠宰厂 300 余家,采用二次成熟处理时可少建成熟处理间 600 余间,可减少投资 11 000 万元。

二、胴体成熟处理和牛肉二次成熟处理方法

(一)胴体成熟(排酸)处理方法 胴体成熟(排酸)处理是指二分体的热胴体经过冲洗后吊挂在 0℃～4℃的特殊房间(成熟间)

里 7 天或更长的时间处理。

(二)牛肉二次成熟(排酸)处理方法　牛肉二次成熟(排酸)处理是指二分体的热胴体经过冲洗后吊挂在 0℃～4℃的特殊房间里 2 天后分割,把分割后的高档(高价)肉块真空包装(或防水分流失设备),再置于 0℃～4℃的特殊房间(成熟间)里 5 天或更长的时间处理。

三、胴体成熟(排酸)处理是提升我国牛肉品质地位的有效方法

目前我国一部分肉牛屠宰企业实施 48～72 小时一次性胴体成熟处理方法,极少数屠宰企业实施牛肉二次成熟处理方法,更多肉牛屠宰企业不了解、不清楚胴体(或牛肉)成熟处理对改善和提高牛肉嫩度、适口性的特有功能,更没有尝试到胴体(或牛肉)成熟处理给企业增加效益的甜头。为探讨胴体(或牛肉)成熟处理技术及制约成熟处理效果优劣的因素,更经济有效地提高我国牛肉嫩度,笔者做了大量的试验研究工作,获得了对提高我国黄牛牛肉嫩度具有非常实用价值的一批研究成果。笔者用较大的篇幅介绍利用温度进行胴体(或牛肉)成熟处理的试验研究方法和结果,让更多的肉牛饲养者、牛肉生产、经营者懂得通过肉牛胴体(或牛肉)成熟处理可以达到提高我国黄牛牛肉品质和增加肉牛经济效益的道理和操作方法。

我国黄牛优良的肉用性能(鲜嫩)没有得到充分的表现,应有的牛肉价格也得不到体现,较严重影响我国肉牛业的发展。实践证明,肉牛胴体(或牛肉)成熟处理不仅仅在提高牛肉品质(嫩度)是不可缺少的重要环节,而且是提升牛肉价位、增加企业经济效益至关重要的手段。本书将用较长的篇幅介绍牛胴体或牛肉成熟处理的技术和最新研究成果,期望有更多的生产者了解和掌握胴体(或牛肉)成熟处理技术,提高我国牛肉质量水平。

第二节　牛胴体成熟工艺流程

一、胴体(或牛肉)成熟处理方法和条件

(一)胴体一次成熟处理工艺

1. 胴体一次成熟处理过程

按屠宰厂常规操作→胴体冲洗→称重→进入成熟处理间成熟处

（成熟处理间温度要求 0℃～4℃，
相对湿度＞90％，成熟处理 168 小
时或更长时间）

理→四分体站→胴体分割→普通牛肉→真空包装→速冻→贮存→出售

冰鲜肉→出售

2. 胴体一次成熟处理操作　①由穿堂胴体轨道进入成熟间胴体轨道。②在成熟间胴体轨道上的胴体互不碰撞，保持距离6～7厘米。③成熟间胴体轨道的设置为平行的，以利空气流动。④选择基本类似的胴体进入同一胴体成熟处理间(胴体大小、肥度等)。⑤尽量减少开启成熟间门。⑥尽量减少操作员工在成熟间内的流动。⑦推动胴体时用一次性手套，减少胴体的污染。⑧利用加湿方法，减少胴体的干耗。⑨利用臭氧(O_3)净化空气。⑩经常清洗和消毒成熟间。

(二)牛肉二次成熟处理工艺

1. 牛肉二次成熟处理过程　胴体成熟处理(48 小时或 72 小时后分割胴体、肉块)→高价优质牛肉分割后真空包装→继续成熟

处理─→普通牛肉─→真空包装─→速冻─→冷藏─→出售

　　　冰鲜肉─→冰鲜保藏─→出售

高档牛肉─→速冻─→冷藏─→出售

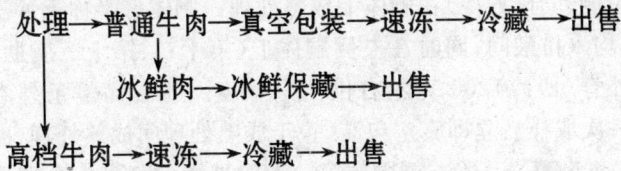

2. **牛肉二次成熟处理操作** ①真空包装,包装后的肉块应尽快进入成熟间；②置于二次成熟盒,单层、平放,严禁堆压；③将二次成熟盒放在专用小车上（分层小车,每层高 15～17 厘米、宽 30～35 厘米、长 120 厘米）,或放在二次成熟间内的货架上（层高 15～17 厘米）,每车承载 200 千克左右；④每日进出成熟间的次数应尽量减少,整车推进或推出；⑤利用臭氧（O_3）净化空气；⑥经常清洗和消毒成熟间、专用小车。

（三）**牛肉二次成熟处理方法** 为了证实牛肉二次成熟处理的真实效果,我们采用不同方法提取牛肉块进行二次成熟处理,对比各种方法的处理效果,以供生产单位选择使用。

被测定肉牛分为育肥较充分和育肥程度较差、农户饲养和育肥牛场饲养等几种情况,设定牛肉二次成熟处理时间为 120 小时和 96 小时。

胴体分割的当日在整条左外脊（西冷）前端（第十二、第十三胸肋）上取样 200 克左右供测定嫩度（成熟处理时间为 0 小时的对照组）。取样后左外脊立即真空包装,置于成熟处理间继续成熟处理（成熟处理间实测温度为 0.5℃～3.7℃）。以后每隔 24 小时仍沿外脊前端取样 1 次,样品重 200 克左右。每次取样后立即真空包装,置于成熟处理间继续成熟处理（成熟处理间温度 0.5℃～3.7℃）,168 小时（7 天）最后一次取样。

1. **离开胴体的肉块（分割后）成熟处理 0～168 小时** ①右侧外脊（西冷）离开胴体后成熟处理。胴体劈半称重冲洗后,剥离整条右外脊,并第一次在第十二、第十三胸肋处取 200 克左右供测定嫩度。②左侧外脊（西冷）在胴体上成熟处理。胴体劈半称重冲洗后，左胴体均入排酸间；同时在左侧胴体上（第十二、第十三胸肋）第一次取外脊（西冷）200 克左右供测定嫩度。③右侧整条外脊（西冷）第一次取样后立即真空包装，置于成熟处理间成熟处理（温度为 0.3℃～3.7℃）。④左侧胴体第一次取外脊（西冷）后立即置于成熟处理间成熟处理（温度为 0.3℃～3.7℃）。⑤右侧整条外脊（西冷）和左侧胴体置于同一成熟处理间成熟处理。⑥在成熟处理 24 小时、48 小时、72 小时分别在右侧外脊（西冷）和左侧胴体上（外脊由前向后）各取样 200 克左右供嫩度测定，每次取右侧外脊（西冷）后立即真空包装，放回成熟处理间成熟处理。

2. 先在胴体上成熟处理（一次成熟处理 72 小时），分割后再二次成熟处理 96 小时　①左侧胴体成熟处理 72 小时分割，并当日取样品，取样后的左侧外脊（西冷）立即真空包装，放回成熟处理间继续成熟处理。②在成熟处理 96 小时、120 小时、144 小时、168 小时分别取左右外脊（均由前向后取样）200 克供测定嫩度，并在每次取样后立即真空包装，放回成熟处理间成熟处理。

二、牛肉嫩度测定方法

（一）肉块测定前处理　①恒温水浴锅内加自来水，水量以能够淹没肉块为止。②将被测定肉样放入恒温水浴锅内。③将温度表插入肉块中心。④加温恒温水浴锅。⑤待肉块中心温度达到 70℃时，恒温 20 分钟。⑥取出、降低温度至室温。

（二）取样　①取样器为专用取样器，直径 1.27 厘米。②沿肉丝纹路走向取样。③每个样品取样 10 个肉柱。

（三）嫩度测定　将肉柱置于肌肉嫩度仪（C-LM3 型数显式肌肉嫩度仪，东北农业大学工程学院制造）上测定，用剪切值（千克）表示嫩度。剪切值大，表示嫩度差，剪切值小，表示嫩度好。

三、胴体(或牛肉)成熟处理设施基本条件

成熟处理间长 19.35 米、宽 5.45 米、高 6.5 米，面积 105.46 平方米，容积 685.47 立方米。成熟处理间轨道高度 3.56 米，胴体悬挂高度 3.26 米，胴体中心高度 2.13 米，轨道间距离 1.1 米，两半胴体间横向距离 0.15 米，间隔距离 0.3 米。

二次成熟处理肉块(外脊)高度 1.5～1.8 米，试验期成熟处理间温度 0.5℃～3.7℃。

第三节　胴体(或牛肉)成熟处理的效果

采用不同的成熟时间，在胴体上或离开胴体成熟，先在胴体上成熟(72 小时)、分割后再成熟 96 小时，公牛或阉公牛、充分育肥或不充分育肥牛等不同类型肉牛胴体进行成熟处理，其结果都提高了牛肉的嫩度。说明成熟处理是屠宰业增加效益应采取的先进技术手段。

一、胴体成熟处理提高了牛肉的嫩度

(一)胴体未成熟处理时牛肉嫩度都较差　无论农户育肥较好公牛(一组)、育肥场育肥较好公牛(二组)、农户育肥较差公牛(三组)、农户育肥较差去势(阉割)公牛(四组)、育肥场育肥较好去势(阉割)公牛(五组)，胴体未经成熟处理前牛肉嫩度都较差(剪切值：一组为 7.06 千克，二组为 7.13 千克，三组为 6.48 千克，四组为 6.42 千克，五组为 7.43 千克)。胴体成熟处理 48 小时后，剪切值一组降为 4.9 千克(提高嫩度 30.59%)，二组降为 5.25 千克(提高嫩度 26.37%)，三组降为 5.83 千克(提高嫩度 10.03%)，四组降为 5.32 千克(提高嫩度 17.13%)，五组降为 5.82 千克(提高嫩度 21.67%)(表 6-1)。

表 6-1 · 5 种类型肉牛胴体成熟处理时牛肉嫩度的变化

项 目	剪切值(千克)			
	0 小时	24 小时	48 小时	72 小时
较好公牛(一组)	7.06±1.08	—	4.90±0.83	4.57±0.67
测定次数	1100	—	1100	1100
较好公牛(二组)	7.13±0.87	6.28±0.63	5.25±0.53	4.89±0.57
测定次数	160	160	160	160
较差公牛(三组)	6.48±1.02	5.61±0.78	5.83±0.56	5.22±0.73
测定次数	160	160	160	160
较差去势(阉割)公牛(四组)	6.42±1.05	5.74±0.68	5.32±0.54	4.93±0.76
测定次数	140	140	140	140
较好去势(阉割)公牛(五组)	7.43±0.74	6.19±0.68	5.82±0.59	4.96±0.67
测定次数	200	200	200	200

　　5 种类型肉牛胴体 48 小时成熟处理,提高嫩度效果比较排序第一为一组(30.59%),第二为二组(26.37%),第三为五组(21.67%),第四为四组(17.13%),第五为三组(10.03%)。说明牛胴体成熟处理确实能提高和改善牛肉的嫩度。

　　(二)胴体成熟处理 72 小时后牛肉嫩度都显著改善　上述 5 种牛胴体成熟处理 72 小时后,一组的剪切值降为 4.57 千克(提高嫩度 35.27%),二组的剪切值降为 4.89 千克(提高嫩度 31.42%),三组的剪切值降为 5.22 千克(提高嫩度 19.44%),四组的剪切值降为 4.93 千克(提高嫩度 23.21%),五组的剪切值降为 4.96 千克(提高嫩度 33.24%)。随着牛胴体成熟处理时间的延续,牛肉嫩度得到进一步的提高和改善。

　　按照美国农业部对牛肉剪切值和高档优质牛肉的相关规定,在 100 次剪切中剪切值等于或小于 3.62 千克的出现率应占 65%。可见,牛胴体未经成熟处理时,牛肉嫩度都没有达到高档优质标准要求;经过 72 小时成熟,牛肉嫩度仍没有达到高档优质标准要求。说明牛胴体成熟处理还不到位。

(三)影响胴体成熟处理成效的因素分析　在胴体成熟处理72 小时阶段,影响胴体成熟处理效果的因素有以下几点。

1. **肉牛育肥程度影响胴体成熟处理成效**　农户育肥较好的公牛第一次成熟处理(72 小时)后,剪切值下降为未成熟处理时的66.19%,即嫩度提高 35.27%。

第一,育肥场育肥较好的公牛第一次成熟处理(72 小时)后,剪切值下降为未成熟处理时的 68.58%,即嫩度提高 31.42%,与农户育肥较好的公牛仅相差 3.85%,差异不显著(P>0.05)。

第二,育肥较好的去势(阉割)公牛第一次成熟处理(72 小时)后,剪切值下降为未成熟处理时的 68.71%,嫩度提高 31.29%,与育肥较好的公牛相差 3.98%,差异不显著(P>0.05)。

第三,育肥较差的去势(阉割)公牛第一次成熟处理(72 小时)后,剪切值下降为未成熟处理时的 76.729%,嫩度提高 23.71%,与育肥较好的公牛相差 12.01%,差异极显著(P<0.01)。

第四,育肥较差公牛第一次成熟处理(72 小时)后,剪切值下降为未成熟处理的 80.56%,即嫩度提高 19.44%,与育肥较好的公牛相差 14.37%,差异极显著(P<0.01)。

第五,由于胴体本身质量不同,因此虽然处在相同的成熟处理环境条件下,在 48~72 小时成熟处理中,已经显示原来质量较好的胴体成熟处理提高牛肉嫩度的效果好于原来质量较差的胴体。因此,胴体成熟处理提高牛肉嫩度受胴体本身质量的制约,质量很差的胴体(或牛肉)想通过成熟处理达到高档牛肉嫩度的标准是不可能的。

胴体经过 72 小时的成熟处理,牛肉的嫩度得到了很大的改善,但是离 3.62(千克)指标尚有较大差距。因此,笔者认为中国牛肉质量差(炖不烂、嚼不碎)的一个重要原因是胴体(或牛肉)成熟处理时间不到位所致。笔者立论的依据是他和同行们曾多次将同一头肉牛经 72 小时胴体成熟处理,分割后的牛肉块再经过 96 小时(或更长时间)二次成熟处理,牛肉嫩度则达到了非常满意的程度。

另外,屠宰企业应该屠宰育肥较好的肉牛,才能获得更好的成熟效果和嫩度改善更好的牛肉,获得较高的出售价格。

2. 育肥牛品种影响胴体成熟处理成效　我们测定了利木赞公牛和鲁西母牛的杂交牛(简称利杂)、西门塔尔公牛和鲁西母牛的杂交牛(简称西杂)、夏洛来公牛和鲁西母牛的杂交牛(简称夏杂)以及鲁西牛育肥牛的胴体成熟处理效果,胴体成熟处理后牛肉剪切值都下降,下降依次为 33.05%,36.91%,32.97%,29.82%,以西杂牛的下降幅度较大(表 6-2,表 6-3)。

表 6-2　胴体成熟牛肉嫩度变化和育肥公牛品种的关系测定统计

项　目	剪切值(千克)			
	0 小时	24 小时	48 小时	72 小时
利木赞杂交牛	7.08±1.07	未　测	未　测	4.79±0.70
测定次数	360	—	—	260
西门塔尔杂交牛	7.28±0.96	未　测	4.68±0.84	4.50±0.71
测定次数	330		150	250
夏洛来杂交牛	6.78±1.20	未　测	4.84±0.81	4.30±0.66
测定次数	390		90	310
鲁西牛	7.12±1.06	未　测	5.40±0.75	4.26±0.44
测定次数	30	—	10	20

表 6-3　不同品种牛胴体成熟处理效率的比较

品　种	剪切值(千克)				嫩度提高(%)	排　序
	0 小时	24 小时	48 小时	72 小时	72 小时下降绝对值		
利　杂	7.17	—	—	4.80	2.37	33.05	2
西　杂	7.45	—	4.68	4.70	2.75	36.91	1
夏　杂	7.34	—	4.84	4.92	2.42	32.97	3
鲁　西	7.11	—	5.40	4.99	2.12	29.82	4

在分析胴体成熟处理效率时,屠宰企业屠宰任何品种牛都能在胴体成熟中获得较满意的效果,但是品种间存在差异,其中西杂牛好于其他牛。

3. 育肥牛年龄不影响胴体成熟处理成效　年龄不同的肉牛胴体成熟处理效率,差异甚微(表6-4,表6-5),说明牛胴体成熟处理效率受年龄的影响小。

表6-4　胴体成熟时牛肉嫩度变化和育肥公牛年龄的关系测定统计

年　龄	剪切值(千克)			
	0 小时	24 小时	48 小时	72 小时
1 对牙	7.21±1.19	—	5.06±0.78	4.44±0.63
测定次数	130	—	40	130
未换牙	7.01±1.07	—	4.71±0.84	4.53±0.69
测定次数	980	—	210	730

表6-5　不同年龄牛胴体成熟处理效率的比较

年　龄	剪切值(千克)				72 小时下降绝对值	嫩度提高(%)	比　较
	0 小时	24 小时	48 小时	72 小时			
未换牙	7.03	—	5.06	4.49	2.54	36.13	100
1 对永久齿	7.18	—	4.71	4.60	2.58	35.93	99.45

从胴体成熟处理效率分析,成熟处理效率的高低和屠宰牛的年龄关系不大。因此,屠宰任何年龄的肉牛都能在胴体成熟中获得满意的成熟处理效果。

4. 育肥牛是否去势不影响胴体成熟处理成效　成熟处理效率在不同牛胴体上的表现如表6-6所示。去势(阉割)公牛和公牛的差异甚微,本次测定结果说明胴体成熟处理效率不受牛是否去势的影响。

表 6-6　公牛和去势(阉割)公牛胴体成熟处理效率的比较

性　　别	剪切值(千克)					嫩度提高(%)	比　较
	0 小时	24 小时	48 小时	72 小时	72 小时下降绝对值		
公　　牛	6.89	5.95	5.33	4.89	2.00	29.03	101.61
去势(阉割)公牛	6.93	5.97	5.57	4.95	1.98	28.57	100.00

从胴体成熟处理效率分析,屠宰牛是否去势对成熟处理效率的影响甚微。因此,屠宰不同性别的肉牛都能在胴体成熟中获得满意的成熟处理效果。

5. 育肥牛胴体重不影响胴体成熟处理成效　成熟处理效率在不同重量牛胴体上的反应如表 6-7。胴体重在 250~300 千克稍好,胴体重小于 250 千克稍差,但是差异很小,说明胴体重影响成熟处理效率的程度很小。

表 6-7　胴体成熟处理牛肉嫩度变化和育肥牛(公牛)
胴体重的关系测定统计

胴体重(千克)	剪切值(千克)			
	0 小时	24 小时	48 小时	72 小时
X<250	6.68±1.09	未　测	4.11±0.87	4.58±0.75
测定次数	130		20	110
250<X<300	7.21±1.06	未　测	4.95±0.88	4.59±0.67
测定次数	450		110	450
300<X<350	7.05±1.11	未　测	4.65±0.72	4.48±0.71
测定次数	390		100	300
X≥350	6.77±1.08	未　测	4.99±1.03	4.28±0.57
测定次数	130		20	100
合　　计	7.04±1.08	未　测	4.77±0.75	4.51±0.68
测定次数	1110		250	860

测定结果指出,屠宰企业屠宰肉牛体重大小不影响胴体成熟处理的效果。因此,屠宰任何体重的肉牛都能在胴体成熟中获得满意的成熟处理效果。

6. 背部脂肪厚度影响胴体成熟处理成效　对不同背部脂肪厚度胴体的成熟处理,在胴体上成熟处理的效率有差异(表6-8,表6-9)。

表6-8　胴体成熟牛肉嫩度变化和育肥公牛背膘厚度的关系测定统计

背膘厚(毫米)	剪切值(千克)			
	0 小时	24 小时	48 小时	72 小时
X<5	6.98±1.22	未　测	未　测	4.32±0.63
测定次数	230			230
5<X<10	6.39±1.12	未　测	4.86±0.71	4.48±0.66
测定次数	190		60	190
10<X<15	6.43±1.20	未　测	4.87±0.88	4.58±0.66
测定次数	120		90	120
X≥15	7.19±1.18	未　测	4.70±0.89	4.52±0.62
测定次数	140		90	140

表6-9　背部脂肪厚度胴体成熟处理效率的比较

背膘厚(毫米)	剪切值(千克)					嫩度提高(%)	排序
	0 小时	24 小时	48 小时	72 小时	72 小时下降绝对值		
X<5	6.93	—		4.37	2.56	36.94	2
5<X<10	6.39	—	4.86	4.48	1.91	29.89	3
10<X<15	6.43	—	4.87	4.58	1.85	28.77	4
X≥15	7.19	—	4.70	4.52	2.67	37.13	1

从表6-9中可以看到在成熟处理时间0~72小时时,背部脂肪薄的胴体(小于5毫米)和厚的胴体(大于5毫米),处理效率相差8个百分点。

屠宰企业屠宰背部脂肪厚度较厚的肉牛能获得较好的成熟处理效率。

7. **总体趋势** ①胴体成熟处理都能获得提高牛肉嫩度、改善牛肉品质的作用；在胴体成熟处理的时间上，胴体成熟处理0~48小时内嫩度提高的幅度（10.03%~30.59%）要好于胴体成熟处理49~72小时内嫩度提高的幅度（6.73%~14.78%），说明了胴体在0~48小时阶段成熟处理效果好于49~72小时阶段成熟处理效果。②牛品种、年龄、是否去势和胴体重的差别几乎不影响胴体成熟处理效果。③肉牛育肥程度充分、背部脂肪厚度等的差异可使胴体成熟处理效果有较大的差别。

二、牛肉二次成熟处理进一步提高了牛肉的嫩度

在胴体成熟处理72小时，分割后的牛肉再二次成熟处理（96小时），进一步提高了牛肉的嫩度（剪切值），并且效果非常显著（表6-10）。

表6-10　5种类型肉牛牛肉二次成熟处理时牛肉嫩度变化表

项　目	剪切值（千克）			
	96 小时	120 小时	144 小时	168 小时
较好公牛（一组）	3.97±0.66	3.63±0.61	3.25±0.50	3.03±0.45
测定次数	1110	1110	1110	1110
较好公牛（二组）	4.57±0.60	4.29±0.55	4.14±0.66	3.71±0.60
测定次数	160	160	160	160
较差公牛（三组）	5.18±0.71	4.86±0.67	4.36±0.76	4.08±0.84
测定次数	160	160	160	160
较差去势（阉割）公牛（四组）	4.70±0.56	4.44±0.59	4.27±0.80	4.08±0.83
测定次数	140	140	140	140
较好去势（阉割）公牛（五组）	4.36±0.63	3.80±0.54	3.40±0.57	2.86±0.51
测定次数	200	200	200	200

第一,由表 6-10 可知,在测定的 5 种类型肉牛中,牛肉在第一次成熟处理后再经过二次成熟处理,牛肉嫩度都得到了改善(提高)。

第二,5 种类型肉牛中,牛肉二次成熟处理效果排序:育肥较好去势(阉割)公牛(42.34%)为第一,育肥较好公牛一组(33.19%)为第二,育肥较好公牛二组(24.13%)为第三,育肥较差公牛(21.84%)为第四,育肥较差去势(阉割)公牛(17.24%)为第五。屠宰企业应屠宰育肥较好的去势公牛。

第三,牛肉在二次成熟处理中,继续显示来自质量较好胴体的牛肉通过成熟处理提高牛肉嫩度的效果好于原来质量较差胴体的牛肉。因此,牛肉二次成熟处理提高牛肉嫩度受肉牛本身质量的制约,质量很差的牛肉想通过成熟处理达到高档牛肉嫩度的标准是不可能的。屠宰企业应屠宰质量较好胴体的肉牛。

第四,从表 6-10 可以看到,育肥较充分的公牛、去势(阉割)公牛通过第一次成熟处理后,牛肉嫩度的提高效果比育肥不充分的公牛、去势(阉割)公牛都好。屠宰企业应屠宰育肥较充分的公牛、去势(阉割)公牛。

三、影响牛肉二次成熟处理效果的因素

笔者在研究牛肉二次成熟处理提高牛肉嫩度的过程中发现,公牛胴体背部脂肪厚度(第十二至第十三胸肋)、成熟处理时间、肉牛是否去势、年龄、育肥程度、肉牛品种等因素都影响牛肉二次成熟处理的效果。

(一)育肥牛(公牛)背部脂肪厚度对牛肉二次成熟处理提高牛肉嫩度的影响 在牛肉二次成熟处理 120 小时时,牛肉嫩度提高程度的大小受到育肥牛背部脂肪厚度的影响。牛肉二次成熟处理牛肉嫩度提高程度和育肥牛背部脂肪厚度的关系测定统计列于表6-11。

**表6-11　二次成熟处理牛肉嫩度变化和育肥
公牛背部脂肪厚度的关系测定统计**

背部脂肪厚	剪切值(千克)			
	96 小时	120 小时	144 小时	168 小时
X<5(毫米)	3.94±0.57	3.72±0.49	3.43±0.54	3.25±0.50
测定次数	230	230	230	230
5<X<10(毫米)	4.09±0.54	3.34±0.47	3.29±0.44	2.97±0.44
测定次数	190	190	190	190
10<X<15(毫米)	3.82±0.56	3.33±0.45	2.99±0.34	2.76±0.33
测定次数	120	120	120	120
X≥15(毫米)	3.79±0.56	3.46±0.60	3.14±0.41	2.66±0.47
测定次数	140	140	140	140

表 6-11 表明：

第一，育肥牛(公牛)背部脂肪厚度越厚，牛肉二次成熟处理(120 小时)提高牛肉嫩度的效果越好。

第二，背部脂肪厚度大于 5 毫米较小于 5 毫米的剪切值低 0.42 个百分点，说明背部脂肪厚度大于 5 毫米较小于 5 毫米的嫩度好。

第三，背部脂肪厚度大于 10 毫米较小于 5 毫米的剪切值低 3.56 个百分点，说明背部脂肪厚度大于 10 毫米较小于 5 毫米的嫩度好。

第四，背部脂肪厚度 15 毫米较小于 5 毫米的剪切值低 3.98 个百分点，说明背部脂肪厚度大于 15 毫米较小于 5 毫米的嫩度更好。

第五，背部脂肪厚度大于 15 毫米较小于 10 毫米的剪切值低 6.22 个百分点(P<0.05)，说明背部脂肪厚度大于 15 毫米较小于 10 毫米的嫩度更好。

第六，背部脂肪厚度大于 15 毫米较小于 5 毫米的剪切值低

10.2个百分点(差异非常显著 P<0.01),说明背部脂肪厚度大于15毫米较小于5毫米的嫩度更好。

第七,背部脂肪厚度大于15毫米较5~10毫米的剪切值低9.78个百分点(差异非常显著 P<0.01),说明背部脂肪厚度大于15毫米较厚度为5~10毫米的嫩度更好。

第八,由于背部脂肪厚度的差异,导致胴体成熟处理(一次)、牛肉二次成熟处理效果的差别,比较分析见表6-12。

表6-12 不同背部脂肪厚度胴体二次成熟处理效果统计

背膘厚度	一次成熟处理效果(%)	二次成熟处理效果(%)	总效果(%)
X<5 毫米	38.11	24.77	53.44
5<X<10 毫米	29.89	33.71	53.52
10<X<15 毫米	28.77	39.74	57.08
X≥15 毫米	37.13	41.15	63.00

上述测定结果对肉牛屠宰加工单位的指导意义是:胴体成熟处理的时间要根据背部脂肪厚度而定,背部脂肪厚度厚的胴体成熟处理时间应再长一些(增加24~48小时),牛肉的嫩度会更好,牛肉的售价会更高,尤其在生产高档(高价)牛肉时牛肉的总成熟处理时间应在168小时(7天)以上。

(二)牛肉二次成熟处理时间影响牛肉嫩度的提高

1. 成熟处理时间长短影响牛肉嫩度的提高 笔者在不同时间(72小时、96小时、120小时)测定了牛肉二次成熟处理对牛肉嫩度提高的效果。设定胴体和肉块的总成熟处理时间为168小时时,在胴体上成熟处理的时间分别为48小时、72小时、96小时,则分割后肉块二次成熟处理时间相应为120小时、96小时和72小时。牛肉二次成熟处理时间不同时,测定的牛肉嫩度变化数据见表6-13。

表6-13　牛肉二次成熟处理时间不同时牛肉嫩度变化统计

（单位：千克）

时间	n	0小时	48小时	72小时	96小时	120小时	144小时	168小时
120小时	25	6.96±1.17	4.76±0.83	4.62±0.72	3.79±0.60	2.97±0.48	2.74±0.33	2.44±0.32
96小时	61	6.92±1.09	未测	4.48±0.67	3.97±0.61	3.80±0.60	3.50±0.55	3.27±0.51
72小时	25	7.51±0.98	未测	未测	4.07±0.85	3.72±0.79	3.02±0.57	未测

表6-13表明：

第一，尽管给予牛肉二次成熟处理时间不相同（72小时、96小时和120小时），但是牛肉通过二次成熟处理都能达到提高牛肉嫩度的目的。

第二，牛肉二次成熟处理三个时段间（120小时、96小时和72小时）处理效果比较：120小时提高嫩度48.76％，96小时提高嫩度27.01％，72小时提高嫩度25.8％。说明牛肉二次成熟处理的效果随处理时间的延长而更好，并且三者间差异显著（P＜0.05）。屠宰企业应该将牛肉二次成熟处理的时间设定为120小时。

第三，牛肉二次成熟处理72～96小时时，牛肉剪切值都低于3.62指标，说明我国黄牛牛肉有良好的嫩度基础。如果不经过成熟处理，则我国黄牛牛肉鲜嫩的特点就不能显示，牛肉的经营效益受到极大的冲击。

在研究过程中测定的数据显示，肉牛的年龄、胴体重、品种、是否去势等在牛肉二次成熟处理时间（120小时、96小时和72小时）内对牛肉嫩度的提高有一定的影响，熟悉掌握并应用这些技术，必将为屠宰企业带来实惠。

2.育肥牛（公牛）年龄与牛肉二次成熟处理提高牛肉嫩度成效的关系　二次成熟处理（120小时、96小时和72小时）时牛肉嫩度变化和育肥牛(公牛)年龄的关系测定统计列于表 6-14。

表 6-14　二次成熟处理(120 小时)牛肉嫩度变化与育肥牛

(公牛)年龄的关系测定统计

年　龄	剪切值(千克)			
	96 小时	120 小时	144 小时	168 小时
一对牙	4.00±0.52	3.44±0.42	3.37±0.43	2.84±0.43
测定次数	130	130	130	120
未换牙	3.94±0.68	3.62±0.64	3.20±0.51	3.00±0.75
测定次数	980	980	980	590

　　表 6-14 表明:育肥较好的公牛屠宰后牛肉经二次成熟处理(120 小时)时牛肉嫩度变化受育肥牛年龄的影响,育肥公牛年龄大于 24 月龄的较小于 24 月龄的好一些(P>0.05)。

　　3. 肉牛品种与牛肉二次成熟处理提高牛肉嫩度成效的关系

　　根据屠宰企业的具体情况,笔者与同行测定了利木赞杂交牛(36 头)、西门塔尔杂交牛(33 头)、夏洛来杂交牛(39 头)和其他品种牛(3 头)共计 111 头,各品种牛的表现不同,测定结果列于表 6-15。二次成熟处理牛肉嫩度变化与育肥牛品种关系见表 6-16。

表 6-15　二次成熟处理牛肉嫩度变化与育肥牛品种的关系测定统计

品　种	剪切值(千克)			
	96 小时	120 小时	144 小时	168 小时
利木赞杂交牛	4.07±0.64	3.77±0.62	3.41±0.53	3.27±0.52
测定次数	360	360	340	260
西门塔尔杂交牛	3.92±0.77	3.50±0.64	2.94±0.46	2.37±0.30
测定次数	330	330	330	150
夏洛来杂交牛	3.92±0.58	3.60±0.60	3.32±0.52	3.04±0.46
测定次数	390	390	390	290
其他牛	3.21±0.80	2.69±0.52	2.68±0.29	2.50±0.34
测定次数	30	30	30	10

表 6-16　二次成熟处理牛肉嫩度变化与育肥牛品种关系

品　　种	剪切值下降比例(%)							
	0 小时	24 小时	48 小时	72 小时	96 小时	120 小时	144 小时	168 小时
利木赞杂交牛	100	—	—	67.66	57.49	53.25	48.16	46.19
西门塔尔杂交牛	100	—	64.29	62.14	53.85	48.08	40.38	32.55
夏洛来杂交牛	100	—	71.39	63.42	57.82	53.10	48.97	44.84
其他牛	100	—	75.84	59.83	45.08	37.78	37.64	35.11

表 6-16 表明：

第一，二次成熟处理牛肉嫩度，利木赞杂交牛提高 31.73%、西门塔尔杂交牛提高 47.33%，夏洛来杂交牛提高 29.3%，其他品种牛提高 41.31%。以西门塔尔杂交牛二次成熟处理效果最好，与利木赞杂交牛、夏洛来杂交牛的差异都达到非常显著(P<0.01)。

第二，利杂、西杂、夏杂和其他品种牛二次成熟处理(120 小时)后，牛肉剪切值(嫩度)都在 3.62 千克以下，说明被测定牛的牛肉嫩度非常好。

第三，胴体成熟处理(一次成熟)和牛肉二次成熟处理效果(牛品种)的比较分析见表 6-17。

表 6-17　不同品种牛胴体成熟处理与牛肉
二次成熟处理效果的比较分析

品　　种	一次成熟处理效果(%)	二次成熟处理效果(%)	总效果(%)
利木赞杂交牛	32.34	31.73	53.81
西门塔尔杂交牛	38.19	47.33	67.45
夏洛来杂交牛	36.58	29.30	55.16
其他杂交牛	40.17	41.31	64.89

牛品种在胴体上成熟处理(一次成熟)和牛肉二次成熟处理的效果存在差异。

第四，此结果的指导意义是对屠宰企业收购育肥牛品种和养牛户饲养育肥牛品种的选择提供了依据，并且显示牛肉二次成熟处理的效果和胴体成熟处理的效果不尽相同。

屠宰厂在收购育肥公牛时选择西门塔尔杂交公牛能够获得嫩度较好的牛肉，在市场易销售，售价也高，能获得较高的利润。养牛户饲养育肥公牛时的品种选择顺序是西门塔尔杂交公牛、夏洛来杂交公牛、利木赞杂交公牛。

4. 育肥牛（公牛）胴体重与牛肉二次成熟处理提高牛肉嫩度成效的关系　育肥牛（公牛）胴体重也影响牛肉二次成熟处理时牛肉嫩度的变化，测定的相关数据列于表 6-18。

表 6-18　二次成熟处理牛肉嫩度变化与育肥
牛（公牛）胴体重的关系测定统计

胴体重（千克）	剪切值（千克）			
	96 小时	120 小时	144 小时	168 小时
X<250	3.64±0.65	3.51±0.61	3.00±0.51	3.00±0.56
测定次数	130	130	130	90
250<X<300	3.96±0.67	3.55±0.63	3.22±0.52	3.05±0.40
测定次数	450	450	450	280
300<X<350	3.93±0.62	3.56±0.62	3.23±0.49	2.86±0.46
测定次数	390	390	390	260
X≥350	4.34±0.75	3.98±0.57	3.40±0.46	3.08±0.44
测定次数	130	130	130	80

表 6-18 表明：

第一，在胴体上成熟处理效果，不同重量牛胴体在成熟处理时效果的显示有差异。胴体重<250 千克的育肥公牛在胴体上成熟处理 72 小时时牛肉嫩度提高 31.44%，胴体重 250 千克<X<300 千克的育肥公牛在胴体上成熟处理 72 小时时牛肉嫩度提高 36.34%，胴体重 300 千克<X<350 千克的育肥公牛在胴体上成熟处理 72 小时时牛肉嫩度提高 36.45%，胴体重 X≥350 千克的育肥公牛在胴体

· 143 ·

上成熟处理 72 小时时牛肉嫩度提高 36.78%。胴体重<250 千克的成熟处理效果差一些(5%),其他 3 个胴体重之间的处理效果几乎无差异。重量大一些胴体的成熟处理效果要好一点。

第二,分割后牛肉二次成熟处理效果,按上述胴体重量排序,分割后牛肉二次成熟处理效果依次为 34.5%,33.55%,36.16%,28.04%。从测定数据分析,重量大一些胴体的分割牛肉二次成熟处理时间应长一些。

四、胴体(或牛肉)成熟处理的经济核算

(一)基本条件

①成熟间面积 140 平方米。

②成熟胴体 100 头。

③每头胴体产肉量 250 千克。

④总产肉量 25 000 千克。

⑤二次成熟牛肉量 30 000 千克。

(二)成本核算(一批次)

1. 胴体成熟处理成本　据笔者在屠宰厂实际测定的结果如下。

(1)胴体成熟处理耗电量　风机功率 12 千瓦,耗电 12×24×3＝864 度电,864×0.46(元/度)＝397.44 元,每头胴体负担 3.98元;每千克牛肉负担电费 0.016 元(397.44÷25 000)。

(2)人员工资(1 000 元/人·月)　胴体成熟处理时间 3 天的员工工资(2 人)200 元,每头胴体负担 2 元;每千克牛肉负担员工工资 0.008 元(200.0÷25 000)。

(3)成熟处理期胴体损耗量　胴体成熟处理期胴体损耗量2%,280×2%＝5.6 千克,20 元/千克,5.6×20＝112 元,每头胴体负担 1.12 元;每千克牛肉负担损耗费 0.005 元(112÷25 000)。

(4)成熟间折旧费(18 万元/间,折旧年限 10 年)　年成熟处

理胴体 10 000 头，每头胴体负担折旧费 1.8 元(18 000÷10 000)；每千克牛肉负担折旧费 0.001 元(1.8÷25 000)。

(5)不可预见费用　每头胴体负担 25 元，每千克牛肉负担 0.1 元。

(6)每头胴体成熟处理成本　合计 33.9 元/千克，占增加收入(475～538/头)的 6.7%；每千克牛肉负担 0.13 元，占增加收入(1.8～2/千克)的 6.8%。

2. 二次成熟处理成本

(1)二次成熟处理时间耗电量　风机功率 12 千瓦，耗电 12×24×4＝1 152 度电，1 152×0.46(元/度)＝529.92 元，每千克牛肉负担电费 0.021 元(529.92÷30 000)。

(2)人员工资(1 000 元/人·月)　二次成熟处理时间 4 天的员工工资(2 人)266.4 元，每千克牛肉负担员工工资 0.009 元(266.4÷30 000)。

(3)成熟处理期牛肉损耗量　牛肉二次成熟处理期牛肉损耗量 0.2%，30 000×0.2%＝600 千克，70 元/千克，600×70＝42 000元，每千克牛肉负担损耗费 1.4 元(42 000÷30 000)。

(4)更换包装袋费(0.5 元/千克)　里脊、外脊、眼肉、上脑 4 块肉用 8 个包装袋，1.2 元/个，每千克牛肉负担包装袋费 0.05 元。

(5)牛肉二次成熟间折旧费(22 万元/间，折旧年限 10 年)牛肉二次成熟处理 30 000 千克，每千克牛肉负担折旧费 0.73 元(22 000÷30 000)。

(6)牛肉二次成熟不可预见费用　每千克牛肉负担 0.05 元。

(7)牛肉二次成熟处理成本　合计 2.26 元/千克，占增加收入(20 元/千克)的 11%～12%。

五、胴体(或牛肉)处理尚需完善的技术

(一)第一次成熟处理时间(即胴体处理时间)　①大众(普通、低档)牛肉的第一次成熟处理时间应多于 72 小时；②能卖高价格

的牛肉第一次成熟处理时间 48～72 小时。

(二)牛肉二次成熟处理时间 ①能卖中等价格的牛肉二次成熟处理时间应多于 72 小时；②能卖高价格的牛肉二次成熟处理时间应多于 120 小时,较为确切的时间需根据市场需求,最长成熟处理时间可达 288 小时(12 天)。

(三)二次成熟处理时肉块码放形式 ①真空包装后装箱二次成熟处理,或真空包装后散置二次成熟处理；②不管何种形式二次成熟处理,都应做到快捷、轻拿、轻放、不挤、不压、不打、不摔；③二次成熟处理后要不要更换包装袋,视实际现状而定,个别流汁多的还是要更换包装袋,这样牛肉的外观更好。

(四)二次成熟处理时的温度 成熟处理间的温度,上层、中层、底层不同,相差 1℃～2℃,以中层温度 1℃～1.5℃为好(可减少肉汁即血汤的流失)。

(五)肉的色泽 成熟处理期(室温 0.5℃～3.7℃)牛肉表面色泽较暗红,在室温(20℃～25℃)放置 15～20 分钟,牛肉表面色泽变为鲜红或樱桃红。

第四节 牛胴体成熟期失重和减少失重的方法

肉牛胴体成熟处理期失重是指肉牛屠宰后的二分体进入成熟处理间前的重量与成熟处理后重量的差值。据笔者的研究,牛胴体成熟处理 7～8 天(成熟间没有加湿处理)时,每头胴体的损失重量为 7.5～11.3 千克(相对失重为 2.2%～3.43%)。虽然这个差值在胴体成熟过程是不可避免的,但是研究影响这个差值的因素、规律及减少这个差值的技术措施,尽量缩小这个差值非常有价值。为此,笔者研究了影响这个差值的因素如肉牛品种、胴体重、背膘厚度、年龄、成熟时间、湿度、是否去势、冲洗胴体顺序等 8 种共 1 451(1 178具可比性)个胴体。研究结果显示,成熟间湿度对这个差值影响最大(成熟间湿度90%时,绝对失重为4.86千克,相对失重为1.59%;成熟间湿度增加为100%时,绝对失重为2.91千克,相对失重为1.1%,绝对失重差1.95千克)。其次,为胴体背膘厚度(X),X≤10毫米失重6.15千克,X>20毫米失重4.88千克,绝对失重差1.27千克。再次,为胴体冲洗程序(先称重后冲洗与先冲洗后称重,胴体重差1千克)。肉牛年龄间、品种间、胴体重大小、是否去势有差异,但很微小。

胴体成熟处理期失重的经济损失是巨大的,以每头胴体损失4.86千克、20元/千克计算,1头牛的损失为97.2元。某肉类公司年屠宰肉牛15万头,仅胴体成熟处理期一个环节上的损失费就达到1458万元。某市每年屠宰牛31万头左右,成熟处理期损失高达3013万元。某省年屠宰牛300万头左右,成熟处理期损失更多达到2.9亿元以上。全国每年屠宰肉牛3000万头左右,成熟处理期损失更多达到29亿元以上。因此,减少牛胴体成熟处理期失重,经济意义非常显著。

一、影响胴体成熟期失重的因素

(一)牛的品种与胴体成熟处理期失重的关系　不同品种牛的胴体在成熟期的失重列于表6-19。

表6-19　牛品种与胴体成熟期失重统计

品　种	72 小时			96 小时		
	绝对失重(千克)	相对失重(%)	数量(头)	绝对失重(千克)	相对失重(%)	数量(头)
利杂牛	5.31±1.11	2.05±0.26	68	4.28±1.38	1.57±0.44	31
鲁西黄牛	4.22±0.87	1.89±0.28	79	3.36±1.16	1.55±0.48	64
西杂牛	5.75±1.15	1.92±0.23	64	4.80±1.29	1.53±0.40	42
夏杂牛	5.99±1.85	1.88±0.26	26	4.98±1.08	1.66±0.24	35
合　计	5.14±1.04	1.94±0.26	237	4.21±1.22	1.66±0.24	172

品　种	120 小时			168 小时		
	绝对失重（千克）	相对失重（%）	数量（头）	绝对失重（千克）	相对失重（%）	数量（头）
利杂牛	5.26±0.90	1.52±0.26	67	5.20±1.50	1.46±0.37	18
鲁西黄牛	4.83±0.73	1.45±0.26	6	5.82±1.47	1.95±0.38	10
西杂牛	6.23±0.90	1.75±0.25	24	4.97±1.22	1.33±0.42	31
夏杂牛	5.90±0.71	1.43±0.05	2	4.80	1.14	1
合　计	5.48±0.88	1.57±0.25	99	4.93±1.33	1.47±0.39	60

表 6-19 说明：

第一，成熟处理 72 小时时，鲁西黄牛绝对失重最少，为 4.22 千克；西杂牛绝对失重最多，为 5.75 千克。夏杂牛相对失重最小，为 1.88%。

第二，成熟处理 120 小时时累计失重统计，鲁西黄牛绝对失重最少，为 4.83 千克；西杂牛绝对失重最多，为 6.23 千克；夏杂牛相对失重最小，为 1.43 千克。

第三，成熟处理 168 小时时累计失重统计，西杂牛绝对失重最少，为 4.97 千克；鲁西黄牛绝对失重最多，为 5.82 千克；夏杂牛相对失重最小，为 1.14%。

牛的品种影响牛胴体在成熟期的失重，差异较小。

（二）胴体重（X）与胴体成熟期失重的关系

1. 成熟处理 72 小时胴体重和成熟期失重的测定结果　成熟 72 小时胴体重和成熟期失重的测定结果列于表 6-20。

表 6-20　成熟处理 72 小时胴体重(X)和胴体成熟期失重统计

胴体重 (千克)	72 小时				
	成熟前重 (千克)	成熟后重 (千克)	绝对失重 (千克)	相对失重 (%)	数量 (头)
X≤250	213.98±22.04	209.78±21.62	4.21±0.74	1.97±0.29	117
250<X≤300	274.33±14.90	268.86±14.47	5.47±0.82	1.99±0.25	58
300<X≤350	326.82±15.48	320.65±15.31	4.16±0.78	1.89±0.23	44
X>350	380.17±20.50	373.24±20.48	6.93±0.67	1.83±0.20	24
合　计	265.23±19.00	260.10±18.66	4.77±0.76	1.96±0.26	243

表 6-20 说明,胴体在成熟处理 72 小时过程中的绝对失重,胴体重大的绝对失重大($P<0.01$),胴体重小的,绝对失重小。因此,在成熟过程中对胴体重大的(300 千克以上)应加大湿度。但是,相对失重恰恰相反,大于 350 千克的胴体,相对失重 1.83%,在 4 个胴体级别重量中为最小。

2. 背膘厚(X)和胴体成熟期失重的测定结果　背部脂肪厚度分别为 X≤5 毫米,5 毫米<X≤10 毫米,10 毫米<X≤15 毫米,X>15毫米的胴体,成熟处理 72 小时时胴体失重的测定结果列于表 6-21。

表 6-21　成熟处理 72 小时背膘厚(X)和胴体成熟期失重统计

背膘厚 (毫米)	72 小时				
	成熟前重 (千克)	成熟后重 (千克)	绝对失重 (千克)	相对失重 (%)	数量 (头)
X≤5	242.08±49.28	237.27±48.27	4.81±1.19	1.98±0.27	151
5<X≤10	286.59±57.95	281.06±56.94	5.53±1.23	1.93±0.26	51
10<X≤15	329.24±53.38	323.46±52.68	5.78±1.00	1.77±0.24	25
X>15	315.63±49.75	309.76±49.02	5.86±0.92	1.87±0.19	16

表 6-21 表明,在成熟处理 72 小时时,胴体背膘厚厚的,胴体的绝对失重大,相对失重小,胴体背膘厚薄的,胴体的绝对失重小,相对失重大。

(三)牛年龄与胴体成熟期失重的关系(年龄以未换牙、1对恒牙、2对恒牙区分) 肉牛的年龄与胴体在成熟期重量损失的关系,测定数统计于表6-22中,显著性测定有意义的是72小时(P<0.01),168小时时的相对失重(P<0.05)。

表6-22 牛年龄和胴体成熟期失重统计

年　龄	72 小时				
	成熟前重 （千克）	成熟后重 （千克）	绝对失重 （千克）	相对失重 （%）	数量 （头）
未换牙	259.52±59.57	254.38±58.49	5.13±1.26	1.98±0.26	195
1 对牙	278.97±57.38	274.00±56.44	4.97±1.10	1.79±0.21	37
2 对牙	312.40±52.26	306.98±51.72	5.42±1.02	1.76±0.35	10
3 对牙	399.00	391.60	7.40	1.85	1

续表 6-22

年　龄	96 小时				
	成熟前重 （千克）	成熟后重 （千克）	绝对失重 （千克）	相对失重 （%）	数量 （头）
未换牙	271.10±59.39	266.83±58.60	4.27±1.32	1.59±0.41	145
1 对牙	301.82±56.03	297.34±55.03	4.48±1.66	1.48±0.49	22
2 对牙	305.46±72.39	301.03±72.08	4.43±1.09	1.52±0.45	13
3 对牙	376.00±26.87	371.10±24.18	4.90±2.69	1.28±0.62	2

续表 6-22

年　龄	120 小时				
	成熟前重 （千克）	成熟后重 （千克）	绝对失重 （千克）	相对失重 （%）	数量 （头）
未换牙	344.50±41.59	338.76±41.05	5.74±0.84	1.67±0.19	22
1 对牙	344.51±40.91	339.22±40.47	5.29±1.09	1.54±0.29	55
2 对牙	363.64±30.55	358.08±30.41	5.60±0.83	1.55±0.24	22
3 对牙	314.00	307.80	6.20	1.97	1

续表 6-22

年　龄	168 小时				
	成熟前重（千克）	成熟后重（千克）	绝对失重（千克）	相对失重（%）	数量（头）
未换牙	241.90±114.95	237.56±113.82	4.34±1.30	1.98±0.49	10
1 对牙	354.11±50.94	348.89±50.74	5.22±1.45	1.50±0.46	18
2 对牙	376.17±41.14	370.83±41.32	5.35±1.27	1.44±0.40	23
3 对牙	391.56±29.11	387.29±28.91	4.27±0.69	1.09±0.17	9

从表 6-22 的测定数据分析，肉牛的年龄和胴体在成熟期重量的损失（相对失重）未换牙的稍高，绝对失重未换牙的稍低。

（四）肉牛是否去势和胴体成熟期失重的关系　测定的结果见表 6-23。

表 6-23　肉牛是否去势和胴体成熟期失重统计

性　别	72 小时				
	成熟前重（千克）	成熟后重（千克）	绝对失重（千克）	相对失重（%）	数量（头）
公牛	268.87±57.55	263.31±56.37	5.57±1.31	2.07±0.21	70
阉公牛	270.22±62.21	265.13±61.24	5.09±1.18	1.90±0.28	132

续表 6-23

性　别	96 小时				
	成熟前重（千克）	成熟后重（千克）	绝对失重（千克）	相对失重（%）	数量（头）
公牛	300.13±57.27	295.23±56.54	4.90±1.02	1.65±0.26	67
阉公牛	265.77±60.65	261.80±60.00	3.97±1.41	1.52±0.49	115

续表 6-23

性 别	120 小时				
	成熟前重 （千克）	成熟后重 （千克）	绝对失重 （千克）	相对失重 （%）	数量 （头）
公牛	295.23±56.54	289.33±55.54	5.90±1.02	1.99±0.26	67
阉公牛	348.41±39.41	342.96±39.01	5.47±0.99	1.57±0.27	100

续表 6-23

性 别	168 小时				
	成熟前重 （千克）	成熟后重 （千克）	绝对失重 （千克）	相对失重 （%）	数量 （头）
公 牛	289.33±55.54	284.43±54.64	4.90±1.00	1.69±0.23	67
阉公牛	349.48±77.62	344.50±77.21	4.98±1.32	1.50±0.48	60

表 6-23 表明，成熟处理的全过程中，重量的损失量无论是绝对重量或是相对重量，阉公牛均小于公牛。

（五）成熟处理时间与胴体成熟期失重的关系 胴体成熟处理时间的长短和胴体成熟期失重量的多少，测定数据见表 6-24，表 6-25。

表 6-24 成熟处理时间与胴体成熟失重的关系 （农户育肥牛）

成熟时间	成熟前胴体重 （千克）	成熟后胴体重 （千克）	绝对失重 （千克）	相对失重 （%）	数量 （头）
48 小时	287.44±39.24	282.37±38.65	5.07±0.81	1.77±0.20	57
72 小时	296.11±41.98	291.48±41.46	4.63±1.00	1.57±0.29	228

第六章 肉牛胴体成熟(排酸)处理

表 6-25 成熟处理时间与胴体成熟失重的关系(育肥场育肥牛)

成熟时间	成熟前胴体重 (千克)	成熟后胴体重 (千克)	绝对失重 (千克)	相对失重 (%)	数量 (头)
72 小时	265.23±60.47	260.10±59.45	5.13±1.23	1.94±0.27	243
96 小时	278.42±61.55	274.11±60.79	4.31±1.35	1.57±0.42	182
120 小时	348.41±39.41	342.96±39.01	5.47±0.99	1.57±0.27	100
168 小时	349.48±77.62	344.50±77.21	4.98±1.32	1.50±0.48	60

表 6-24 和表 6-25 表明,成熟处理时间越长,胴体成熟期的相对失重越小;成熟处理时间越短,胴体成熟期的相对失重越大。

(六)冲洗胴体顺序与胴体成熟期失重的关系 某清真肉业有限公司在屠宰线上采用先冲洗胴体,后称重胴体,再进入成熟间的操作顺序。由于冲洗胴体会给胴体表面附带水量,这份水量不应属于胴体在成熟过程中胴体的失重量,更不应是胴体的真实重量。为此,我们测定了 98 头肉牛胴体先冲洗后称重的胴体重,同时测定先称重后冲洗胴体体重的重量,结果是冲洗前体重 241.01±47.82 千克,冲洗后称重 242.00±47.89 千克。

98 头牛胴体冲洗后测定的胴体重比冲洗前胴体重增加了 97.5 千克,平均每个胴体冲洗后增加重量为 0.9949±0.35 千克(此研究测定已被某清真肉业有限公司采用,采用后该公司 2003 年度屠宰肉牛 23 000 头,可减少损失 22 883 千克胴体重,相当于 250 千克重的胴体 91.5 头,价值 38.9 万元以上)。

二、减少牛胴体成熟期失重的方法

胴体成熟处理和牛肉二次成熟处理是提高牛肉嫩度的有效方法,但是成熟处理期间胴体的失重又给屠宰加工企业带来损失。因此,应尽量减少胴体成熟期的失重。主要技术措施是在成熟间增加湿度、降低风速等。

(一)加湿方法及效果 在容积为 685 立方米的成熟间,沿着成熟间东墙均匀放置 3 台 Defensor3001 雾化加湿器(由瑞士著名的 Axair 空气加湿设备有限公司设计,北京亚都爱克斯爱尔空气加湿器有限公司制造),从胴体进入成熟间开始,每天加湿为 12～14 小时,加湿后相对湿度达到 100%(该湿度由日本神龙公司出品的 M288-CPH 温湿度计测量)。

(二)控制风速 在胴体成熟处理间内的空气流动速度越快,胴体的干耗越大,空气流动速度越慢,胴体的干耗越小。但是,热胴体在胴体成熟处理间内必须降温才能达到成熟处理的目的。因此,没有风的流动,胴体的降温很慢。较为适宜的风速为 0.5 米/秒,最高风速不超过 2 米/秒。

(三)经济效益分析

1. 加湿运营的投入费用

(1)加湿器折旧费 折旧费(购置加湿器 3 台,合计 12 000元,折旧年限 5 年),12 000 元÷5 年=2 400 元。

每个成熟间每年使用 100 次(每批胴体成熟时间 48 小时);

每批成熟胴体 80 头,每年的胴体成熟量为(80×100)8 000头,则每头胴体在成熟期应负担费用 0.3 元(2400÷8000)。

(2)电费 加湿器的功率为 65 瓦,屠宰一批牛按成熟 48 小时计算,3 台加湿器的用电量为(65×3×48)9.36 度;电费价为 0.46元/度;每头胴体负担电费为[(9.36×0.46)÷80]0.054 元。

(3)水费 ①水的使用量每小时 6 升/台;②成熟 48 小时 3 台加湿器的用水量为(6×3×48)864 升水;③水费在当地价格为 0.5元/吨;④每头胴体负担水费为[(0.864×0.50)÷80]0.0054 元。

(4)安装加湿器附属设备费 安装加湿器附属设备费用为 500 元,每头胴体负担费用为(500÷8 000)0.0625 元。

(5)每头胴体负担总费用 0.3+0.054+0.0054+0.0625=0.422 元。

2. **加湿后减少胴体的损失量**　胴体在成熟间加湿成熟48小时比不加湿成熟48小时减少失重1.95千克计算，每千克胴体按17元计算，则每头胴体减少损失（即增加企业利润）1.95×17＝33.15元。

3. **经济效益**　经济效益概算（每头胴体）：①加湿后胴体减少损失（即增加企业毛利润）33.15元；②加湿处理后胴体增加的成本0.422元；③加湿后每个胴体增加的纯收入33.15－0.422＝32.73元。

第七章 肉牛胴体分割

肉牛胴体的分割可分为热胴体分割和冷却胴体分割两类。我国在 20 世纪 90 年代前,肉牛胴体的分割以热胴体分割为主。分割的牛肉由基本上不分部位到四分体、七部位等,但不分等级。随着技术进步、国外肉牛屠宰技术的引进和牛肉市场需求标准的变化,我国肉牛胴体的分割很快进入冷却胴体分割阶段,牛肉的规格完全可以按照用户要求分割(切),目前牛肉的分割(切)规格可达百种以上。我国肉牛胴体分级的分级标准、胴体以等级定价、牛肉分级销售正在逐步实施。

第一节 热胴体分割

热胴体分割即指毛牛(活牛)经过屠宰剥皮、清除内脏、除去头蹄、称重冲洗的牛胴体立即进行肉块分割,称为热胴体剔骨,简称为热剔骨。在 20 世纪 90 年代前,国内屠宰企业因无成熟处理技术而普遍采用。在国外,已经采用成熟处理技术后又开始研究热剔骨在屠宰业中的应用技术,原因是热剔骨能节约能源消耗,降低生产成本(减少成熟库投资、减少员工工资、牛肉提前上市、资金周转快等)。但是,热剔骨牛肉不能立即上市,仍需要成熟(排酸)处理后才能销售;以热剔骨牛肉的成型率较差一些,影响了产品的质量。

第七章　肉牛胴体分割

一、热胴体分割工艺流程

毛牛(活牛)→宰杀→剥皮→去头蹄→去内脏→二分体→修整
胴体 → 称重 → 冲洗 → 四分体 → 分割肉块 → 肉块
修整→普通肉块→真空包装→速冻→更换包装→入库冷藏
　　↓
高档肉块→成熟(排酸)→真空包装→速冻→更换包装(标准箱)→
入库冷藏

二、热剔骨牛肉成熟处理及嫩度的测定方法

鉴于牛肉离开胴体后再进行成熟(排酸)处理能否提高或改善
牛肉的嫩度,成熟(排酸)处理多长时间才能提高或改善牛肉的嫩
度,国内尚未有这方面的资料报道。为此,笔者和同事们对热剔骨
牛肉成熟处理进行了较为深入的研究,并取得了一大批对热剔骨
牛肉成熟处理有实用价值的数据。现将热剔骨肉块成熟处理的情
况简单介绍于下。

(一)热剔骨肉牛的基本情况

1. 育肥程度　育肥时间 6 个月以上,育肥期营养水平中等偏上。

2. 品种　利鲁杂交牛(利木赞♂×鲁西牛♀)、西门塔尔杂交
牛(西门塔尔♂×鲁西牛♀)、夏洛来杂交牛(夏洛来♂×鲁西牛
♀)和鲁西牛 4 个品种牛。

3. 年龄　30～36 个月。

4. 屠宰前体重　586～598 千克。

5. 性别　阉公牛。

6. 体质　健康无病。

(二)热剔骨肉块取样部位　胴体背部外脊肉(西冷)。

(三)热剔骨肉块的取样方法

1. 热剔骨肉块成熟处理　在热胴体左侧(或右侧)由第十二

至第十三胸椎骨起到最后腰椎骨止取出整条外脊肉,由前向后(从第十二至第十三胸椎骨起)第一次采样(厚度 2 厘米、重量 200 克左右,以后每次取样 200 克左右)后立即真空包装置于成熟库,每隔 24 小时取样 1 次,直到成熟处理时间达到 168 小时(7 昼夜)最后 1 次取样。

2. **牛肉二次成熟处理** 在热剔骨采样同一头牛的热胴体右侧(或左侧)由前向后(从第十二至第十三胸椎骨起)第一次取外脊肉样(厚度 2 厘米、重量 200 克左右,以后每次取样 200 克左右)后胴体仍置于成熟库成熟处理,每隔 24 小时在成熟处理库内操作取样 1 次,72 小时(3 昼夜)后胴体分割,取剩余外脊,按原顺序取样后真空包装置于成熟库成熟处理,每隔 24 小时取样 1 次,直到 168 小时最后 1 次取样。测定牛肉嫩度的变化。

(四)热剔骨肉块嫩度的测定方法

1. **肉块加热处理** ①恒温水浴锅内加自来水,水量以能够淹没肉块为止。②将被测定肉样放入恒温水浴锅内。③将温度表插入肉块中心。④加温恒温水浴锅。⑤待肉块中心温度达到 70℃时。⑥恒温 20 分钟。⑦取出肉块,降低温度至室温。

2. **取测定肉样** 由专用取样器(专用取样器规格,直径 1.27 厘米),沿肉丝纹路走向取样;每块牛肉样品取测定样品 10 个肉柱。

3. **嫩度测定** 将肉柱置于肌肉嫩度仪(C-LM3 型数显式肌肉嫩度仪,东北农业大学工程学院制造)上测定。用剪切值表示嫩度,剪切值大,表示嫩度差,剪切值小,表示嫩度好。

三、热剔骨肉块成熟处理的效果

(一)热剔骨肉块成熟处理提高牛肉嫩度的效果显著 无论左侧或右侧外脊肉,热剔骨后的成熟处理效果都非常显著,平均嫩度提高 56.56%。右侧和左侧肉块的处理效果不完全一样,在成熟处理 72 小时时,左、右肉块嫩度提高的表现分别为 34.95%和

28.47%，左侧略好于右侧；在成熟处理73～168小时时，左右肉块嫩度提高的表现分别为24.59%和47.31%，右侧明显好于左侧（P＜0.01）；右侧肉块成熟处理后嫩度提高62.31%，左侧肉块成熟处理后嫩度提高50.94%，右侧肉块处理效果显著好于左侧（P＜0.01）。左、右侧肉块成熟处理各个时间段嫩度提高幅度见表7-1。

表7-1　热剔骨肉块成熟处理分段结果

部　位	各个时间段嫩度提高幅度（%）							
	0小时	24小时	48小时	72小时	96小时	120小时	144小时	168小时
右　侧	0.00	13.76	0.80	16.40	12.69	19.16	7.90	18.93
左　侧	0.00	15.73	17.70	6.20	7.23	3.79	4.40	11.62
平　均	0.00	14.75	9.25	11.30	10.10	11.48	6.15	15.28

　　左、右侧肉块成熟处理后提高嫩度幅度差异是何种原因造成尚需进一步试验。

　　（二）右侧和左侧热剔骨肉块成熟处理（0～72小时）和肉块在胴体上成熟处理（0～72小时）牛肉嫩度变化的比较

　　1. 右侧热剔骨肉块成熟处理（0～72小时）和肉块在胴体上成熟处理（0～72小时）牛肉嫩度变化　右侧外脊肉块热剔骨成熟处理（0～72小时）和肉块在胴体上成熟处理（0～72小时）牛肉嫩度（剪切值）变化结果列于表7-2。

表7-2　热剔骨肉块（右侧）成熟处理和肉块
在胴体上成熟处理牛肉嫩度变化统计

项　目	剪切值（千克）			
	0小时	24小时	48小时	72小时
在胴体上成熟处理	7.42±0.66	6.13±0.65	5.65±0.59	4.89±0.68
测定次数	150	150	150	150
热剔骨成熟处理	7.27±0.79	6.27±0.74	6.22±0.62	5.20±0.72
测定次数	150	150	150	150
平　均	7.35±0.72	6.20±0.70	5.94±0.61	5.05±0.70
测定次数	300	300	300	300

测定资料表明,肉块在胴体上成熟处理的效果稍好于热剔骨肉块成熟处理(5.63%),但差异不大。

2. 左侧热剔骨肉块成熟处理(0~72 小时)和肉块在胴体上成熟处理(0~72 小时)牛肉嫩度变化　左侧外脊肉块热剔骨成熟处理(0~72 小时)和肉块在胴体上成熟处理(0~72 小时)牛肉嫩度(剪切值)变化列于表 7-3。

表 7-3　热剔骨肉块(左侧)成熟处理和肉块
在胴体上成熟处理牛肉嫩度变化统计

项　目	剪切值(千克)			
	0 小时	24 小时	48 小时	72 小时
在胴体上成熟处理	7.08±0.77	6.23±0.62	5.36±0.52	4.86±0.64
测定次数	210	210	210	210
热剔骨成熟处理	7.44±0.91	6.27±0.66	5.16±0.55	4.84±0.48
测定次数	210	210	210	210
平　均	7.26±0.84	6.25±0.64	5.26±0.54	4.85±0.56
测定次数	420	420	420	420

表 7-3 资料表明,肉块在胴体上成熟处理嫩度的提高效果稍差于热剔骨肉块成熟处理,但差异不大。

(三)右侧和左侧热剔骨肉块成熟处理(73~168 小时)和肉块在胴体上成熟处理(73~168 小时)牛肉嫩度变化的比较

1. 右侧热剔骨肉块成熟处理 96 小时(73~168 小时)和牛肉二次成熟处理 96 小时(73~168 小时)牛肉嫩度变化　见表 7-4。

表7-4　热剔骨肉块(右侧)成熟处理和牛肉

二次成熟处理牛肉嫩度变化统计

项　目	剪切值(千克)			
	96 小时	120 小时	144 小时	168 小时
在胴体上成熟处理	4.26±0.60	3.72±0.51	3.28±0.47	2.66±0.49
测定次数	150	150	150	150
热剔骨成熟处理	4.54±0.65	3.67±0.53	3.38±0.54	2.74±0.48
测定次数	150	150	150	150
平　均	4.40±0.63	3.70±0.52	3.33±0.51	2.70±0.49
测定次数	300	300	300	300

表 7-4 表明,右侧热剔骨肉块成熟处理时嫩度的提高稍好于肉块在胴体上成熟处理效果,但仅相差 1.71 个百分点。

2. 左侧热剔骨肉块成熟处理 96 小时(73～168 小时)和牛肉二次成熟处理 96 小时(73～168 小时)牛肉嫩度变化　见表 7-5。

表7-5　热剔骨肉块(左侧)成熟处理和

牛肉二次成熟处理牛肉嫩度变化统计

项　目	剪切值(千克)			
	96 小时	120 小时	144 小时	168 小时
在胴体上成熟处理	4.50±0.58	4.18±0.52	4.00±0.66	3.59±0.58
测定次数	210	210	210	210
热剔骨成熟处理	4.49±0.63	4.32±0.57	4.13±0.69	3.65±0.58
测定次数	210	210	210	210
平　均	4.49±0.61	4.25±0.55	4.07±0.68	3.62±0.58
测定次数	420	420	420	420

表 7-5 表明,左侧热剔骨肉块成熟处理 73～96 小时、97～120

小时、121～144 小时、145～168 小时 4 个时段中牛肉剪切值下降幅度(%)和肉块在胴体上成熟处理几乎无差异。

从 0～168 小时的总成熟处理效果比较,左侧热剔骨肉块成熟处理效果稍好于肉块在胴体上成熟处理效果,但仅相差 1.65 个百分点;右侧热剔骨肉块成熟处理嫩度的提高效果稍差于肉块在胴体上成熟处理效果,但仅差 1.71 个百分点。

(四)热剔骨肉块成熟处理和肉块在胴体上成熟处理后二次处理效果比较　肉块在胴体上成熟处理和热剔骨肉块成熟处理时,在成熟处理期 24～96 小时时嫩度的变化值有差异,绝对值(千克)相差 0.14～0.67,相对值(%)差 3.63～9.41 个百分点,这种变化值在成熟处理 48 小时时达到最高值,此时嫩度绝对值(千克)相差 0.67,相对值(%)相差 9.41 个百分点(表 7-6)。

表 7-6　肉块在胴体上成熟处理和热剔骨
成熟处理嫩度(剪切值)比较统计

项　目		0 小时	24 小时	48 小时	72 小时
比较	绝对值(千克)	7.42～7.27	6.13～6.27	5.65～6.22	4.89～5.20
	以左为基础	+0.15	−0.14	−0.67	−0.31
	相对值(%)	—	82.61～86.24	76.15～85.56	65.90～71.53
	以左为100%		3.63	9.41	5.63

续表 7-6

项　目		96 小时	120 小时	144 小时	168 小时
比较	绝对值(千克)	4.26～4.54	3.63～3.67	3.28～3.38	2.66～2.74
	以左为基础	−0.28	−0.04	−0.10	−0.12
	相对值(%)	57.41～62.45	48.92～50.48	44.20～46.49	35.85～37.69
	以左为100(%)	5.04	1.56	2.29	1.84

这一试验结果指出,不具备高品质(高价)的牛胴体成熟处理48 小时即可分割。

(五)热剔骨肉块成熟处理效果与牛品种的关系 4 个品种肉牛热剔骨肉块成熟处理的测定数据列于表 7-7 中。试验牛共 21头,其中利鲁杂交牛 6 头、西鲁杂交牛 5 头、夏鲁杂交牛 5 头、鲁西牛 5 头。

表 7-7　肉牛品种和热剔骨肉块成熟处理的关系

品　种	剪切值(千克)			
	0 小时	24 小时	48 小时	72 小时
利鲁杂交牛(左)	7.37±0.94	6.42±0.71	5.31±0.58	4.66±0.47
测定次数	60	60	60	60
利鲁杂交牛(右)	6.96±0.66	6.10±0.58	5.62±0.54	4.93±0.60
测定次数	60	60	60	60
西鲁杂交牛(左)	7.66±0.81	6.16±0.77	5.11±0.54	4.76±0.48
测定次数	50	50	50	50
西鲁杂交牛(右)	7.24±0.81	6.17±0.63	5.19±0.56	4.64±0.60
测定次数	50	50	50	50
夏鲁杂交牛(左)	7.26±0.99	6.13±0.49	5.26±0.55	4.98±0.45
测定次数	50	50	50	50
夏鲁杂交牛(右)	7.42±0.76	6.36±0.62	5.21±0.45	4.86±0.70
测定次数	50	50	50	50
鲁西牛(左)	7.48±0.89	6.35±0.65	4.92±0.52	5.00±0.52
测定次数	50	50	50	50
鲁西牛(右)	6.74±0.89	6.32±0.64	5.37±0.51	4.98±0.67

续表 7-7

品　种	剪切值（千克）			
	96 小时	120 小时	144 小时	168 小时
测定次数	50	50	50	50
平　均	7.26±0.84	6.25±0.64	5.26±0.53	4.85±0.56
测定次数	420	420	420	420
利鲁杂交牛（左）	4.67±0.64	4.05±0.48	4.11±0.62	3.72±0.61
测定次数	60	60	60	60
利鲁杂交牛（右）	4.56±0.55	4.19±0.60	4.22±0.64	3.87±0.62
测定次数	60	60	60	60
西鲁杂交牛（左）	4.09±0.53	4.28±0.44	3.55±0.70	3.12±0.32
测定次数	50	50	50	50
西鲁杂交牛（右）	4.54±0.65	3.76±0.39	3.68±0.59	3.04±0.47
测定次数	50	50	50	50
夏鲁杂交牛（左）	4.60±0.75	4.79±0.73	4.48±0.82	4.14±0.69
测定次数	50	50	50	50
夏鲁杂交牛（右）	4.19±0.59	4.36±0.62	4.24±0.74	3.88±0.65
测定次数	50	50	50	50
鲁西牛（左）	4.56±0.58	4.20±0.64	4.39±0.63	3.61±0.71
测定次数	50	50	50	50
鲁西牛（右）	4.68±0.53	4.42±0.47	3.81±0.68	3.52±0.55
测定次数	50	50	50	50
平　均	4.49±0.61	4.25±0.55	4.07±0.68	3.62±0.58
测定次数	420	420	420	420

　　表 7-7 表明,热剔骨肉块成熟处理后牛肉嫩度提高(％)的牛品种间排序为:西门塔尔杂交牛、鲁西牛、夏洛来杂交牛、利木赞杂交

牛,以上排序和牛肉二次成熟处理效果相类似。说明在上述 4 个品种牛中选择育肥牛品种时,如成熟处理 72 小时则选西门塔尔杂交牛、利木赞杂交牛会获得较好的成熟处理效果;如成熟处理 168 小时时,则选西门塔尔杂交牛、鲁西牛会获得较好的成熟处理效果。

热剔骨牛肉经过成熟(排酸)处理能够提高牛肉嫩度的幅度,与肉块在胴体上成熟处理嫩度提高的幅度相差无几,热剔骨肉块成熟处理的效果(嫩度提高 56.52%)和肉块在胴体上第一次成熟处理(0~72 小时)、分割后二次成熟处理(73~168 小时)提高嫩度的效果(56.83%)差别甚微(前者较后者仅高 0.31 个百分点)。

热剔骨的缺点主要是肉块成型稍差,成品率稍低,要求操作水平较高。因此,进一步研究热剔骨肉块成型技术、提高成品率是屠宰企业降低成本,增加效益的有效技术措施。牛肉分割(切)技术水平较高的屠宰企业可试行热剔骨工艺。

牛胴体成熟处理时间 48~72 小时能够改善牛肉的嫩度,但是改善牛肉的嫩度非常有限(较好的阉公牛嫩度提高 31.29%),尚不能真正达到提高牛肉品质的目的。从这次测定的结果看到牛胴体成熟处理时间 144~168 小时时,只要经过一定的育肥,不论是公牛或阉公牛、也不论是在胴体上成熟处理或是分割后(热剔骨)成熟处理,牛肉的剪切值(嫩度)都达到了美国牛肉分级标准中特级、优级、良好级的标准。因此,从我们的测定结果证明牛胴体成熟处理时间 144~168 小时就能真正达到提高牛肉品质(嫩度)的目的。目前我国牛肉嫩度不理想的现状,我们认为主要是成熟处理时间不到位所致。

第二节　冷却胴体分割

冷却胴体分割是指牛胴体经过低温(0℃~4℃)冷却处理(排酸、成熟处理)后(牛肉中心温度为 7℃)再分割,冷却胴体分割工艺流程见图 7-1。

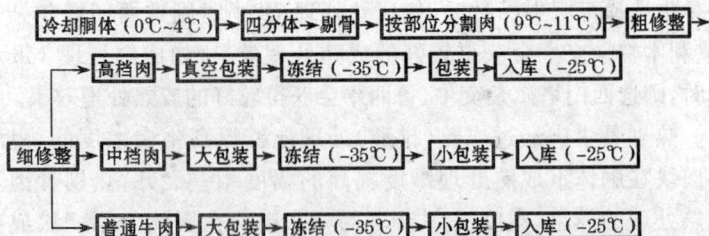

图 7-1 冷却胴体分割工艺流程示意图

冷却胴体分割产品（牛肉）的品种名称，受牛肉使用户的左右。直到目前，在我国肉牛屠宰行业还没有完全统一的名称标准，同一块牛肉有 3～4 种甚至更多的称呼。笔者于 2003～2004 年在上海、北京、广州、深圳等地进行广泛地调查，了解牛肉肉块分割规格的现状，研究牛肉的销售市场和牛肉用户对牛肉品质的需求时，得到极其深刻印象如下：第一，牛肉分割规格（标准）、名称，五花八门，既影响质量，又影响外观和销售价格；第二，"南烤北涮"的销费格局已初步形成；第三，高档、优质名牌牛肉受青睐，销售量猛增，供不应求。

根据牛肉销售市场、牛肉用户分类，目前国内牛肉销售市场大致可以分为：①烧烤类（日本烧烤、韩国烧烤、巴西烧烤等）；②西餐类（日本式、美式、欧式）；③涮肉类（肥牛肉片 1 号、肥牛肉片 2 号、肥牛肉片 3 号、肥牛肉片 4 号）；④加工类（牛肉肠、火腿、肉饼、牛肉干等）；⑤超市类（冷却牛肉）；⑥大众类（鲜牛肉、冷却牛肉、冻牛肉）等。

与此相关的牛肉分割规格（标准）、名称，各有特点，但大同小异。以下的牛肉肉块分割规格是依据当前客户的不同用途要求及牛肉的销售方案而制定的，分割牛肉的名称定位是依据国内称谓习惯并结合国际交流中的名称而定。

一、烧烤牛肉的分割

烧烤牛肉的分割分为日本烧烤、韩国烧烤、巴西烧烤等。

(一)日本烧烤牛肉的分割(切)　用于日本烧烤的牛肉肉块主要有外脊肉、上脑肉、眼肉、牛小排肉、带骨腹肉、去骨腹肉、S腹肉、带脂三角肉、胸叉肉等。

1. 外脊　用于日本烧烤的外脊肉由于质量的差异,可分为 S 外脊、A 外脊、B 外脊、F 外脊几种。

(1)S 外脊(特级外脊肉、西冷、纽约克、后腰通脊肉)

①部位:第十二至第十三胸肋至最后腰椎(图 7-2)。

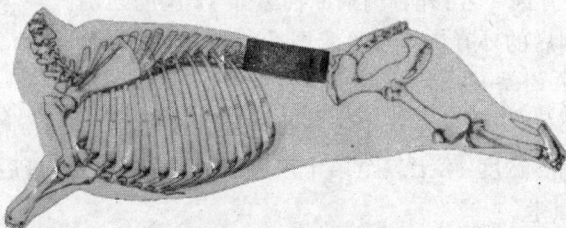

图7-2　外　脊

②侧唇宽度:第十二至第十三胸肋处 2～3 厘米;最后腰椎处 1～1.5 厘米。

③品质要求

A. 重量:大于 5.5 千克/块。

B. 大理石花纹:(6 级制,1 级最好,下同)丰富(1 级、2 级)。

C. 脂肪颜色:白色。

D. 脂肪厚度:15～20 毫米。

④修整要求

A.S 外脊肉腹面:带胸椎骨膜或有明显的胸椎骨痕迹,无碎肉、无血点、无污点。

B. S 外脊肉背面:脂肪厚度 15～20 毫米,修割平整,无血点、无污点

C. S 外脊肉侧面:切面整齐,无血点、无污点。

D. S 外脊肉断面:切面整齐,无血点、无污点。

⑤型　号

A. 12～13 胸肋切割

S 外脊肉 1 号:外脊肉前断面紧靠 12 胸肋切割。

S 外脊肉 2 号:外脊肉前断面紧靠 13 胸肋切割。

B. 11～12 胸肋切割

S 外脊肉 3 号:外脊肉前断面紧靠 11 胸肋切割。

S 外脊肉 4 号:外脊肉前断面紧靠 12 胸肋切割。

分割后的外脊肉肉块见彩图 26。

(2)A 外脊(一级外脊肉)

①部位:第十二至第十三胸肋至最后腰椎。

②侧唇宽度:第十二至第十三胸肋处 2～3 厘米,最后腰椎处 1～1.5 厘米。

③品质要求

A. 重量:大于 5 千克/块。

B. 大理石花纹:丰富(3 级)。

C. 脂肪颜色:白色或微黄色。

D. 脂肪厚度:10～15 毫米。

④修整要求

A. 外脊肉腹面:带胸椎骨膜或有明显的胸椎骨痕迹,无碎肉、无血点、无污点。

B. 外脊肉背面:脂肪厚度 10～15 毫米,修割平整,无血点、无污点。

C. 外脊肉侧面:切面整齐,无血点、无污点。

D. 外脊肉断面：切面整齐，无血点、无污点。

⑤型　号

A. 12～13 胸肋切割

外脊肉 1 号：外脊肉前断面紧靠 12 胸肋切割。

外脊肉 2 号：外脊肉前断面紧靠 13 胸肋切割。

B. 11～12 胸肋切割

外脊肉 3 号：外脊肉前断面紧靠 11 胸肋切割。

外脊肉 4 号：外脊肉前断面紧靠 12 胸肋切割。

(3)B 外脊(二级外脊肉)　部位、分割、修整同 A 外脊。

A. 重量：大于 4.7 千克。

B. 大理石花纹：较丰富(4 级)。

C. 脂肪颜色：白色或微黄色。

D. 脂肪厚度：<10 毫米。

(4)F 外脊　又称 C 外脊。

①部位：第十二至第十三胸肋至最后腰椎。

②侧唇宽度：第十二至第十三胸肋处 0 厘米，最后腰椎处 0 厘米。

③品质要求

A. 重量：大于 3.8 千克/块。

B. 大理石花纹：不丰富(6 级)。

C. 脂肪颜色：白色或微黄色。

D. 脂肪厚度：无脂肪覆盖。

④修整要求

A. F 外脊肉腹面：无胸椎骨膜或明显的胸椎骨痕迹，无碎肉、无血点、无污点。

B. F 外脊肉背面：脂肪厚度 0 毫米，修割平整，无血点、无污点。

C. F 外脊肉侧面：切面整齐，无血点、无污点。

D. F 外脊肉断面：切面整齐，无血点、无污点。

⑤型　号

A. 12～13 胸肋切割

F 外脊肉 1 号：外脊肉前断面紧靠 12 胸肋切割。

F 外脊肉 2 号：外脊肉前断面紧靠 13 胸肋切割。

B. 11～12 胸肋切割

F 外脊肉 3 号　外脊肉前断面紧靠 11 胸肋切割。

F 外脊肉 4 号　外脊肉前断面紧靠 12 胸肋切割。

2. 上脑肉　由于用肉户要求，上脑肉有带盖和去盖 之分。

(1)带盖上脑肉

①部位：第一至第六胸椎(图 7-3)。

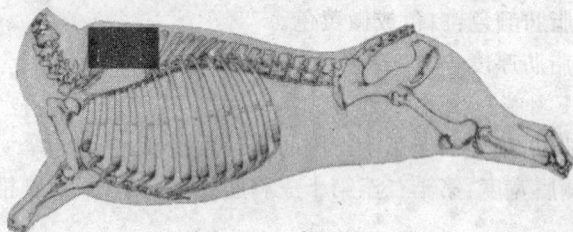

图 7-3　上　脑

②品质要求

A. 重量：大于 4.5 千克/块。

B. 大理石花纹：丰富。

C. 脂肪颜色：白色或微黄色。

D. 脂肪厚度：大于 10 毫米。

③侧唇宽度：第一胸肋处 2～3 厘米，第六胸椎处 1～1.5 厘米。

④修整要求：剥离胸椎。

A. 上脑肉腹面：带胸椎骨膜或有明显的胸椎骨痕迹，无碎肉、无血点、无污点。

B. 上脑肉背面:脂肪厚度 10 毫米以上,修割平整,无血点、无污点。

C. 上脑肉侧面:切面整齐,无血点、无污点。

D. 上脑肉断面:切面整齐,无血点、无污点。

⑤型 号

A. 上脑 1 号:上脑肉前断面第一胸肋前 1～1.5 厘米切割。

B. 上脑 2 号:上脑肉前断面紧靠第一胸肋切割。

C. 上脑 3 号:上脑肉后断面紧靠第五胸肋切割。

D. 上脑 4 号:上脑肉后断面紧靠第六胸肋切割。

分割后的上脑肉块见彩图 27。

(2)去盖上脑 部位和分割方法和带盖上脑相同。不同的是将皮下的脂肪层剥离。

3. 眼肉 根据用肉户要求,眼肉有带盖和去盖之分。

(1)带盖眼肉(沙郎、肋眼肉)

①部位:第七至第十三胸椎背侧(图 7-4)。

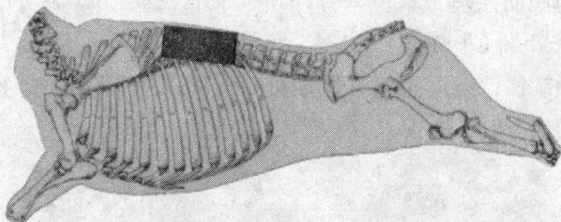

图 7-4 眼 肉

②品质要求

A. 重量:大于 5.2 千克/块。

B. 大理石花纹:丰富(1 级)。

C. 脂肪颜色:白色或微黄色。

D. 脂肪厚度:10～15 毫米。

③侧唇宽度:第十二至第十三胸肋处 2～3 厘米,第七胸椎处 1～1.5 厘米。

④修整要求:剥离胸椎。

A. 眼肉腹面:带胸椎骨膜或有明显的胸椎骨痕迹,无碎肉、无血点、无污点。

B. 眼肉背面:脂肪厚度 10～15 毫米,修割平整,无血点、无污点。

C. 眼肉侧面:切面整齐,无血点、无污点。

D. 眼肉断面:切面整齐,无血点、无污点。

⑤ 型　号

A. 眼肉 1 号:眼肉前断面紧靠第六胸肋切割。

B. 眼肉 2 号:眼肉前断面紧靠第七胸肋切割。

C. 眼肉 3 号:眼肉后断面紧靠第十二胸肋切割。

D. 眼肉 4 号:眼肉后断面紧靠第十三胸肋切割。

分割后的眼肉肉块见彩图 28。

(2)去盖眼肉　部位和分割方法和带盖眼肉相同。不同的是将皮下的脂肪层剥离。

4. 牛小排(牛仔骨)

(1) 部位　第七至第九胸肋处(图 7-5)。切下眼肉、上脑后的带骨硬肋肉。

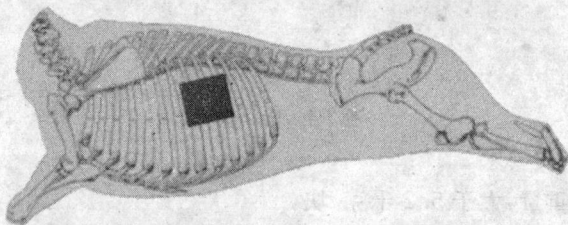

图 7-5　牛小排(牛仔骨)

(2) 肉块规格

①长度:23～30 厘米。

②宽度:7～9 根胸肋。

③厚度:2.5～3.5 厘米。

④重量:大于 5 千克/块。

(3)品质要求

①大理石花纹:丰富(1 级)。

②脂肪颜色:白色或微黄色。

(4) 分割要求

①牛小排肉腹面:无血点、无污点。

②牛小排肉背面:修割平整,无血点、无污点。

③牛小排肉侧面:切割面整齐。

(5) 型　号

①牛小排肉 1 号:牛小排肉前切面紧靠第六胸肋切割。

②牛小排肉 2 号:牛小排肉前切面紧靠第七胸肋切割。

③牛小排肉 3 号:牛小排肉后切面紧靠第八胸肋切割。

④牛小排肉 4 号:牛小排肉后切面紧靠第九胸肋切割。

生产牛小排肉和 1 号肥牛有交叉,要视市场价格再定生产牛小排肉或 1 号肥牛。

分割后的牛小排肉肉块见彩图 29。

5. 小牛排

(1) 部位　1～5 胸肋靠近脊椎处(图 7-6)。

(2) 肉块规格　视肉牛体重及育肥程度,形状似梯形。

(3) 品质要求　肉块肥瘦适度,厚度 1.5 厘米以上,重量 0.3 千克以上。

(4) 分割要求

①肉块腹面:无血点、无污点。

②肉块背面:修割平整,无血点、无污点。

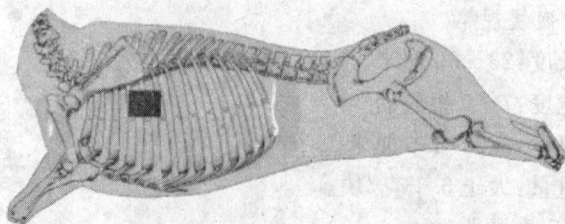

图7-6　小 牛 排

③肉块侧面：切割面整齐。

6. 带骨腹肉　根据用肉户要求，带骨腹肉有带盖和去盖之分。

(1)带骨腹肉（A腹肉）

①部位：第二至第六胸肋处（图7-7）。切下眼肉、上脑后的带骨硬肋肉。

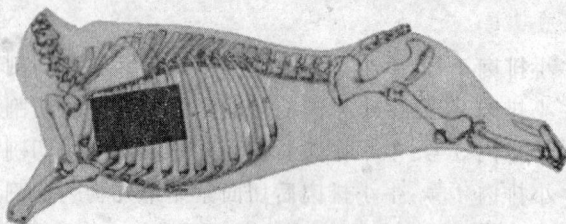

图7-7　带骨腹肉

②肉块规格

A. 长度：23～33厘米。

B. 宽度：2～6根胸肋。

C. 厚度：2.5～3.5厘米。

D. 重量：大于10千克/块。

③分割要求

A. 带骨腹肉腹面：无血点、无污点。

B. 带骨腹肉背面：修割平整、无血点、无污点。

C. 带骨腹肉侧面：切割面整齐。

④型　号

A. 带骨腹肉 1 号:带骨腹肉前切面沿第一胸肋前 1~1.5 厘米切割。

B. 带骨腹肉 2 号:带骨腹肉前切面紧靠第一胸肋切割。

C. 带骨腹肉 3 号:带骨腹肉后切面紧靠第六胸肋切割。

D. 带骨腹肉 4 号:带骨腹肉后切面紧靠第七胸肋切割。

分割后的带骨腹肉肉块见彩图 30。

(2)去盖带骨腹肉　部位和分割方法和带骨腹肉相同。不同的是将皮下的脂肪层剥离。

7. 去骨腹肉　根据用肉户要求,去骨腹肉有带盖和去盖之分。

(1)去骨腹肉(A 腹肉)

①部位:第二至第六胸肋处(图 7-7),切下眼肉、上脑后的软肋。

②肉块规格

A. 长度:23~30 厘米。

B. 宽度:3~6 根胸肋。

C. 厚度:2.5~3.5 厘米。

D. 重量:大于 9 千克/块。

③分割要求

A. 去骨腹肉腹面:无血点、无污点。

B. 去骨腹肉背面:修割平整,无血点、无污点。

C. 去骨腹肉侧面:切割面整齐。

④型　号

A. 去骨腹肉 1 号:去骨腹肉前切面沿第一胸肋前 1~1.5 厘米切割。

B. 去骨腹肉 2 号:去骨腹肉前切面紧靠第一胸肋切割。

C. 去骨腹肉 3 号:去骨腹肉后切面紧靠第六胸肋切割。

D. 去骨腹肉 4 号:去骨腹肉后切面紧靠第七胸肋切割。

⑤品质要求:大理石花纹丰富。

分割后的去骨腹肉肉块见彩图31。

（2）去盖去骨腹肉　部位和分割方法和去骨腹肉相同。不同的是将皮下的脂肪层剥离。

8.S腹肉

（1）部位　第二至第九胸肋（图7-7），取出胸硬肋骨并去掉肋面表层肉之后，下面露出的一块形如扇形的肉块便是S腹肉。

（2）分割要求　按肉块自然形状切割。

（3）肉块质量　肉块厚度1.5～2厘米，生产S腹肉和带骨腹肉有交叉，要视市场价格而定。大理石花纹非常丰富，红肉块和脂肪块间隔有序，大小适度。

说明：分割出带骨腹肉或不带骨腹肉，不能再分割S腹肉。同样，分割了S腹肉就不能再分割带骨腹肉或不带骨腹肉。

（4）重量　大于1.5千克/块。

分割后的S腹肉肉块见彩图32。

9.带脂三角肉

（1）部位　大米龙下端，从肉面有脂肪沉积处切下（图7-8）。

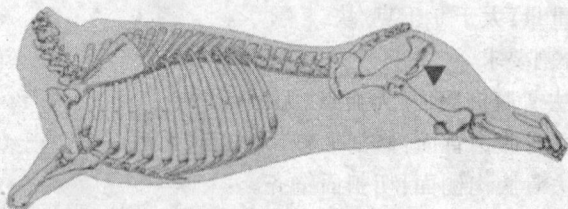

图7-8　带脂三角肉

（2）品质要求

①脂肪颜色：白色或微黄色。

②脂肪厚度：脂肪覆盖三角肉。

③带脂三角肉厚度：大于2厘米。

（3）重量　2.5千克/块。

（4）分割要求

①带脂三角肉腹面：无碎肉、无血点、无污点。

②带脂三角肉背面：脂肪厚度3～5毫米,修割平整,无血点、无污点。

③带脂三角肉侧面：切面整齐,无血点、无污点。

④带脂三角肉断面：切面整齐。

分割后的三角肉肉块见彩图33。

10.胸叉肉(牛胸)

（1）部位　在第一至第五胸软肋部位(图7-9)。

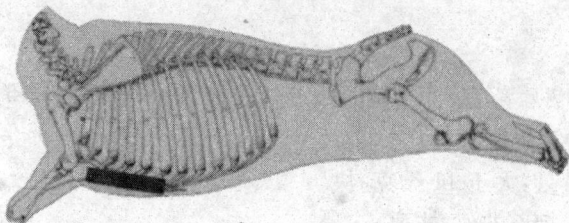

图7-9　胸叉肉

（2）品质要求

①胸叉肉肉厚度：3～4厘米。

②胸叉肉肉长度：30～40厘米。

③胸叉肉肉宽度：5～6厘米。

（3）重量　10千克/块。

（4）分割要求

①胸叉肉腹面：修割平整,无碎肉、无血点、无污点。

②胸叉肉背面：修割平整,无血点、无污点。

③胸叉肉侧面：切面整齐,无血点、无污点。

④胸叉肉断面：切面整齐,无血点、无污点。

分割后的胸叉肉肉块见彩图34。

（二）韩国烧烤牛肉的分割（切）　用于韩国烧烤的牛肉肉块主

要有 S 特外脊肉、S 外脊肉、外脊肉、上脑肉、眼肉、牛小排肉、带骨腹肉、去骨腹肉、S 腹肉、带脂三角肉、胸叉肉等。

1. S 特外肉(撒拉伯尔)

(1) 部位　第一至第十三胸肋(图 7-10)。

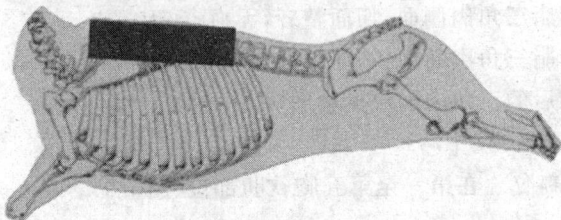

图 7-10　S 特外脊

(2) 侧唇宽度　第五胸肋处 4～5 厘米,最后胸肋处 4～5 厘米。

(3) 品质要求

①重量:大于 11 千克/块。

②大理石花纹:丰富。

③脂肪颜色:白色或微黄色。

④脂肪厚度:4～5 毫米。

(4) 修整要求

①S 特外脊肉腹面:带胸椎骨膜或有明显的胸椎骨痕迹,无碎肉、无血点、无污点。

②S 特外脊肉背面:脂肪厚度 4～5 毫米,修割平整,无血点、无污点。

③S 特外脊肉侧面:切面整齐,无血点、无污点。

④S 特外脊肉断面:切面整齐,无血点、无污点。

⑤S 特外脊肉形状:长方形。

分割后的 S 特外脊肉块见彩图 35。

2. S 外脊肉　部位、质量和分割方法同前。

3. 外脊肉　部位、质量和分割方法同前。

4. 上脑肉　部位、质量和分割方法同前。

5. 眼肉　部位、质量和分割方法同前。

6. 牛小排肉　部位、质量和分割方法同前。

7. 带骨腹肉　部位、质量和分割方法同前。

8. 去骨腹肉　部位、质量和分割方法同前。

9. S腹肉

(1) 部位　第二至第九胸肋(图7-7),取出胸肋骨并去掉肋面表层肉之后,下面露出的一块形如扇形的肉块便是S腹肉。

(2) 分割要求　按肉块自然形状切割。

(3) 肉块质量　10千克/块。

①肉块厚度:1.5～2厘米。

②大理石花纹:非常丰富,红肉块和脂肪块间隔有序,大小适度。

说明:分割出带骨腹肉或不带骨腹肉,不能再分割S腹肉。同样,分割了S腹肉,就不能再分割带骨腹肉或不带骨腹肉。

10. 带脂三角肉　部位、质量和分割方法同前。

11. 胸叉肉　部位、质量和分割方法同前。

12. 上脑边　在上脑肉块的肋骨端,是修整上脑肉块后的长条形肉块。

(三) 巴西烧烤牛肉的分割(切)　用量多的肉块有里脊(牛柳)、去骨腹肉、带脂三角肉、牛肩峰等。

1. 里脊(牛柳)肉

(1)里脊头　不带脂肪也不带里脊附肌(侧边)。

(2)里脊(牛柳)肉　部位如图7-11。分割方法同前。

分割后的里脊肉块见彩图36。

2. 去骨腹肉(A腹肉)　部位、质量和分割方法同前。

3. 带脂三角肉　部位、质量和分割方法同前。

4. 牛肩峰肉

(1) 部位　牛鬐甲部,四分体取下眼肉、上脑后剩余部分经修

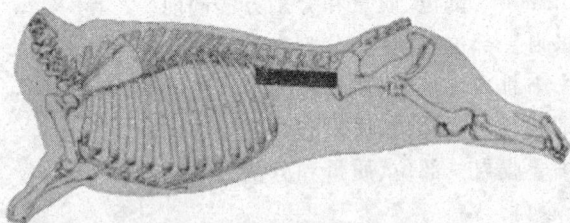

图 7-11　里　脊

割而得(图 7-12)。

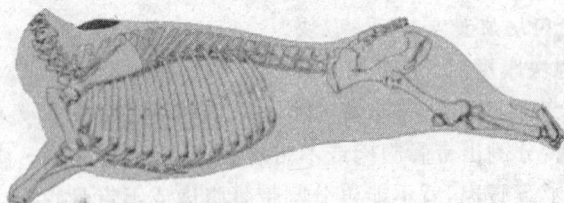

图 7-12　牛肩峰

(2)品质要求　色泽鲜艳、鲜嫩。

(3)重量　2千克/块。

(4)分割要求

①牛肩峰肉腹面：无碎肉、无血点、无污点。

②牛肩峰肉背面：修割平整,无血点、无污点。

③牛肩峰肉侧面：切面整齐,无血点、无污点。

④牛肩峰肉断面：切面整齐,无血点、无污点。

分割后的牛肩峰肉块见彩图 37。

二、西餐牛肉的分割

用于西餐的牛肉品种有里脊肉、S外脊肉、外脊肉、T骨肉扒、眼肉等。

（一）里脊肉（菲力、腓力、牛柳）

1. 部位　沿荐骨的前下方把里脊头剔出，由里脊头向里脊尾逐个剥离腰椎横突，取下完整的里脊。里脊是牛肉中卖价较高的肉块之一，在剥离时要尽量减少里脊的损失，以里脊腹面带骨膜为分割作业合格标准。

2. 修整里脊（牛柳）肉　根据客户的要求，里脊是否带脂肪或带里脊附肌。

（1）里脊头带脂肪带里脊附肌（侧边）　留里脊表层肌膜，修去分割时的碎状肉块，里脊头保留脂肪及里脊附肌。

（2）里脊头带脂肪不带里脊附肌（侧边）　里脊头保留脂肪，修去里脊附肌（侧边），保留里脊表层肌膜，修去分割时的碎状肉块及里脊头部的脂肪。

（3）里脊头不带脂肪不带里脊附肌（侧边）　里脊头修去里脊附肌，修脂肪，修去分割时的碎状肉块。

3. 品质要求

（1）重量　修整里脊肉各个等级的质量要求见表 7-8。

表 7-8　修整里脊肉各个等级的重量要求

名　称	重量(千克/条)			
	特　级	1　级	2　级	3　级
里脊头带脂肪带里脊附肌(侧边)	2.8 以上	2.6～2.79	2.4～1.59	2.4 以下
里脊头带脂不带里脊附肌(侧边)	2.4 以上	2.2～2.39	2.0～2.19	2.0 以下
里脊头不带脂肪不带里脊附肌(侧边)	1.9 以上	1.7～1.89	1.5～1.69	1.5 以下

(2)质量　颜色樱桃红,肉块表面无血迹、无碎肉渣,鲜嫩,具有地道的牛肉味。

(二)S 外脊肉　部位和分割方法同前。

(三)外脊肉　部位和分割方法同前。

(四)眼肉　部位和分割方法同前。

(五)T 骨肉扒

1. T 骨肉扒的分割　在不分割里脊、外脊的前提条件下。T 骨牛肉扒的分割步骤:①在最后腰椎处,沿荐骨缘切下;②在腰椎的最后 4 节(图 7-13),用分割锯锯下;③距腰椎横突 3～4 厘米处用分割锯锯下;④用特制线锯,切割腰椎,并将横突中央垂直切下;⑤在腰椎骨横突的上方是外脊肉,横突的下方是里脊肉,食用后的剩余骨头呈 T 形,故称 T 骨肉扒。

2. 品质要求

(1)重量　大于 8 千克。

(2)大理石花纹　丰富(1 级)。

(3)脂肪颜色　白色或微黄色。

(4)脂肪厚度　10～15 毫米。

3. 侧唇宽度　第二至第三腰椎处 1～1.5 厘米,第六至第七腰椎处 2～2.5 厘米。

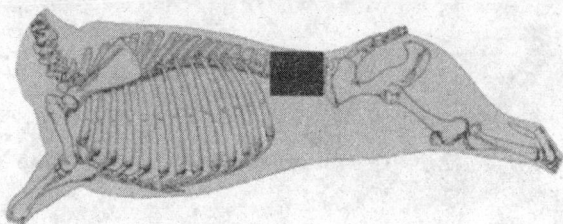

图 7-13　T 骨肉扒

4. 修整要求　剥离腰椎。

(1) T 骨肉扒腹面　带腰椎骨膜或有明显的腰椎骨痕迹,无碎肉、无血点、无污点。

(2) T 骨肉扒背面　脂肪厚度 10～15 毫米,修割平整,无血点、无污点。

(3) T 骨肉扒侧面　切面整齐,无血点、无污点。

(4) T 骨肉扒断面　切面整齐,无血点、无污点。

分割后的 T 骨肉扒肉块见彩图 38。

三、涮肉类的分割

(一) 分割肉　1 号肥牛片

1. 1 号肥牛片来源　去骨腹肉,第十至第十三胸硬肋处的牛腩(腹肉,图 7-14)。

2. 规格　长 35～37 厘米,宽 15 厘米,厚 7～8 厘米。

3. 制作　将原料切割,按规格制作。

4. 重量　3.54 千克/块(30 千克/头)。

5. 制作注意要点

第一,肥牛板板面平整,有明显的胸肋条痕迹,分双面纹板和单面纹板。

第二,肥牛板切割线平直。

第三,肥牛板肥肉线、瘦肉线码放整齐划一。

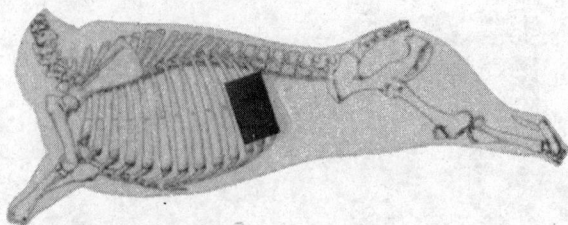

图 7-14　1 号肥牛

第四,肥牛板板面不能有污染点。

第五,必须压紧压实(真空处理后用光滑的圆木棒轻轻拍打四面,达到表面平整的目的)。

分割后的 1 号肥牛肉块见彩图 39。

(二)组装肉

1. 2 号肥牛片

(1)2 号肥牛片来源　2 号肥牛片为组装肉,把不制作带骨腹肉或无骨腹肉的牛腩、臀肉、腰肉、臀肉、脂肪、肩部牛肉、肥肉等按比例组装而成。

(2)规格　长 35～37 厘米,宽 15 厘米,厚 7～8 厘米。

(3)制作　将原料切割,按规格制作。

(4)重量　3.54 千克(17～18 千克/头)。

(5)制作注意要点

第一,肥牛板板面平整,整面为红肉,另一面为红白肉相间。

第二,肥牛板切割线平直。

第三,肥牛板肥肉线、瘦肉线码放整齐划一。

第四,肥牛板板面不能有污染点。

第五,必须压紧压实(真空处理后用光滑的圆木棒轻轻拍打四面,达到表面平整的目的)。

组装后的 2 号肥牛肉块见彩图 40。

2. 3 号肥牛片

(1) 3 号肥牛片来源　3 号肥牛片为组装肉,把红肉(瘦肉、精肉)和肉块间分割下来的脂肪组装而成,瘦肉来自臀部的臀肉(尾龙扒)、大米龙(针扒)、小米龙(烩扒)、腰肉(尾龙扒)、霖肉(和尚头)。

3 号肥牛片组成,红肉为 70%,脂肪为 30%。

目前市场销售的 3 号肥牛肉板的重量为 3.62 千克(其中脂肪重量为 0.8 千克,红肉重量为 2.82 千克)。

(2) 规格

长 35～37 厘米,宽 15 厘米,厚 7～8 厘米。

(3) 制作　将原料切割,按规格制作。

(4)重量　3.62 千克(50 千克/头)。

(5) 制作注意要点

第一,肥牛板板面平整。

第二,肥牛板切割线平直。

第三,肥牛板肥肉线、瘦肉线码放比较整齐。

第四,肥牛板板面不能有污染点。

第五,必须压紧压实(真空处理后用光滑的圆木棒轻轻拍打四面,达到表面平整的目的)。

组装后的 3 号肥牛肉块见彩图 41。

3.4 号肥牛片

(1) 4 号肥牛片来源　4 号肥牛片为组装肉,红肉来自前躯部位肉。

4 号肥牛片组成,红肉 75%～80%,脂肪 25%～20 %。

(2) 规格　长 35～37 厘米,宽 15 厘米,厚 7～8 厘米。

(3) 制作　将原料切割,按规格制作。

(4)重量　3.54 千克(15 千克/头)。

(5) 制作注意要点

第一,肥牛板板面平整。

第二,肥牛板切割线平直。

第三,肥牛板肥肉线、瘦肉线码放尽量整齐。

第四,肥牛板板面不能有污染点。

第五,必须压紧压实(真空处理后用光滑的圆木棒轻轻拍打四面,达到表面平整的目的)。

组装后的 4 号肥牛肉块见彩图 42。

四、冷却(冷鲜)肉的分割

目前用于制作冷却肉的肉块有外脊肉、里脊肉、臀肉(尾龙扒)、大小米龙(烩扒)、腰肉(尾龙扒)、霖肉。

(一)外脊肉　制作冷鲜肉的外脊分割方法和西餐肉相同。

(二)里脊肉　制作冷鲜肉的里脊分割方法和西餐肉相同。

(三)臀肉(尾龙扒)　剥离大米龙、小米龙后,便可见到一大块肉,随着肉块自然走向剥离,便可得到臀肉(图 7-15)。臀肉的修整有两点:一是削去劈半时锯面部分在排酸后的深颜色肉;二是修去臀肉块上的脂肪和碎肉块。

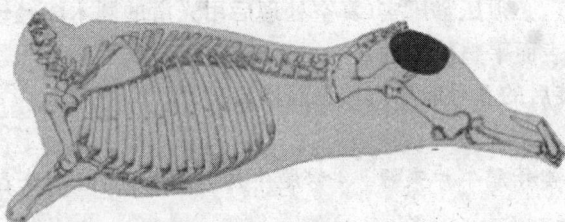

图 7-15　臀肉(尾龙扒)

重量,每块 7.2 千克。

分割后的臀肉肉块见彩图 43。

(四)大小米龙(针扒、烩扒)

1. 大米龙(针扒)　后臀部肉块。剥掉牛皮后在后臀部暴露最清楚的便是大米龙(图7-16)。顺肉块自然走向剥离,四方形块状。修整表面(分保留脂肪和不保留脂肪两种)即可包装。

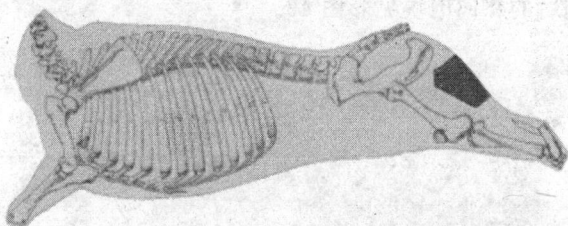

图7-16　大小米龙(烩扒)

2.小米龙(烩扒、黄瓜条、鲤鱼贯)　紧靠大米龙的一块圆柱形的肉便是小米龙(黄瓜条)。顺肉块自然走向剥离便得。修整表面。

有些屠宰企业依据用肉单位要求,把大米龙和小米龙合并为一块肉,称为烩扒肉,还有的称呼为黄瓜条肉。每块重量6.7千克。

分割后的大小米龙见彩图44。

(五)腰肉(尾龙扒)　在后臀部取出大米龙、小米龙、臀肉、膝圆后,剩下的一块肉便是腰肉(图7-17)。修整腰肉的要点是削去其表面的脂肪层。腰肉形状如三角形,重量为4.3千克/块。

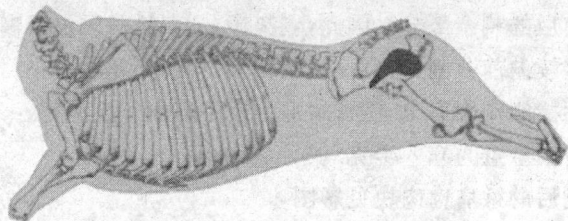

图7-17　腰肉(尾龙扒)

分割后的腰肉肉块见彩图45。

(六)霖肉(和尚头、膝圆肉、牛林)　当剥离大米龙、小米龙、臀肉后便可见到一块长圆形肉块(图 7-18)。沿此肉块的自然走向剥离,很易得到膝圆肉块。适当修整即可。重量为 5.1 千克/块。

分割后的霖肉肉块见彩图 46。

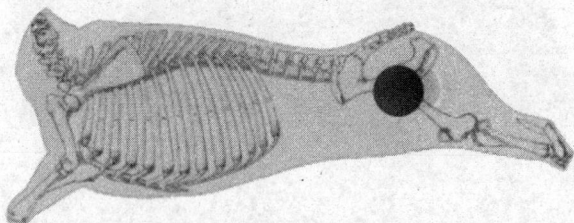

图 7-18 霖 肉

五、牛肉干原料分割

目前用于制作牛肉干的肉块有臀肉(尾龙扒)、大小米龙(烩扒)、腰肉(尾龙扒)、霖肉等。

各部位肉的分割方法与上同,但是必须清除筋膜。

六、其他肉块分割

(一)嫩肩肉 嫩肩肉实际上是背最长肌的最前端(图 7-19),是取眼肉后的剩余部分。因此,剥离十分容易,只须循眼肉横切面的肩部继续向前分割,得到一块圆锥形的肉,便是嫩肩肉。制作上脑肉就不能制作嫩肩肉,制作嫩肩肉就不能制作上脑肉。

嫩肩肉重量为 0.8 千克/块。

分割后的嫩肩肉肉块见彩图 47。

(二)臂肉 取下前腿,围绕肩胛骨分割,可得长方形肉块,便是臂肉(彩图 48)。

1. 卡鲁比肉(肩肉、板腱) 卡鲁比肉块是臂肉的一部分(图 7-20),以肩胛骨的骨突为分界线一分为二,较大的肉块便是

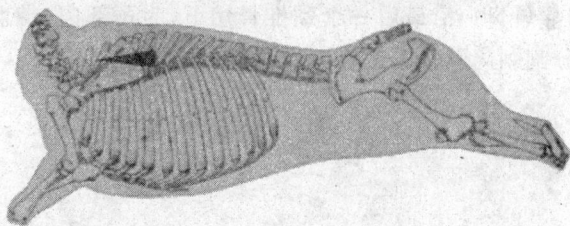

图7-19　嫩肩肉

卡鲁比肉（日本称呼）。

　　卡鲁比肉块重量为1.8千克/块。

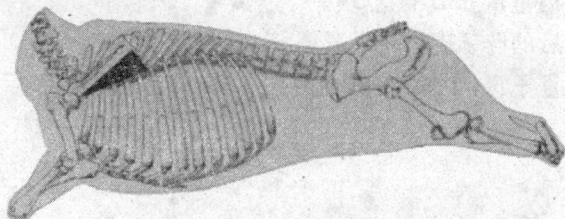

图7-20　卡鲁比肉

　　分割后的卡鲁比肉块见彩图49。

　　2. 辣椒肉　辣椒肉块是臂肉的另一部分（图7-21）。重量为1.2千克/块。

　　分割后的辣椒肉肉块见彩图50。

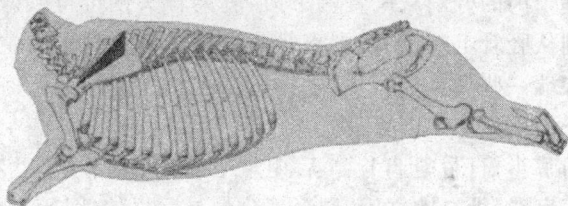

图7-21　辣椒肉

（三）**脖领肉** 沿最后一个颈椎骨切下，为颈部肉，带血脖，将肉剥离，分割剥离脖领肉是整头牛最难之处（图7-22）。

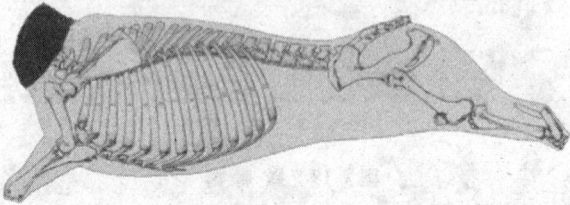

图7-22 脖领肉

脖领肉重量6.2千克/块。

分割后的脖领肉肉块见彩图51。

（四）**腱子肉（牛展）** 腱子肉共4块，分前腱子肉和后腱子肉（图7-23）。

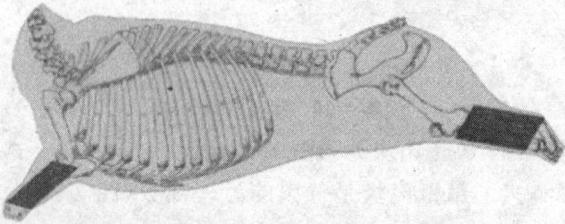

图7-23 腱子肉

前腱子肉的分割从尺骨端下刀，剥离骨头便可得到。后腱子肉的分割从胫骨上端下刀，剥离骨头取得。修整腱子肉主要是割削去掉末端一些污点。

腱子肉重量7.1千克/块。

（五）**后牛腩（后腹肉）** 后躯取下臀肉、大米龙、小米龙、膝圆、腰肉、里脊、外脊肉之后，剩余部分便是后牛腩（图7-24）。

后牛腩重量为11.7千克/块。

分割后的后牛腩肉肉块见彩图52。

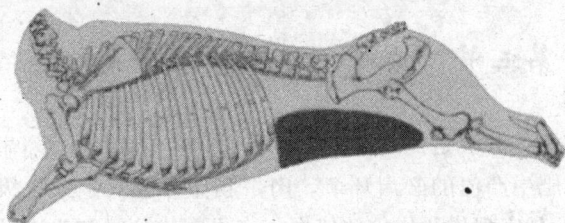

图 7-24　后牛腩肉

（六）前牛腩肉（前腹肉）　前躯肉，在胸腹部。用分割锯沿眼肉分割线把胸骨锯断，由后向前直至第二至第三胸肋处，剥去肋骨、剑状软骨后便是前牛腩（图 7-25）。

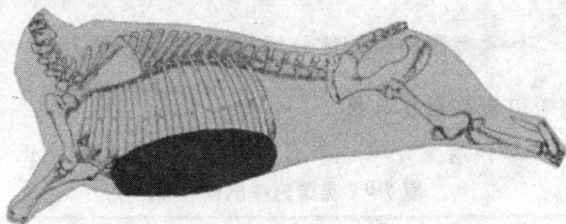

图 7-25　前牛腩肉

前牛腩重量为 12.1 千克/块。

分割后的前牛腩肉肉块见彩图 53

（七）A 腹肉　A 腹肉和无骨腹肉属同一部位肉，质量不如无骨腹肉。

（八）A 肋条肉　肋条肉系指牛肋提肌和肋间内外分割下的条肉块（彩图 51）。

（九）牛筋　各部位筋。

（十）膈膜肌（胸横膈）　打开胸腔即可见到分隔胸腔和腹腔的肌肉带（彩图 54）。

（十一）蝴蝶肉　前腹部肉，分割后肉块形如蝴蝶而得名（彩图55）。

第三节　肉牛胴体分级及牛肉分级

　　肉牛胴体分级是提高肉牛胴体质量非常重要的一步,牛肉分级是提高育肥牛产值的必由环节。肉牛胴体分级及牛肉分级对屠宰企业来讲,是实现优质优价的依据。肉牛胴体分级和牛肉品质分级在牛肉生产较多的国家都有适合本国情况的肉牛胴体、牛肉分级的文件。为了借鉴他人的经验为我国肉牛业应用,以下介绍几个国家的肉牛胴体、牛肉分级概况,也把正在制订中的我国肉牛胴体、牛肉分级的屠宰企业标准介绍于后,期望得到同行们的修改意见。

一、美国肉牛胴体分级、牛肉分级的概况

(一)美国肉牛胴体分级

1. 肉牛胴体质量分级　美国肉牛胴体分级如表7-9。

表7-9　美国肉牛胴体分级

序　号	质量等级(缩写)	得分(高+)	得分(中0)	得分(低-)
1	特级(P)	24	23	22
2	优级(C)	21	20	19
3	精选(SC)	18	17	16
4	标准(ST)	15	14	13
5	商品(CM)	12	11	10
6	实用(U)	9	8	7
7	次级(CU)	6	5	4
8	最次(CA)	3	2	1

2. 肉牛胴体产量分级

(1)第一产量级　胴体体表的脂肪只有在肋部、腰部、臀部、颈

部有很少的覆盖(薄层),在胁部、阴囊处稍有沉积,在大腿内外侧和肩肉上有一层薄脂肪,透过胴体的许多部位的脂肪层能见到肌肉。

胴体重量227千克时,12～13胸肋眼处的脂肪厚为0.76厘米,12～13胸肋眼肌面积为74.2平方厘米,心脏、肾、盆腔脂肪重量占活牛体重的2.5%。

胴体重量363千克时,12～13胸肋眼处的脂肪厚为1.02厘米,12～13胸肋眼肌面积为103.2平方厘米,心脏、肾、盆腔脂肪重量占活牛体重的2.5%

(2)第二产量级　胴体体表几乎完全被脂肪覆盖,大腿内外侧、肩部、颈部的脂肪层里可见到肌肉,腰部、肋部、大腿内侧的脂肪层也较薄,臀部、腹部的脂肪沉积较厚。

胴体重量227千克时,12～13胸肋眼处的脂肪厚为1.27厘米,12～13胸肋眼肌面积为68.4平方厘米,心脏、肾、盆腔脂肪重量占活牛体重的3.5%.

胴体重量363千克时,12～13胸肋眼处的脂肪厚为1.52厘米,12～13胸肋眼肌面积为96.8平方厘米,心脏、肾、盆腔脂肪重量占活牛体重的3.5%

(3)第三产量级　胴体体表完全被脂肪覆盖,颈部、大腿内侧下部脂肪层较薄,透过脂肪层可以看到肌肉,在腰部、肋部、大腿内侧上部覆盖稍厚脂肪,臀部、髋部的脂肪层达中等厚度,胁部、阴囊处脂肪层也稍厚。

胴体重量227千克时,12～13胸肋眼处的脂肪厚为1.78厘米,12～13胸肋眼肌面积为61.3平方厘米,心脏、肾、盆腔脂肪重量占活牛体重的4%。

胴体重量363千克时,12～13胸肋眼处的脂肪厚为2.03厘米,12～13胸肋眼肌面积为90.3平方厘米,心脏、肾、盆腔脂肪重量占活牛体重的4.5%

(4)第四产量级　胴体体表完全被脂肪覆盖,只有大腿内、肋部外侧能见到肌肉,腰部、肋部、大腿内侧的脂肪层中等厚,臀部、髋部、颈部的脂肪层较厚,胁部、阴囊处的脂肪层也较厚。

胴体重量 227 千克时,12～13 胸肋眼处的脂肪厚为 2.54 厘米,12～13 胸肋眼肌面积为 58.1 平方厘米,心脏、肾、盆腔脂肪的重量占活牛体重的 4.5%。

胴体重量 363 千克时,12～13 胸肋眼处的脂肪厚为 2.79 厘米,12～13 胸肋眼肌面积为 87.1 平方厘米,心脏、肾、盆腔脂肪重量占活牛体重的 5%。

(5)第五产量级　胴体体表脂肪层的厚度比第四产量级更厚,胴体体表已经看不到肌肉,12～13 胸肋眼处的脂肪层厚于第四产量级,12～13 胸肋眼肌面积小于第四产量级,心脏、肾、盆腔脂肪的重量大于第四产量级。

肉牛产量分级标准详见表 7-10。

表 7-10 产量分级标准

分级标准	总 观	胴体重（千克）	12～13肋眼处脂肪厚（厘米）	12～13肋眼肌面积（平方厘米）	心脏、肾、盆腔脂肪重占活重比例（%）
第一产量级	体表只有肋部、腰部、臀部、颈部有一薄层脂肪，胁部、阴囊处少有沉积，大腿外侧和肩肉有一薄层脂肪，透过胴体许多部位的脂肪层能见到肌肉	227	0.76	74.2	2.5
		363	1.02	103.2	2.5
第二产量级	体表几乎完全被脂肪覆盖，大腿肉外侧、肩部、颈部的脂肪层可见肌肉，腰部、大腿肉侧的脂肪层较薄、髋部的脂肪沉积较厚	227	1.27	68.4	3.5
		363	1.52	96.8	3.5
第三产量级	体表完全被脂肪覆盖，透过脂肪层可以看到肌肉，颈部、大腿肉侧下部脂肪层较薄，腰部、胁部、大腿肉侧上部覆盖稍厚脂肪；臀部、髋部的脂肪中等厚度、胁部、阴囊处脂肪层稍厚	227	1.78	61.3	4.0
		363	2.03	90.3	4.5
第四产量级	体表完全被脂肪覆盖，只有大腿肉、胁部外侧能见到肌肉，腰部、胁部、大腿肉侧的脂肪层中等厚；臀部、髋部、阴囊处脂肪层稍厚	227	2.54	5b.1	4.5
		363	2.79	87.1	5.0
第五产量级	体表脂肪层比第四产量级更厚，体表看不到肌肉		厚于第四产量级	小于第四产量级	

(二)美国肉牛牛肉分级

1. **牛肉级别**　美国肉牛牛肉品质分级分为 8 个级别(表 7-11)。

表 7-11　牛肉的级别与基本特征

顺序	级别名称	基本特征
A	特(等)级	肉色鲜红,脂肪颜色白,大理石花纹丰富,肉块大
B	优(等)级	肉色鲜红,脂肪颜色白,大理石花纹较丰富,肉块较大
C	良(好)级	肉色较鲜红,脂肪颜色较白,大理石花纹较丰富,肉块较大
D	中(等)级	肉色淡红,脂肪颜色微黄,大理石花纹欠丰富,肉块重量一般
E	可利用级	肉色淡红,脂肪颜色稍黄,大理石花纹欠丰富,肉块重量较小
F	差(等)级	肉色淡红,脂肪颜色黄,大理石花纹欠丰富,肉块重量较小
G	等外级	肉色暗红,脂肪颜色较黄,大理石花纹欠丰富,肉块重量较小
H	劣(等)级	肉色暗红,脂肪颜色黄,大理石花纹欠丰富,肉块重量较小

2. **牛肉品质分级标准的依据**　是牛肉大理石花纹丰富程度和牛的年龄分级。

年龄 9~48 月龄,大理石花纹等级 1~3 级的牛肉定为特级,大理石花纹等级 4~5 级的牛肉定为优级,大理石花纹等级 6 级的牛肉定为良好级,大理石花纹等级 7~9 级的牛肉定为中等级。年龄 49~60 月龄及 60 月龄以上,大理石花纹等级 1~3 级的牛肉定为可用级(虽然大理石花纹等级较高,但是年龄大于 49 月龄,牛肉定级为可用级)。

3. **美国牛肉分割**　美国生产肉牛的历史悠久,生产水平高,牛肉分级严格。牛肉品质等级的分布和牛肉分割见图 7-26,图 7-27,图 7-28。

4. **以性别、年龄、体重为依据的肉牛分级**　见表 7-12。

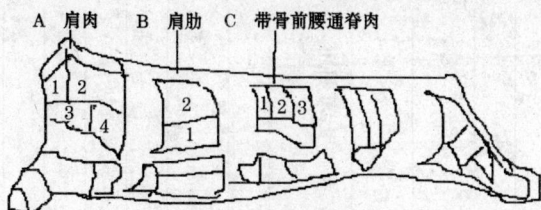

图 7-26　牛肉分割图之一

A　无骨肩部通脊 2　牛肩排 2　炖无骨前肩肉或牛排 3　炸炖牛肉 1　肩部短
肋 3,4　前腿炖肉块或肉排 3　炖用短肋牛肉 4　碎牛肉,牛肉馅 1
B　肋通脊 2　肋大排 2　去骨肋排 2
C　上等通脊大排 1,2,3　T 骨大排 2　餐厅大排 3　上等无骨通脊大排 1,2,3
　　里脊 2,3

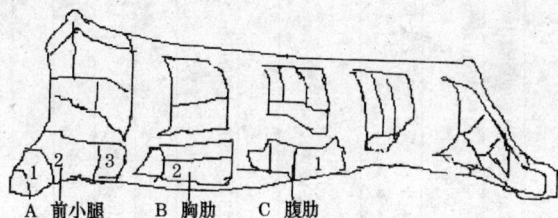

图 7-27　牛肉分割图之二

A　脚圈 1　用炸炖的牛肉 2　鲜牛胸肉 3
B　胸肋骨 1　用于炖的牛肉 2
C　后牛腩,用于炖的牛肉 1,2

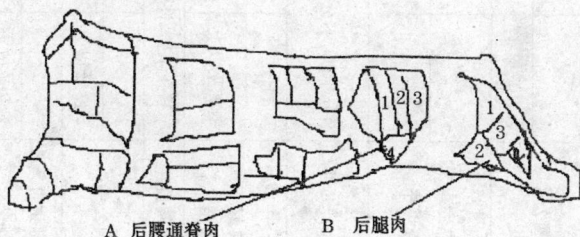

图 7-28　牛肉分割图之三

A　去骨的后腰大排　1　带 T 骨的后腰大排 3　带平骨的后腰大排 2　带坐骨
的后腰大排 1
B　后腿炖肉块或肉排 1,2,3,4

表7-12 分级标准

	性别	年龄	体重（千克）	常用的分级
中等屠宰牛	阉公牛	1岁	轻型340、中等340~430、大型430以上	优等、上等、良好、标准、商业用、可利用、切碎、制罐
		2岁及以上	轻型500、中等500~590、大型600以上	同上
	未生育未去势母牛	1岁	轻型340以下、中等340~430、大型430以上	同上
		2岁及以上	轻型430以下、中等430~475、大型475以上	同上
	经产母牛	不分年龄，不分体重	不分重量	上等、良好、标准、商业用、可利用、切碎、制罐
种用、育肥、架子牛	公牛（上等及良好等级者为肉用牛）	1岁	不分重量	同上
		2岁及以上	轻型590、中等590~680、大型680以上	同上
	大阉公牛	不分年龄，不分体重	不分体重	同上
	阉公牛	1岁	轻型、中等、大型、混合	优等、上等、良好、中等、普通、劣等
		2岁及以上	轻型、中等、大型、混合	同上
	未生育未去势母牛	1岁	轻型、中等、大型、混合	同上
		2岁及以上	轻型、中等、大型、混合	同上
	母牛	不分年龄，不分体重	轻型、中等、大型、混合	不分等级

续表 7-12

	性　别	年　龄	体重（千克）	常用的分级
种用、育肥架子牛	公　牛	不分年龄，不分体重		不分等级
	大阉公牛	不分年龄，不分体重		不分等级
泌乳牛或妊娠牛		不分年龄，不分体重		不分等级
肉用仔牛	不分性别	3个月以内	轻型 50 以下，中等 50~80，大型 80 以上	优等、上等、良好、标准、可利用、淘汰
屠宰仔牛	阉牛、公牛、未生育母牛	3~8个月	轻型 90 以下，中等 90~140，大型 140 以上	优等、上等、良好、标准、可利用、淘汰
种用及架子仔牛	阉牛、公牛、未生育母牛	6~12个月	轻型、中等、大型、混合	优等、上等、良好、普通、劣等

二、欧洲共同体肉牛胴体、牛肉的分级概况

欧洲共同体肉牛胴体的分级规定如下。

第一条

本规定为欧共体称重牛胴体分级标准。

第二条

按照规定,胴体的定义如下。

1. 胴体　胴体系指牛被宰杀后经放血、去内脏、撕皮等工序后的完整躯体,无头、无蹄。头和胴体在沿头——枕骨后端和第一颈椎间分开,前牛蹄在前臂骨和腕骨的腕关节切下,后牛蹄在胫骨和跗骨关节处切下。无胸腔和腹腔内的器官,可带可不带肾、肾脂肪及骨盆脂肪。不带生殖器及相连的肌肉,不带肚皮脂肪也不带乳房脂肪。

2. 二分体　系指将 A 项中的胴体一分为二体,即按照对称经颈椎、脊部、腰部、胸部及腹部连膜的中心线切开即为二分体。

3. 此外,考虑到登记和市场标价的需要,胴体外观不预先去掉表皮脂肪。外观为:

——无肾、无肾内脂肪、无骨盆脂肪。

——无胸膈膜、半胸骨及整胸骨。

——无尾。

——无脊髓。

——无牛腿内面的冠状物。

——无脂肪纹络。

并按兽医的吩咐将牛头切下。

虽然如此,各成员国有权不采用这样的胴体外观而采用别的外观。在此种情况下,外观的改变将遵照欧共体 805/86 号法令中第 27 条之规定办理。

第三条

1. 称重肉牛胴体按下列类别分级　2 岁以下未阉割小公牛的胴体、其他未阉割公牛的胴体、已阉割公牛的胴体、经产母牛的胴体、其他母牛的胴体。

在不损害干预原则的情况下，A，B，C，D，E 5 级分类标准从 1992 年 1 月 1 日开始执行。

胴体分级标准按欧共体 805/68 号法令第 27 条的规定办理。

称重牛胴体分级要依次考虑下列因素：①形态；②育肥程度。

如附件 I 和附件 II 规定的那样。

成员国可使用附件 I 中 S 字母标明的形态级别，也可通过制定高于现有级别（CULON 级）的形态级别，考虑使用个别产品的规格及评估。

如成员国有这一愿望应通知欧共体委员会及其他成员国。

2. 成员国家有权将附件 I 和附件 II 中规定的级别再细分，但细分等级最多 3 等。

第四条

1. 胴体和二分体的分级应在牛被屠宰后尽早在本屠宰厂内进行。

2. 分级后的胴体及二分体应是可跟踪的。

3. 在贴标跟踪之前，成员国家有权将胴体和二分体的表层脂肪去掉，如果脂肪状况证明应该去掉的话。

去除脂肪将按欧共体 805/68 号法令第 27 条之规定办理。

第五条

一个由欧共体委员会的专家及成员国指派的专家组成的欧共体监察委员会负责监察分级的执行情况。该委员会向欧共体委员会报告情况。

欧共体委员会会采取必要的措施使分级统一。

本条的执行按欧共体 805/68 号法令第 27 条之规定办理。

第六条

1981 年 6 月 30 日前,根据欧共体 805/68 号文件第 27 条的精神,将通过关于外形和油脂状况等级的补充规定。

1981 年 12 月 31 日前,(欧共体)委员会将向其理事会递交一份有关各成员国家实施欧共体胴体分级标准,特别是执行规定中第三条第二点第二段的情况报告。

按照委员会的建议,理事会将于 1982 年 12 月 31 日前决定登记(胴体)市场价格的日期,并在欧共体胴体分级标准的基础上实施干预措施。

遵照欧共体及其成员国现有的相关规定和依据本规定的要求今后逐步制订的管理办法,贯彻市场价格登记的同时,注意协调(各成员国)间的价格关系。

第七条

本规定将在 1981~1982 年度的胴体销售活动初生效。每个成员国必须执行本规定的全部条款、要求。

附件Ⅰ 胴体外形

胴体外形,特别是胴体的关键部位(臀部、脊及肩部)的发育状况等级划分见表 7-13。

表 7-13　胴体外形等级及其描述

外形等级	描述
特级(S)	胴体非常丰满,肌肉发育特别好(臀大型)
优等(E)	胴体丰满,肌肉发达
良(U)	胴体总体丰满,肌肉较发达
好(R)	胴体总体呈直线形,肌肉发育良好
较好(O)	肌肉呈直线形,不丰满,发育一般
一般(P)	胴体显瘦,肌肉不发达

附件Ⅱ 胴体表面脂肪覆盖层状况。

胴体表面脂肪覆盖等级及其描述见表 7-14。

表 7-14 脂肪覆盖层等级及其描述

脂肪覆盖层等级	描 述
1 级(无覆盖层)	无脂肪覆盖层或覆盖层很薄
2 级(覆盖层少)	薄覆盖层,几乎所有肌肉可从外面看到
3 级(有覆盖层)	除腿部和背部外,几乎其他部位全被脂肪覆盖,胸腔内脂肪积存量少
4 级(肥)	胴体表面被脂肪覆盖,但腿部和背部的肌肉可见,胸腔内脂肪积存量较多
5 级(很肥)	整个胴体都被脂肪覆盖,胸腔内有大量脂肪

三、日本牛肉的分级概况

(一)胴体分级 胴体分级的等级直接沿用二分体带骨肉的等级,分列为"精选"、"特等"、"上"、"中"及"下"5 个等级(表 7-15)。

表 7-15 日本胴体分级

名 称	精选、特等	上	中	下
颈部肉、前腿	厚而形体好,纹理细、致密性好、肉质及脂肪的色泽均好	形状、肉量肉质总体上均较好	形状、肉量、肉质均无太大的毛病	形状、肉量、肉质均有毛病
肩部肉、后上腰肉	整体较厚,通脊芯粗。通脊芯及周围肌肉的大理石纹状况很好,肌肉间的脂肪适度 皮下脂肪附着均匀前上腰肉,厚度适当 肉的纹理、致密性、色泽好,脂肪的色泽和质量均好	形状、肉量、肉质总体上均较好	形状、肉量、肉质均无太大的毛病	形状、肉量、肉质均有毛病

续表 7-15

名　称	精选、特等	上	中	下
胸部肉、腹部肉	整体较厚，皮下脂肪和肌肉间脂肪适度。瘦肉层大理石纹状况很好，肉的色泽、纹理和致密性好，脂肪的色泽、质量好	形状、肉量、肉质总体上均较好	形状、肉量、肉质均无太大的毛病	形状、肉量、肉质均有毛病
里　脊	厚而形状好，肉的色泽、纹理致密性好，大理石纹状况很好，脂肪的色泽和质量均好	形状、肉量、肉质总体上均较好	形状、肉量、肉质均无太大的毛病	形状、肉量、肉质均有毛病
后腿内侧肉股内肌、短腰肉、后腿外侧肉	宽、厚而丰满，皮下脂肪适度、均匀，瘦肉层大理石纹状况很好，肉的色泽、纹理、致密性好，脂肪的色泽和质量均好	形状、肉量、肉质总体上均较好	形状、肉量、肉质均无太大的毛病	形状、肉量、肉质均有毛病
花腱（包括前花腱、后花腱、腓腹肌）	厚而形状好，肉的色泽及纹理、致密性均好	形状、肉量、肉质总体上均较好	形状、肉量、肉质均无太大的毛病	形状、肉量、肉质均有毛病

说明：与以上等级不相符的为等外品

二分体带骨牛胴体标准。二分体带骨牛肉分割见图 7-29。

1. 重量　半片胴体最小重量见表 7-16。

表 7-16　半片胴体最小重量

级　别	重量（千克）	级　别	重量（千克）
精选级	130	中　级	120
特等级	130	下　级	100
上　级	120	等外级	半片胴体重量特别小

2. 外观　牛胴体外观项目中包括匀称情况、瘦肉发达程度、脂肪厚度、处理情况四部分内容。

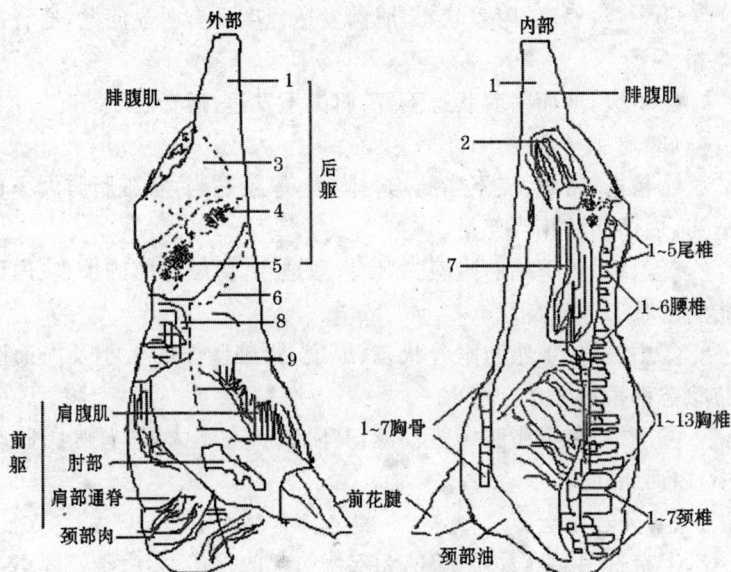

图 7-29　日本牛肉分割图

1. 牛腱子　2. 膝圆　3. 烩扒　4. 腰肉　5. 外脊

6. 后牛腩　7. 腹脂　8. 眼肉　9. 胸膈

（1）匀称情况

①精选、特级：宽而厚，长度适当，整体形状好，前后躯比例匀称。

②上级：长宽厚度大体较好，整体形状无大问题，前后躯比例大体匀称。

③中级：长宽厚度、整体形状、前后躯的比例及匀称度都一般。

④下级：整体形状较差，前后躯的比例不够匀称。

（2）瘦肉发达程度

①精选、特级：厚而均匀附着（特别是肩、背、腰、腿），肌肉相当发达，通脊芯粗壮。

②上级：厚而较均匀附着，肌肉发达，通脊芯较粗壮。

③中级:厚度、附着状态、肌肉发达程度没有明显问题,通脊芯略粗。

④下级:薄而附着状态不好,肌肉不发达,通脊芯小。

(3)脂肪厚度

①精选、特级:皮下脂肪均匀附着,厚度适当,肾脏脂肪大小也适当,内面脂肪相当充足。

②上级:皮下脂肪附着、厚度大致适当,肾脏脂肪的大小、内面脂肪的状态大致良好。

③中级:皮下脂肪附着状态、厚度,肾脏脂肪的大小及内面脂肪状态都很一般。

④下级:皮下脂肪一般较薄,其附着状态不太好,肾脏脂肪较小,内面脂肪少。

(4)处理情况

①精选、特级:放血充分,无疾病引起的损伤,无由于处理不当而引起的污染、损伤。

②上级:放血充分,无疾病引起的损伤,几乎没有因处理不当而引起的污染、损伤。

③中级:放血好,由疾病引起的损伤不多,没有大的由于处理不当而引起的污染、损伤。

④下级:放血不太充分,多点有被损伤和污染的现象。

⑤等外级:外观非常差,有异臭异味,明显受到污染,卫检通过率小。

3.肉质　牛肉肉质包括瘦肉层大理石花纹状况、色泽、纹理及致密性、脂肪的质量和色泽等内容。

(1)瘦肉层大理石花纹状况

①精选、特级:通脊芯及周围肌肉的大理石花纹状细而充分,肌肉之间的脂肪适度,整个肉片的肌肉露出面的大理石花纹状好,精选级的大理石花纹状特别好。

②上级：通脊芯及周围肌肉的大理石花纹状况大致良好，肌肉之间的脂肪稍微偏厚或偏薄，整个肉片的肌肉露出面的大理石花纹状况大致良好。

③中级：通脊芯及周围肌肉的大理石花纹状少，肌肉之间的脂肪稍微偏厚或偏薄，整个肉片的肌肉露出面的大理石花纹状少。

④下级：通脊芯及周围肌肉几乎没有大理石花纹存在，肌肉之间脂肪少，整个肉片的肌肉露出面几乎看不到大理石花纹状况。

（2）色　泽

①精选、特级：肉呈鲜红色或接近鲜红色，由于既不偏浓，也不偏淡，所以光泽良好。

②上级：肉色及光泽大致良好。

③中级：肉色及光泽均一般。

④下级：肉色相当浓或相当淡，光泽不好。

（3）纹理及致密性

①精选、特级：纹理细，致密性好。

②上级：纹理、致密性大致良好。

③中级：纹理、致密性均一般。

④下级：纹理略粗，致密性不好。

（4）脂肪的光泽及质量

①精选、特级：硬而有黏性，呈白色或奶油色，光泽充分。

②上级：硬而有黏性，略带黄色，有相当光泽。

③中级：不特别软，黏度一般，颜色为黄色，有光泽。

④下级：软而无黏性，颜色很黄，没有光泽。

⑤等外级：有异臭异味，明显受到污染。

（二）牛肉分级　日本牛肉的分级标准是根据肌肉的大理石花纹状、肉的色泽、肉内结缔组织、脂肪的颜色和品质4个方面综合评定的，分为三大级，即A级、B级、C级，每一大级又分为5小级，共15个级别（表7-17）。

表 7-17　日本牛肉分级

级　别	1	2	3	4	5
A　级	A1	A2	A3	A4	A5
B　级	B1	B2	B3	B4	B5
C　级	C1	C2	C3	C4	C5

说明：A5 级最优，C1 级最差，B5 级不如 A1 级，C5 级不如 B1级。

四、正在制订中的我国牛肉分级标准

1. 主题内容

本分级标准制定方案规定了肉牛屠宰企业的活牛、牛胴体、牛肉名称的术语；牛胴体重量质量和牛肉质量分级方案、评定测定方法、分级规则。

2. 适用范围

本分级标准制定方案适用于企业级肉牛屠宰的活牛、屠宰加工、牛肉购销及加工各领域。

3. 引用的标准

下列文件中的条款通过了本标准的引用而成为本标准的条款。凡是注日期的引用文件，其随后所有的修改单（不包括勘误的内容）或修订版均不适用于本标准。然而，鼓励根据本标准达成协议的各方研究是否可使用这些文件的最新版本。凡是不注日期的引用文件，其最新版本适用于本标准。

3.1 GB/T 9960—88　鲜冻四分体带骨牛肉

3.2 GB/T 17238—1998　鲜冻分割牛肉

3.3 GB/T 17237—1998　畜禽屠宰通用技术条件

3.4 GB 12694—90　肉类加工厂卫生规范

3.5 GB 2708—94　牛肉、羊肉、兔肉卫生标准

3.6 GB 7718—94　食品标签通用标准

3.7 GB 9681—88　食品包装用聚氯乙烯成型品卫生标准

3.8 GB 9687—88　食品包装用聚乙烯成型品卫生标准

3.9 GB 9688—88　食品包装用聚氯丙烯成型品卫生标准

3.10 GB 9689—88　食品包装用聚氯苯乙烯成型品卫生标准

3.11 GB/T 4456—1996　包装用聚氯乙烯吹塑薄膜

3.12 GB/T 6388—86　运输包装收发货标志

3.13 GB/T 6453—1986　瓦楞纸箱

3.14 部分屠宰企业牛胴体、牛肉分级标准

4. 本标准术语和内容

4.1 屠宰牛:屠宰牛系指来自非疫区、持有产地兽医单位(县级)检疫证明为健康牛,并经屠宰前卫生检查合格、停食 24 小时、停水 8 小时,符合企业屠宰标准的育肥牛。

4.2 屠宰

4.2.1 击晕:在眼睛与对侧牛角两条连线的交叉点处将牛电麻或击晕。

4.2.2 放血:吊挂待宰牛,在颈下缘咽喉部切开放血(俗称"大抹脖")。

4:2.3 去头:在枕骨和第一颈椎间垂直切过颈部肉将头去掉。

4.2.4 割前蹄:由前臂骨和腕骨间的腕关节处切断。

4.2.5 割后蹄:由胫骨和跗骨间的跗关节处切断。

4.2.6 去尾:在荐椎与尾椎连接处去掉尾。

4.2.7 剥皮:采用吊挂剥皮,先手工预剥,然后机器剥皮。

4.2.8 内脏剥离:沿腹侧正中线切开腹腔,纵向锯断胸骨和盆腔骨,切除肛门和外阴部,割开横膈膜,去除全部内脏(包括消化道、呼吸器官、心脏、肝脏、脾脏和泌尿及生殖器官)及其附属脂肪。

4.2.9 胴体劈半:沿脊椎骨中央分割为左右各半片胴体。无电锯时,可沿椎体左侧骨端由前向后劈开,分软、硬两半(左侧为软

半,右侧为硬半)。

4.3 牛胴体:牛胴体系指牛被宰杀后经放血、除去皮、头(头和胴体在沿头骨后端和第一颈椎间分开)、四肢(前牛蹄在前臂骨和腕骨的腕关节切下,后牛蹄在胫骨和跗骨关节处切下)、尾、内脏(无胸腔和腹腔内的器官)、乳房、生殖器官及其周围脂肪,皮下脂肪或肌膜保持完整,修割整齐,冲洗干净,无残留片皮、浮毛、凝血块,宰后卫生检验合格。

4.4 二分体:系指将牛胴体一分为二为二分体,即按照对称用电锯经颈椎、脊部、腰部、胸部及腹膜中心线切开即为二分体。

4.5 胴体称重:分别称量二分体,入数据处理器。

4.6 胴体冲洗:用室温水冲洗二分体。

4.7 胴体成熟:系指二分体挂放在排酸间内(温度为 0℃～4℃,相对湿度>85%)成熟时间为 7 天。

4.8 牛肉二次成熟:系指胴体成熟 7 天的分割肉块再放在排酸间内成熟(温度为 0℃～4℃,相对湿度>85%),时间 5 天。

4.9 四分体:系指二分体沿 12 与 13 胸椎切开即为四分体。

4.10 分割牛肉:系指从牛胴体上按规格要求分割下的去骨或带骨的各部位肉块(修整牛肉块时持刀应平直,保持肉膜、肉块完整。肉块上不得带刀伤斑、血点、血污、浮毛、碎骨、软骨、脓泡、病变淋巴结及其他杂质)。

分割牛肉名称:

4.10.1 里脊(牛柳、菲力、腓力)

里脊系指从腰内侧分割下的带里脊头的完整肉块(腰小肌,彩图 36)。

4.10.2 外脊(西冷、纽约克、后腰通脊肉)

外脊系指从 12 与 13 胸椎至最后腰椎,沿腰椎背侧分割下的肉块(背最长肌,彩图 26)。

4.10.3 上脑

上脑系指从2～6胸椎背侧分割下的肉块(彩图27)。

4.10.4 眼肉(沙郎、肋眼肉)。

眼肉系指从7～12胸椎背侧分割下的肉块(彩图28)。

4.10.5 带骨腹肉(带盖)

带骨腹肉系指2～6胸部肋骨处带肋骨肉(彩图30)。

4.10.6 带骨腹肉(去盖)

带骨腹肉系指2～6胸部肋骨处带肋骨肉,修去背面(紧靠皮下)脂肪层。

4.10.7 无骨腹肉

无骨腹肉系指2～6胸部肋骨处不带肋骨·肉(彩图31)。

4.10.8 牛仔骨(牛小排)

牛仔骨系指7～9胸部肋骨处分割下的带肋骨肉(彩图29)。

4.10.9 S腹肉

S腹肉系指2～6胸部肋骨处,取出胸肋骨之后,下面露出的一块形如扇形的肉块(彩图32)。

4.10.10 带脂三角肉

带脂三角肉系指烩扒(大米龙)下端分切的肉块(彩图33)。

4.10.11 牛胸(胸叉肉)

牛胸肉系指牛胸骨、软骨、剑骨和胸部分割下的肉块(彩图34)。

4.10.12 S特外脊(撒拉伯尔)

S特外脊系指2～13胸椎背侧分割下的肉块(眼肉＋上脑＝S特外脊,彩图35)。

4.10.13 牛肩峰

牛肩峰系指牛鬐甲部位、靠近上脑(故分割上脑后可得此肉块)之肉块(彩图37)。

4.10.14 T骨扒

T骨扒系指在不分割里脊、外脊的前提条件下,以1～4荐椎骨为基础,横切荐椎骨和棘突分割下的肉块(彩图 38)。

4.10.15 通脊

通脊系指 2~13 胸椎和腰椎背侧分割下的肉块(眼肉＋上脑＋外脊＝通脊)。

4.10.16 臀肉(尾龙扒)

尾龙扒系指臀肉,剥离大米龙、小米龙以后,便可见到一大块肉,随着肉块自然走向剥离,便可得到臀肉(彩图 43)。

4.10.17 小米龙(烩扒、黄瓜条、鲤鱼贯)

牛臀部肉块,半腱肌,非常容易剥离。

4.10.18 大米龙(针扒)

牛臀部肉块 股二头肌,长方形肉块。

4.10.19 烩扒(大小米龙)

烩扒系指牛半腱肌和股二头肌肉块,后臀部肉块,剥掉牛皮后在后臀部暴露最清楚的便是大米龙和小米龙,顺肉块自然走向剥离,四方形块状。也有把大小米龙合在一起称烩扒(彩图 44)。

4.10.20 腰肉(尾龙扒)

腰肉也称尾龙扒,在后臀部取出大米龙、小米龙、臀肉、膝圆肉以后,剩下的一块肉便是腰肉(彩图 45)。

4.10.21 霖肉(和尚头、膝圆肉、牛林)

霖肉系指牛股四头肌肉块(彩图 46)。

4.10.22 嫩肩肉

嫩肩肉系指背最长肌的最前端,横切后的嫩肩肉(彩图 47)。

4.10.23 臂肉

臂肉系指前腿肉,围绕肩胛骨分割,可得长方形肉块(彩图 48)。

4.10.24 肩肉(板腱)

肩肉系指牛肩部臂肉中的另一部分(以肩胛骨的骨突为分界线,较大的肉块便是(日本称卡鲁比肉,彩图 49)。

4.10.25 辣椒肉

辣椒肉系指牛肩部臂肉中的一部分,以肩胛骨的骨突为分界线,较小的肉块便是(彩图 50)。

4.10.26　后腱子肉(后牛展)

后腱子肉系指牛后膝关节至跟腱处分割下的肉块。

4.10.27　前腱子肉(前牛展)

前腱子肉系指牛前腿肘关节至腕关节处分割下的肉块。

4.10.28　脖肉(脖领肉)

脖肉系指第一至最后颈椎两侧分割的肉块(彩图 51)。

4.10.29　A 腹肉

A 腹肉和无骨腹肉属同一部位肉,质量不如无骨腹肉。

4.10.30　肋条肉

肋条肉系指牛肋提肌和肋间内外分割下的肉块。

4.10.31　筋

背肩部筋。

4.10.32　1 号肥牛

1 号肥牛系指 10～12 胸部肋骨处去肋骨肉(彩图 39)。

4.10.33　2 号肥牛

2 号肥牛系指质量较差的上脑、眼肉及前、后躯肥瘦肉搭配组成的肉块(彩图 40)。

4.10.34　3 号肥牛

3 号肥牛系指质量一般的前、后躯肥瘦肉搭配组成的肉块(彩图 41)。

4.10.35　4 号肥牛

4 号肥牛系指质量较差的前、后躯肥瘦肉搭配组成的肉块(彩图 42)。

4.10.36　膈肌(膈膜肌)

胸腹腔分隔处的肌肉(彩图 54)。

4.10.37　前、后牛腩

前牛腩在 9～12 胸肋,靠近脊椎骨处,长 30～32 厘米,宽 30 厘米,方形肉块(彩图 53);后牛腩在 13 胸肋至腰椎,靠近脊椎骨处(彩图 52)。

4.10.38 精牛前

精牛前系指不带肥肉、筋、腱的脖肉。

4.10.39 枇杷肉

枇杷肉系指腹部(牛腩肉)肉剥离脂肪后的成片瘦肉(彩图 56)。

4.10.40 蝴蝶肉

在前牛腩中部,分离后形如蝴蝶而称之(彩图 55)。

4.10.41 皮下脂肪

皮下脂肪系指去皮后附着在胴体表面的油脂。

4.10.42 脂肪

脂肪系指附着在肉块上和肉块间的油脂。

4.10.43 腹部肉

腹部肉系指由 13 胸肋骨断面向前向后分割的肉块。

(牛肉分割、加工间温度为 9℃～11℃,分割冷却肉中心温度在 24 小时内下降至 −1℃～7℃,分割冻牛肉中心温度应在 24 小时内下降至 −18℃ 以下)。

4.11 牛肉冻结条件

分割修整的牛肉为延长使用时间,需要冻结保存,冻结条件是

4.11.1 环境温度:−35℃。

4.11.2 环境湿度:85%～90%。

4.11.3 冻结时间:18～24 小时。

4.11.4 牛肉块中心温度:−18℃。

4.12 冷鲜牛肉条件

4.12.1 检疫合格的牛胴体。

4.12.2 24 小时内牛肉中心温度 0℃～4℃。

4.12.3 环境温度:加工、流通、销售中牛肉中心温度 0℃～7℃。

4.12.4 牛肉贮存条件:0℃～4℃。

4.12.5 牛肉货架期:20～40 天。

4.12.6 牛肉色泽:鲜红(樱桃红)。

4.12.7 牛肉理化和卫生指标

4.12.7.1 TVB－N≤20 毫克/100 克。

4.12.7.2 TBA≤0.5 毫克/100 克。

4.12.7.3 细菌总数≤5×105 菌群/克。

4.13 主要指标的计算公式

屠宰率按式(1)进行计算

屠宰率(%)＝(胴体重÷宰前活重)×100 ……………………(1)

4.14 主要产肉指标的计算公式

净肉率、胴体产肉率、肉骨比分别按式(2)、式(3)、式(4)进行计算

净肉率(%)＝净肉重量÷宰前活牛重量×100 …………(2)

胴体产肉率(%)＝净肉重量÷胴体重量×100 …………(3)

肉骨比＝净肉重量∶骨重量……………………………(4)

5. 评定分级方案指标

5.1 屠宰前体重

屠宰前体重系指屠宰前停饲 24 小时、停水 8 小时的活牛重量。

5.2 屠宰前活牛膘情

屠宰前活牛膘情系指活牛躯体各部位肌肉发育与脂肪沉积状况的外部表现。

5.3 屠宰前活牛等级

屠宰前活牛等级系指活牛膘情、体重、体躯结构、皮毛综合确定的等级。本标准分为 4 个级别。

5.4 胴体分级标准方案

胴体重系指牛屠宰后去头蹄、皮、内脏、劈半、修整后称量的重量。本标准分为 5 个级别。

5.4.1 胴体重(产)量级　见表7-18。

表 7-18　胴体重(产)量分级标准　（单位：千克）

月　龄	特　级	一　级	二　级	三　级	等　外
未换牙	315	265	215	165	<165
1 对牙	345	295	245	195	<195
2 对牙	380	330	280	230	<230
3 对牙	—	380	330	280	<230
4 对牙及以上	—	—	380	330	<280

　　每个年龄档次,胴体重(产)量相差≤50 千克,得分±0.2 分。胴体计分见表7-19。

表 7-19　胴体计分

月　龄	特　级	一　级	二　级	三　级	等　外
未换牙	2.2	2.0	1.8	1.6	1.2
1 对牙	2.1	1.9	1.7	1.5	1.1
2 对牙	2.0	1.8	1.5	1.3	1.0
3 对牙	—	1.6	1.4	1.2	0.9
4 对牙及以上	—	—	1.2	1.1	0.9

5.4.2 胴体质量级

5.4.2.1 胴体体表脂肪覆盖率(%)

　　胴体体表脂肪覆盖率系指去皮后胴体表面脂肪覆盖程度(状态)。本标准分为 5 个级别(表 7-20)。

表 7-20　胴体体表脂肪覆盖率　（%）

覆盖率(%)	100	90.1~99.9	80	70	70 以下
评　分	3.0	2.9	2.8	2.7	2.6

5.4.2.2 胴体脂肪颜色

胴体脂肪颜色系指胴体表面脂肪颜色。本标准分为 3 个级别（表 7-21）。

表 7-21　胴体脂肪颜色评级

颜　色	洁　白	微　黄	黄
评　分	0.5	0.4	0.2

5.4.2.3 胴体脂肪厚度

胴体脂肪厚度系指 12～13 胸肋处背部脂肪厚度。本标准分为 4 个级别（表 7-22）。

表 7-22　胴体脂肪厚分级

厚度（毫米）	≤10	≥11≤15	≥16≤20	≥21
评　分	2.0	2.2	1.8	1.4

5.4.2.4 胴体脂肪硬度

胴体脂肪硬度系指脂肪在外力作用下的表现状态。本标准分为 4 个级别（表 7-23）。

表 7-23　胴体脂肪硬度分级

硬　度	硬坚挺	稍　硬	稍　软	软
评　分	0.5	0.4	0.3	0.2

5.4.2.5 肉牛胴体分级综合评分

肉牛胴体分级综合评分系指胴体重量、胴体脂肪覆盖率、胴体脂肪厚度、胴体脂肪颜色、胴体脂肪硬度各部得分的总和。本标准分为 6 个级别（表 7-24）。

表 7-24　肉牛胴体分级综合评分

胴体重量	分
胴体脂肪覆盖率	分
胴体脂肪厚度	分
胴体脂肪颜色	分
胴体脂肪硬度	分

特　级	一　级	二　级	三　级	四　级	等　外
6	5.5	5.0	4.5	4.0	<4

5.5 牛肉分级方案指标

5.5.1. 牛肉肉块重(产)量分级方案指标

牛肉肉块重(产)量系指肉块分割、修整后的重量。本标准部分肉块为 4 个级别，部分肉块为 2 个级别(表 7-25)。

表 7-25　牛肉肉块重(产)量分级标准

肉块名称	S级(千克/块)	1级(千克/块)	2级(千克/块)	3级(千克/块)
牛柳(里脊)	≥1.9	≥1.6<1.9	≥1.3<1.6	<1.3
西冷(外脊)	≥6.0	≥5.0	≥4.0	≥3.5
眼　肉	≥5.0	≥4.5	—	—
上　脑	≥4.5	≥4.0	—	—
S 特外(撒拉伯尔)	≥12.0	≥11.0	—	—
针扒(大米龙)	≥7.0	≥6.5	—	—
尾龙扒(腰肉)	≥4.2	≥3.7	—	—
烩扒(米龙)	≥4.2	≥3.7	—	—
霖肉(和尚头、仔盖)	≥5.0	≥4.5	—	—

5.5.2 牛肉质量级分级方案指标

5.5.2.1 牛肉嫩度

牛肉嫩度系指切断肌肉纤维使用的力值(用剪切值表示,剪切值越大,嫩度越差;剪切值越小,嫩度越好)。本标准部分为5个级别(表7-26)。

表7-26　牛肉剪切值分级

月　龄	未换牙	1 对牙	2 对牙		3 对牙		4 对及以上
剪切值(千克)	<3.59	3.60	3.61	4.80	4.81	5.40	>5.41
评　分	1.7	1.5	1.6	1.4	1.3	1.2	1.1

5.5.2.2 大理石花纹等级

大理石花纹等级系指牛胴体12~13胸肋横切断后,背最长肌断面大理石花纹状态与标准图版比较确定的等级。本标准分为6级,即1级、2级、3级、4级、5级、6级,其中6级最差(表7-27)。

表7-27　大理石花纹等级

月　龄	30 以下			31~48			49~60			61 以上	
大理石花纹等级	1级	2级	3级	2级	3级	4级	3级	4级	5级	5级	6级
评　分	2.0	1.9	1.8	1.8	1.7	1.6	1.6	1.5	1.4	1.3	1.2

大理石花纹等级标准图板,参见彩图56~62。

5.5.2.3 牛肉色泽

牛肉色泽系指牛胴体12~13胸肋横切断后静置30分钟,背最长肌断面肉色与标准图版比较确定的等级。本标准分为4级,即鲜红色、红色、淡红色、过浓过淡色,鲜红色最好(表7-28)。

表 7-28　牛肉色泽分级

月　龄	色　泽	评　分
30 以下	鲜　红	1.0
	淡　红	0.9
31～48	鲜　红	0.8
	淡　红	0.7
49～60	淡　红	0.7
	红或淡	0.6
60 以上	过浓过淡	0.5

色泽分级标准图板,参见彩图 63。

5.5.2.4 牛肉滴水保水力(%)

滴水保水力系指肉块不受任何外力只受重力作用下液体的保持能力。本标准分为 4 级(表 7-29)。

表 7-29　牛肉滴水保水力分级　(%)

滴水保水(%)	≥92	≤91.9≥90.0	≤89.9≥85.0	≤84.9≥80.0
评　分	0.4	0.3	0.2	0.1

5.5.2.5 牛肉弹性

牛肉弹性系指牛肉在解除外力后恢复原来状态需要的时间。本标准分为 4 级(表 7-30)。

表 7-30　牛肉弹性分级

弹　性	很　好	稍　好	好	差
评　分	0.4	0.3	0.2	0.1

5.5.2.6 牛肉切面致密性

牛肉切面致密性系指牛胴体第十二至第十三胸肋横切断面显

示的肌束排列松紧程度及纹理清晰度。本标准分为 3 级(表 7-31)。

表 7-31　牛肉切面致密性分级

致密性	致　密	一　般	差
评　分	0.5	0.3	0.1

5.5.2.7 牛肉分级标准综合评分

牛肉分级标准综合评分系指牛肉剪切值、牛肉大理石花纹、牛肉色泽、牛肉滴水保水力、牛肉弹性、牛肉切面致密性各得分值的总和。本标准分为 6 级(表 7-32)。

表 7-32　牛肉分级标准综合评分分级

牛肉剪切值	分				
牛肉大理石花纹	分				
牛肉色泽	分				
牛肉滴水保水力	分				
牛肉弹性	分				
牛肉切面致密性	分				
特　级	一　级	二　级	三　级	四　级	等　外
6.0	5.5～5.9	5.0～5.49	4.5～4.99	4.0～4.49	<4.0

6. 标准等级评定方法

6.1 活牛标准等级评定方法

活牛标准等级分为 4 级,即特级、一级、二级、三级。

6.1.1 特级牛:屠宰前活重 550 千克以上;外貌丰满,皮毛光顺;躯体结构匀称,符合品种特点;背部平宽,臀部方圆,尾根两侧隆起明显,两臀端下方平坦无沟;前胸开张,胸突丰满圆大。

6.1.2 一级牛:屠宰前活重 500 千克以上;外貌较丰满,皮毛光顺;躯体结构匀称,符合品种特点;背部平宽,臀部较方圆,尾根两侧隆起较明显,两臀端下方较平坦;前胸较开张,胸突较丰满圆大。

6.1.3 二级牛:屠宰前活重 450 千克以上;外貌尚丰满,皮毛光顺;躯体结构较匀称,符合品种特点;背部平直,尾根两侧隆起;前胸稍开张,胸突稍丰满圆大;全身肌肉发育尚可。

6.1.4 三级牛:屠宰前活重 400 千克以上;外貌尚丰满,皮毛尚光顺;躯体结构尚匀称,符合品种特点;背部平直,尾根两侧隆起差;前胸开张差,胸突丰满度差;全身肌肉发育差。

6.2 胴体标准等级评定方法　见表 7-33。

表 7-33　胴体标准等级及其描述

外形等级	描　述
特　级	胴体非常丰满,肌肉发育特别好,胴体内侧胸膈膜及盆腔覆盖脂肪较厚,脂肪洁白,胴体整齐
一　级	胴体丰满,肌肉发达,胴体内侧胸膈膜及盆腔覆盖有脂肪,脂肪洁白或乳白色,胴体整齐
二　级	胴体总体丰满,肌肉较发达,胴体内侧胸膈膜及盆腔覆盖较少脂肪,脂肪微黄
三　级	胴体总体呈直线形,肌肉发育良好,胴体内侧胸膈膜及盆腔覆盖很少脂肪,脂肪微黄
四　级	肌肉呈直线形,不丰满,发育一般,胴体内侧胸膈膜及盆腔无覆盖脂肪,脂肪较黄
五　级	胴体显瘦,肌肉不发达,脂肪黄色

6.3 牛肉标准等级评定方法　见图 7-30。

7. 标志,包装,运输,贮存

7.1 标志

牛肉等级		大理石花纹等级					
		1级	2级	3级	4级	5级	6级
年龄	<30	别　S					
(月)	<48			X			B
	<60			C			

图 7-30　牛肉标准等级图

7.1.1 内包装标志应符合 GB 7718 的规定,外包装标志应符合 GB/T 6388 的规定。

7.1.2 按伊斯兰教规屠宰、加工的分割牛肉,在外包装应有伊斯兰标志。

7.2 包装

7.2.1 内包装材料应符合(GB/T 4456、GB 9681、GB 9687、GB 9788、GB 9689)规定。

7.2.2 外包装材料应符合 GB/T 6543－1986 的规定,包装箱完整、牢固,底部应封结实,箱外用透明胶带严封牢固。

7.2.3 大包装、小包装

7.2.3.1 大包装

7.2.3.1.1 不定量大包装:将多块肉块整齐放入塑料薄膜袋(复合),再装入包装箱。

7.2.3.1.2 定量大包装:将多块肉块定量整齐放入塑料薄膜袋,再装入包装箱(允许有小块补秤肉)。

7.2.3.2 小包装

7.2.3.2.1 不定量小包装:将多块肉块整齐放入塑料薄膜袋,再装入包装箱。

7.2.3.2.2 定量小包装:将多块肉块(肉片)定量整齐放入塑料薄膜袋,再装入包装箱(允许有小块补秤肉)。

7.3 运输

用于运输牛肉的冷藏车辆或保温车辆(船)应符合 GB/T 6388－86 规定。

7.4 贮存

7.4.1 冷却分割牛肉贮存的环境温度为 0℃～4℃,环境湿度为 85%～90%。

7.4.2 分割牛肉冷藏的环境温度为－25℃,环境湿度应大于90%,冷藏库每 24 小时升、降温幅度不得超过 1℃。

7.4.3 符合上述条件,牛肉的保质期为 12 个月。

五、肉牛胴体、牛肉分级标准对养牛者、屠宰户的启示作用

第一,肉牛胴体、牛肉分级标准的依据是育肥结束后牛的年龄,胴体重量,脂肪颜色、硬度、沉积量的多少(厚薄、大理石花纹丰富程度)。

牛的年龄在肉牛胴体、牛肉分级标准中占有重要的地位。因此,在选择育肥牛时首先要看牛的年龄,育肥结束时牛的年龄应在 30 月龄以内,才能获得高等级胴体和高价牛肉。

牛的胴体重在肉牛胴体、牛肉分级标准中也占有重要的地位,育肥结束时小体重牛不可能获得高等级胴体和高价牛肉。

脂肪颜色在肉牛胴体、牛肉分级标准中占有极重要的地位,白色脂肪能获得高等级胴体和高价牛肉。因此,在生产过程中要采取避免脂肪变黄的技术措施。

脂肪硬度对牛肉等级高低的影响程度也很大,在育肥过程中(饲料配方设计、饲料喂量等)避免饲喂引起脂肪变软的饲料。

胴体体表脂肪厚度在肉牛胴体、牛肉分级标准中的地位不可忽视,日本标准和欧洲共同体标准有巨大的差别,要有针对性的组织生产,才能得到较高的利润。

大理石花纹丰富程度是各个标准共同要求的,因此在组织育肥牛的生产过程中的技术措施应尽量促进牛肉的大理石花纹的形成,只有丰富的大理石花纹的牛肉才能获得高等级胴体和高价牛肉。

　　第二,不同消费群体(市场)对牛肉品质(大理石花纹丰富程度)的要求不一样,制订的牛胴体、牛肉分级标准也有较大差别。因此,有针对性地生产符合消费者要求的牛肉才能得到更多的养牛利润。比如欧洲共同体牛肉市场,以嫩度、少脂肪、色泽鲜红为特点;以美国为代表的烤牛扒牛肉市场,要求适度脂肪、牛肉鲜嫩、色泽鲜红为特点;日本国的牛肉消费市场,较多脂肪的牛肉卖价高。在我国国内的日韩烧烤牛肉消费,不仅要求有较明显的脂肪含量,并且有具体的厚度要求,如达不到要求的厚度,或者不被接纳,或者牛肉价格很低。

　　第三,牛肉价值的体现(销售价格)是分等级的,优质牛肉有较高的价位,低质牛肉价位较低。因此,只有生产优质牛肉才能提高牛的价值。

　　第四,规范化生产。通过育肥牛的规范化生产(饲养制度、管理制度、收购架子牛、肥育牛出售、肉牛运输、牛场消毒、牛场环境保护等)达到提高生产效率。

　　养牛户养好牛,屠宰加工户用较合理的收购价格能获得优质牛,这样才能实现饲养、加工双赢的目的。

第八章　牛肉及副产品冷藏工艺

第一节　牛肉产品冷藏工艺

一、牛肉冷藏的目的

（一）保持牛肉清洁卫生　绝大部分微生物在环境温度较高时生活力强、繁殖力旺盛，而在低温时被抑制甚至冻死。因此，牛肉在低温状态时不仅不易腐败变质，而且也不易被微生物侵袭，从而保持了牛肉的清洁卫生。

（二）延长牛肉食用期　鲜牛肉的食用期一般为 2～3 天，冰鲜（冷鲜）牛肉的食用期一般为 7 天左右，而低温保存的冷冻牛肉的食用期一般为 150～180 天，甚至更长。

（三）延长牛肉的销售期　牛胴体分割（切）为肉块后，不可能全部立即销售终结，为了延长牛肉的销售期，把牛肉冻结、冷藏后再销售是较好的措施。

二、牛肉的冷藏方法

要获得较为理想的冷藏牛肉，应充分满足牛肉冻结间的环境条件（冷冻温度、冷冻时间、卫生条件）和冷藏间的环境条件（冷藏温度、卫生条件）。

（一）牛肉冻结

1. 牛肉冻结间的基本条件

(1)冻结间的温度　$-35℃～-42℃$。

(2)冻结时间　持续均衡降温 16～24 小时。

(3)冷冻牛肉的操作工艺

分割包装牛肉→冷冻盒→冻结间(库)→持续均衡降温16～24小时(牛肉中心温度－18℃～－19℃)→出冻结间(库)→更换包装→贮藏→待售

(4)冷冻间的货架　利用钢管当货架,或用冷冻小车。

(5)冷冻间空气净化　定期释放臭氧(O_3)肖化冷冻间空气。

(6)冷冻间清洁卫生　经常除霜,地面不定期清洁卫生。

(7)设置报警装置　以防万一。

2. 牛肉的冻结方法　牛肉的冻结是指牛肉中含有的水分部分或全部变成冰的过程。牛肉冻结的最终温度要求是肉块的中心温度为－18℃～－19℃。牛肉冻结的方法有静止空气冻结法、板式冻结法、风冷式冻结法、液体浸渍和喷雾冻结法等。使牛肉块中心温度达到如此低温时以时间区分为快速冻结和慢速冻结。

(1)快速冻结法　使牛肉肉块中水分变成冰体结晶的时间在30分钟以内称为缓快速冻结法;单位时间内肉由表面伸展向内部冻结厚度为5～20厘米/时称为缓快速冻结法。牛肉在快速冻结时形成的冰晶体数量多,并且分布均匀,对牛肉质量几乎没有不良的影响。因此,绝大多数肉牛屠宰企业采用快速冻结法。

(2)缓慢冻结法　使牛肉肉块中水分变成冰体结晶的时间在30分钟以上称为缓慢速冻结法;或以单位时间内肉由表面伸展向内部冻结厚度为0.1～1厘米/时称为缓慢速冻结法。

3. 操作　①同牛肉品种分级。②分品种(分类)真空包装。③先装标准箱后冻结(20千克/箱或25千克/箱)。④放置于冷冻车或置于冷冻货架上。⑤冻结时间为16～24小时。⑥冻结间定期释放臭氧(O_3),净化冻结间空气。⑦冻结间定期除霜,地面不定期清洁卫生。⑧冻结间设置报警装置,以防万一。

(二)牛肉冷藏

1. 冷藏牛肉冷藏间的基本条件

(1)冷藏间温度 —25℃。

(2)使用标准箱 20千克或25千克为1箱。

(3)冷藏间空气净化 定期释放臭氧(O_3),净化冷藏间空气。

(4)冷藏间清洁卫生 定期除霜,地面不定期清洁卫生。

(5)设置报警装置 以防万一。

(6)冷藏间湿度 95%以上。

2. 牛肉冷藏方法 ①设置漏缝木板。②按牛肉品种码放整齐。③码放高度3～4米。④"井"字形码放,留有通道,便于取货。

(三)冰鲜(冷鲜)牛肉的冷藏

1. 冷藏间温度 0℃。

2. 使用标准箱 每箱重5～15千克。

3. 牛肉箱码放 按牛肉品种定制货架存放,码放整齐,高度2～3米。

4. 冷藏间空气净化 定期释放臭氧(O_3),净化冷藏间空气。

5. 冷藏间清洁卫生 定期除霜,地面不定期清洁卫生。

6. "井"字形码放 留有通道,便于取货。

第二节 副产品冷藏工艺

一、牛皮冷藏

鲜牛皮的处理方法,常用的有冷藏法和盐渍法。

(一)冷藏法

1. 冷藏间温度 0℃。

2. 冷藏间面积 视生产量大小而定(40～120平方米)。

3. 牛皮码放 展开平放,叠层。

4. 冷藏工艺流程　鲜皮→除去油脂(碎肉渣)→入冷藏库(库温 0℃左右)→出库→销售

（二）盐渍法　①入盐渍库,放置于小丘上(库内预制馒头状小丘,直径 0.8～1 米、高 0.3～0.4 米)。毛面向下,肉面向上。②在牛皮肉面上均匀撒盐(用盐量约为牛皮重量的 15％左右)。③盐渍库的温度为常温。

盐渍工艺流程:

鲜皮→除去油脂(碎肉渣)→入盐渍库→堆放→上盐→出库→销售

二、牛内脏冷藏

（一）红内脏冷藏

红内脏包括心脏、肝脏、肺脏等。

冷藏工艺流程:

冲洗洁净→滴水→包装→冷冻盒→冻结→出冻结库→更换包装→贮藏→待售

红内脏冷藏后增值较高的是肝脏,冻结肝脏应在室温下的自来水中自然解冻。

（二）白内脏冷藏　白内脏包括胃、大小肠、脾脏、胰脏等。

冷藏工艺流程:

冲洗洁净→滴水→包装→冷冻盒→冻结→出冻结库→更换包装→贮藏→待售

白内脏冷藏后增值较高的是胃,冻结胃应在室温下的自来水中自然解冻。

三、牛头、眼球、牛蹄冷藏

（一）牛头冷藏工艺流程

去皮→冲洗洁净→取眼球→包装→冻结→出冻结库→贮藏→

待售

（二）眼球冷藏工艺流程

眼球→包装→冻结→出冻结库→更换包装→贮藏→待售

（三）牛蹄冷藏工艺流程

去皮→冲洗洁净→割蹄筋→包装→冻结→出冻结库→更换包装→贮藏→待售

蹄筋→包装→冻结→出冻结库→更换包装→贮藏→待售

四、其他副产品冷藏

（一）牛宝冷藏

修整→包装→冻结盒→冻结→出冻结库→标准箱→贮藏→待售

（二）牛鞭冷藏

修整→包装→冻结盒→冻结→出冻结库→标准箱→贮藏→待售

（三）牛筋冷藏

修整→包装→冻结盒→冻结→出冻结库→更换包装→标准箱→贮藏→待售

（四）牛脊髓

修整→包装→冻结盒→冻结→出冻结库→更换包装→标准箱→贮藏→待售

第九章　肉牛、牛肉运输

第一节　屠宰前肉牛运输

一、承运人员对肉牛运输的基本认识

　　肉牛屠宰前的运输不同于其他的货物运输,对承运司机及同行的押运人员都有严格的要求。首先,司机要对肉牛的自然的生活习性有所了解,同时要了解肉牛福利相关方面的知识。肉牛福利关心的是肉牛的日常生活条件和心理、行为健康,防止肉牛在饲养、运输和屠宰过程中遭受不必要的痛苦。因此,司机应具备从事肉牛管理和肉牛福利工作的经验,接受肉牛管理和肉牛福利方面的相关知识培训。承运应保证所有的司机均已接受了相关的培训。培训的内容应涉及到肉牛管理、肉牛的生物学特性、肉牛检疫、肉牛福利、肉牛运输等相关知识。培训可由相关领域的老师进行,也可由一位有经验的司机指导下完成。总之,可以采取多种学习的方式,但要保证所有的司机都能了解相关的知识,并保证在运输过程中按相关要求去做。所有培训都应做好记录并保存完整,培训的间隔时间为两年一次为最佳,但若有较大的人员调动或更换时,要及时进行培训。肉牛运输距离一次超过 500 千米的司机,应具备肉牛管理或是肉牛福利工作经验并接受了培训,具有主管部门认可的资格证。无论是培训或是再培训都要保存有完整的记录。

　　要求运输的肉牛应是健康的,无任何的疾病或外伤。肉牛在原养殖场内时都要进行免疫。虽然不同的地区免疫有所不同,但

是,对于要进行运输的肉牛,必须对一类传染病、二类传染病等国家或地方要求免疫的传染病进行了强制的免疫,并且在运输过程中直至到达目的地,肉牛均应一直处于免疫有效期,即对注射了疫苗的传染病仍有抗体存在,不会在运输过程中感染或传播这些疾病。

在运输的肉牛中,要注明是否有用过药物治疗的肉牛。若有,应注明用过何种药物,是否达到了休药期期限的要求。承运人必须携带上述相关的用药记录,在到达目的地后交由屠宰场备案。原则上不能将未达到休药期要求的肉牛运送到屠宰场。

运输过程中,要依据肉牛福利的相关要求,根据肉牛的生物学特性分群或隔离。成年公牛好斗,装载时要隔离。一般不同种类的肉牛在装载或运输过程中应分开,以避免不必要的争斗或惊吓。不同情况的肉牛(如经认证的与未经认证的,清洁的与不洁的)在装载和运输时要分群隔离,在到达目的地时也应分群隔离。

运输肉牛的司机应具备良好的驾驶经验,保证在运输的过程中驾驶平稳。肉牛运输时,很容易因外界环境的变化,造成应激或伤害。为降低可能对肉牛造成的伤害或应激,即降低肉牛福利方面的风险,在最大程度上保证肉牛在运输过程中的福利,应对司机的驾驶技术、预见风险的能力有所要求。

经验不丰富的司机,在遇到危险情况时,如在转弯处或经过交叉路口时,急转或急停,驾车不稳等,都会使肉牛受到惊吓而影响肉牛的正常生理功能。速度忽快忽慢,突然急刹车,过立交桥时快速下坡行驶,使肉牛重心前倾,站立不稳,前挤后压,易造成伤亡事故。

应激是指环境因素突然发生变化,或因疾病、药物、管理不当等的影响引起肉牛生理上的不适应而造成生产性能降低或是肉牛本身受到伤害。应激包括管理应激、环境噪声应激、营养应激、运输应激等。其中运输应激会使肉牛处于高度惊恐状态,出现呼吸、脉搏加快,四肢肌肉紧张,以致不协调等症状。装卸的过程中,有很多的因素会使肉牛产生应激反应,如过大的外力,野蛮驱赶,过大的噪声,甚至陌生人员都会引起肉牛的应激。所以,在装卸过程中,为使对肉牛造成的应激降低到最低限度,应使用适当的装卸设备,并以最小的外力装卸。在肉牛的装卸中,在上、下车时应使用斜坡台,并且斜坡台离地的角度不可过大(不超过30°),同时应设有防止肉牛滑倒的装置,两侧还应设有安全围栏。运送肉牛时也要注意将运输应激减小到最低限度,所以应配备有适当的辅助设备。在肉牛的装载过程中,不能野蛮驱赶,应由饲养或管理人员诱导其上、下运输工具,形成合理的、实用的、清楚的行走路线,应允许按自由行走的速度上、下运输工具。肉牛一般都有群居性,单个不易驱赶时,小群则易于驱赶。禁止使用棍棒、电击等粗暴行为驱赶。

二、运输前的准备

(一)运输前车辆的准备

1. **车辆清洗消毒**　装运肉牛的车辆在装前卸后均需进行清洗消毒。使用消毒药前,将运载工具内外清扫干净,再用气雾或热水刷洗运载工具的内外。清扫的垃圾和刷洗的污水,应集中进行无害化处理。如使用腐蚀性较强的药品消毒后,应用清水冲刷。清洁消毒场所应设在指定的地点。如果运输过程中没有发现传染病,应对车辆进行一般的粪便清除及热水洗刷;如发生过一般传染病或疑似一般传染病时,则在每次消毒后用热水冲洗,各种用具也应同时消毒,并在消毒后2～4小时用热水冲刷后再行使用。每一辆运输车都应有单独的消毒清洁记录。

2. **检查车厢**　①检查车厢车况,病车不能上路,带好备件、行车证件。②检查车厢内有无异物、异味。③检查车厢架结实程度。④检查车厢内有无尖锐异物(铁丝、铁钉)。⑤检查车厢外有无超宽、超长、超高异物。发现问题,及时妥当处理。⑥检查车厢内用来做隔离的材料是否完好结实。

3. **车厢地板铺垫碎草、秸秆或干土** 车厢垫料是减少滑动、污染、缓冲肢蹄负重的有力措施,最好选用牲畜能吃的牧草做垫草或铺平木板,以缓冲肢蹄负重,减少滑倒与摔伤。对于8小时以下的路程,锯屑是最有效的吸附排泄物铺垫物,但不适用于长途运输。

（二）运输前肉牛的准备

第一,待装牛在装车前16小时应停止饲喂青贮饲料、青饲料或有轻泻性的饲料,饲料喂量不宜过量。

第二,待装牛在装车前4小时应停止饮水。

第三,办妥防疫证、非疫区证明、疫苗注射证、车辆消毒证、车用卫生合格证。肉牛在启运前必须经过兽医检疫人员的检查,确系健康无病时方可运输,以免在运输中造成疾病传播、运输工具的污染及对环境造成污染。运输中也要时时注意运输环境的清洁,承运人及司机要带有清洁用品,如扫帚、锹、水桶、垃圾袋等,在运输途中要及时清理肉牛的排泄物,以避免排泄物对肉牛运输环境造成污染,引起肉牛的应激。在运输过程中,可适当安排清理地点,统一收集污物进行无害化处理。

第四,牛耳戴上防疫标记。

第五,每头肉牛准备拴系牛绳1根。

第六,肉牛体表刷洗干净。

三、装　车

肉牛运输应配置专用车辆,专人负责,定期消毒、保洁。肉牛运输应符合安全和微生物控制等级要求,不同品种、品系和等级的肉牛不得混合装运。运输车辆应与所运送的肉牛种类相适合,否则,容易引起挤压或是由于不适应而引起运输肉牛的应激。运输车辆地板应具备防滑设施,以避免肉牛摔倒或因站立不稳而引起的伤害。架子牛一般采用双层装载,以增加载量,但车辆上层的地板应密封,以防止排泄物渗漏,污染环境。育肥肉牛采用单层装载。

在肉牛运输时为便于随时对运输肉牛检查,运输车应设置有观察孔和照明装置。在运输过程中为了避免牲畜晃动而造成挤压伤害,可以使用隔离设施适当的分隔成小的群体。

肉牛运输车辆在装卸口处要设有安全装置,如在装卸口处安装门,在运输过程中应保持车厢门紧闭,避免在运输过程中突然松开使肉牛掉落而造成伤害。

利用装运牛专用设备时,有配套的装运牛通道与车后踏板紧相连,使牛顺着踏板进入车厢。

每头牛备绳子一根,一端拴系于牛角,另一端拴系于车厢栏杆。刚上车时牛头和栏杆的距离为 15 厘米左右。要头尾相间拴系。

无专用设备装运肉牛时应制备肉牛装车台,肉牛装车台的宽度为 2.4 米,装车台的高度为 1.5 米,并和活动的装运牛通道相连,通道宽 0.8～0.9 米,上宽下窄。

(一)每头牛占有车厢面积　肉牛装载密度是指在一次运输中一个车辆中装载的肉牛数量。合理的装运密度是防止病伤的一个重要条件。装载密度可本着夏季少装、冬季多装的原则掌握。装载密度应根据不同的肉牛种类个体的占用面积计算,也可以根据肉牛体重来计算单位体重所需要的面积。装载密度不可过大,即在一个车辆中不能装载太多的肉牛。否则,会造成通风不良、拥挤等情况而使运输的肉牛产生应激,严重的可能会造成死亡。装载密度过小则会造成运输成本过大。所以,肉牛装载密度大小要适宜。对于牛可通过隔离使肉牛运输密度符合要求。装载密度根据不同的地区、季节、气候、温度、湿度等环境因素,或是肉牛种类、个体大小等方面的情况不同而不同。如在天气炎热时,要降低肉牛的装载密度,并要增加通风,以减小肉牛的运输应激。特别在运送好争斗的肉牛时,如果密度太小,在拥挤的环境中会引起争斗。为避免这种情况以及其他的意外,每个围栏中牛的最大数量不能超过 7 头,装载密度不能超过 0.7 头/米²。在气候炎热的地区,要检查通风设施或防暑降温设施。

每一个车厢装运牛的数量多了或少了都不可行。装运牛数量多时,易造成伤残,甚至死亡;装运牛数量少时,增加运输成本。每头牛应有车厢的面积见表 9-1。

表 9-1　车厢面积、装运牛数量参考

牛体重(千克)	车厢面积(米²)(车厢长 9.8 米)	装车数(头)	车厢面积(米²)(车厢长 12 米)	装牛数(头)
450	23.5	16	28.8	19
500	23.5	15	28.8	18
550	23.5	14	28.8	17
600	23.5	13	28.8	16
650	23.5	12	28.8	15

(二)根据车厢长度车厢内分隔断　根据车厢长度车厢内分隔断(表 9-2),每一隔断的挡板(或挡棍)结实耐用,以圆形为好。

表 9-2　根据车厢长度车厢内分隔段

车厢长度(米)	分隔段数	总面积(米²)	每隔段面积(米²)
≤8	2	19.2	9.6
≤10	3	23.5	7.8
≤12	4	28.8	7.2

装满一个隔断后立即将隔离杆到位并紧固结实,再装第二隔

断。装车时切忌粗暴、鞭打牛。牛头绝对不能伸出车厢。装运牛完毕,关好车的后门,并锁紧。

四、行　车

(一)行车要求　行车途中要做到:①启动要慢,停车要稳;②不紧急刹车;③不急拐弯;④中速行驶;⑤行驶30千米左右停车,检查牛只,同时将牛绳放长至20~25厘米;⑥遇大雨、大雪天气,停运;⑦夏季运输为了防暑,实行夜间作业;⑧夏季行驶200千米(或行车4~5小时)时应给牛饮水;⑨冬季防寒,实行白天作业;⑩防止牛倒下,被其他牛踩伤、压伤;如遇有牛晕车倒下或其他原因倒下时,条件许可,可以把牛扶起,不能扶起时,此时司机驾车要特别细心,决不要急刹车。

(二)通风　肉牛运输中必须保证有良好的通风,以保证有新鲜的空气,也要保证有适宜的温度,不可过热或过冷。不同的肉牛对温度有不同的适应性,所以在运输过程中要根据所运输的肉牛种类调整温度和通风。通风不良,一方面会使密闭式运输车厢内温度过高,引起肉牛热应激性疾病,如运输热,就是由于在运输过程中因超载、通风不良、饮水不足造成的;另一方面会使排泄物中的有害物质浓度增加,恶化肉牛运输过程中的环境,引起疾病的发生,也不符合肉牛福利的要求。在温度高于25℃时,要提高通风量以降低温度,在温度低于5℃时应减小通风量,以避免温度过低。运输车辆必须有通风设施,如果在遇到不可避免的计划外停车时,利用通风设施进行通风,在遇到恶劣天气时也可以保持通风以保持车厢内的良好环境。

(三)防高温　在高温地区或是炎热的夏季运输肉牛时,要特别注意控制运输车厢内的温度,因为肉牛本身体温高,散热困难,具有不耐热的特性。因此,在运输中如果遇到依法停车检查时,由于停车会减少通风,使车厢内的温度升高,换气不良,引起肉牛的热应激,所以必须要将车停在阴凉处或是使用通风设备保持车厢内的温度不要过高。

(四)行车速度　一级路面,<80 千米/时;二级路面,<60 千米/时;三级路面(砂石路),<50 千米/时;土路,<40 千米/时。

(五)行车时间　1~2 月份,7:30~20:00 时;3~5 月份,6:00~20:00 时;6~8 月份,3:00~10:30 时,19:00 时至翌日 3:00 时;9~12 月份,6:00~20:00 时。

五、卸　车

屠宰厂应设卸车台,卸车台高度为 1.5 米,宽 2.4 米,坡度应小于 30°。卸车台和肉牛通道连接。肉牛通道由管材制成,做成上宽下窄状。长 5~10 米,上宽 90~100 厘米,底宽 65~70 厘米。

把肉牛由车厢逐一牵至卸车台,进入肉牛通道,按顺序进入肉牛称重区。

肉牛称重。衡器规格 1 000 千克型,手记或电子记录。每头牛单独称重,记录牛耳号、体重、日期、品种、性别、毛色。

第二节　牛肉产品运输

牛肉产品分保鲜肉(冷鲜肉、冰鲜肉)和冷冻肉,也有称之为高温肉和低温肉的。

一、保鲜肉运输

第一,运输车车厢温度应保持在 0℃,最好使用具有制冷设备的运输车。

第二,运输车车厢密闭、防尘、防蚊蝇,装车完毕应紧锁车厢门窗。

第三,码放整齐,防止挤压。

第四,经常清扫车厢,保持车厢清洁卫生。

第五,空车回厂后要对车厢严格消毒,准备下次运输。

二、冷冻肉运输

第一,使用具有制冷设备的运输车,车厢温度应保持在－25℃,牛肉的中心温度应保持在－18℃。

第二,装车完毕应紧锁车厢门窗。

第三,牛肉箱码放整齐,箱与箱之间不留空隙。

第四,经常清扫车厢,保持车厢清洁卫生。

第五,禁止使用无冷源的车辆运输。

第六,空车回厂后要对车厢严格消毒,准备下次运输。

三、运输卫生

第一,无冷藏设备的运输工具不得运输鲜、冻牛肉(冷链运输)。

第二,运输牛肉的车辆必须是全封闭车厢。

第三,鲜、冻牛肉运输前必须包装。

第四,鲜、冻牛肉装车运输中禁止接触地面,严禁脚踩;运输途中严禁任意启开车厢门。

第五,每次运输任务结束后,车辆要立即清洗干净,彻底消毒,未经清洗消毒的车辆严禁运输鲜、冻牛肉。

第六,运输牛肉的车辆必须具有运输卫生防疫、检疫合格证件。

第三节　副产品运输

肉牛屠宰后的副产品包括牛皮、头蹄、红白内脏、骨头、牛血等。由于外形、洁净程度不同,所以,各有各的运输方法。

一、牛皮的运输

第一，牛皮运输前的冷处理。从屠宰车间出来的牛皮，要置于温度为 10℃～12℃ 的牛皮暂存室，避免高温堆放；或用盐盐渍，平摊堆放。

第二，装车时将牛皮码放整齐，毛面贴毛面，肉面贴肉面。

第三，用防渗漏的汽车运输，以免运输途中造成道路路面的污染。

第四，在夏季，牛皮的运输应安排在夜间。

二、头、蹄的运输

第一，运送牛头、牛蹄的车辆必须具有防尘、防蚊蝇设施。

第二，在夏季，牛头、牛蹄的运输应安排在夜间。

三、红白内脏的运输

第一，在夏季，红白内脏的运输应安排在夜间，并有防蚊蝇设施。

第二，用防渗漏的汽车运输，以免运输途中造成道路路面的污染。

第三，运送红白内脏的车辆必须具有防尘设施。

第四，应及时运输。

四、骨头的运输

第一，提供炼制食用胶或彩色胶片原材料的牛骨头，必须用清洁卫生、封闭较好的车辆运输。

第二，应及时运输。

第三，夏季运输时有防蚊蝇设施。

第四，运送牛骨的车辆应有防尘设施。

五、牛血的运输

第一,用防渗漏的汽车运输或用容器装运,以免运输途中造成道路路面的污染。

第二,运输应及时。

第三,运输途中防蚊蝇。

所有副产品运输车辆空车回厂后均应严格消毒,以备下次运输。

第四节 废弃物运输

肉牛屠宰厂的废弃物主要有牛胃肠内容物、分割(切)牛肉时产生的骨头渣滓、碎肉、脂肪块等。

一、牛胃肠内容物运输

第一,牛胃肠内容物包括未消化的食物和已经消化尚未吸收的食物,使用容器或不渗漏的小车输送到指定场所。

第二,采用风送系统时要及时清理风送系统终端处,使用不渗漏的小车输送到指定场所。

第三,经常清理清洗肠胃的排水沉淀池,清出的沉淀池污垢使用容器或不渗漏的小车输送到指定场所。

二、骨头渣滓、碎肉、脂肪块运输

第一,把骨头渣滓、碎肉、脂肪块装入容器或不渗漏的塑料袋运送到指定场所。

第二,经常清理屠宰、分割车间的排水沉淀池,清出的沉淀池污垢使用容器或不渗漏的小车输送到指定场所。

第十章　肉牛屠宰加工卫生

第一节　肉牛屠宰加工厂卫生

肉牛屠宰加工厂卫生应开始于屠宰加工厂的设计。我国颁布实施的《肉类加工厂卫生规范》(见附录三、附录五、附录六、附录七)条文中规定了肉类加工厂的工艺流程设计与设施、卫生管理、加工工艺流程、成品冻结贮存及运输的卫生要求,都适用于肉牛的屠宰、分割加工、产品贮存和运输。

根据笔者多年的实践证明,我国黄牛具有非常优良的产肉性能,牛肉品质上乘,风味独特,但在国内外贸易中我国牛肉常常被看作低质量产品。产品质量低下的症结(在屠宰阶段)主要有两个原因:一是屠宰过程中卫生合格率较低;二是胴体成熟处理方法不当、时间不到位、胴体分割时缺少规范化技术等。因此,笔者在此用较多的篇幅介绍(强调)生产加工牛肉(尤其是优质、高价牛肉)时肉牛屠宰加工厂卫生规范、胴体成熟处理技术的卫生规范、胴体分割过程中的卫生规范,期望引起肉牛屠宰企业和从事牛肉经营者的重视,共同为打造我国肉牛产业品牌而努力。

一、肉牛屠宰加工厂的设计与设施卫生规范

肉牛屠宰加工厂的设计与设施卫生规范涉及到肉牛屠宰加工厂的方方面面,如地理位置、风向、与其他建筑物的距离等。肉牛屠宰加工厂本身条件的卫生规范如下。

(一)厂房内墙壁的卫生规范　①墙壁平整无缝,有利于冲洗消毒。②墙壁防酸碱腐蚀。

（二）厂房内墙角的卫生规范　　所有墙角避免呈 90°直角,应为圆角,有利于冲洗消毒。

（三）厂房内地面的卫生规范　　①地面防滑。②地面平坦无缝,有利于冲洗消毒。③地面防酸碱腐蚀。

（四）窗户的卫生规范　　①屠宰车间的窗户设有防蚊、蝇、小虫的纱窗。②通风窗户设有空气过滤装置。③窗户的材质结实、光滑,易冲洗消毒。

（五）各类门的卫生规范　　①肉牛屠宰加工厂各类门均设有防蚊子、苍蝇、小虫的设备。②门面光滑,易冲洗。③开启、关闭自如。

（六）厂房顶部内侧的卫生规范　　①厂房顶部内侧材质结实、光滑,易冲洗消毒。②防热、防寒性能好。

二、肉牛屠宰加工企业管理的卫生规范

肉牛屠宰加工企业的卫生规范要遵循国家颁布的《鲜、冻牛胴体卫生规范》的规定,具体内容如下。

（一）制定企业管理的卫生规范和实施细则

第一,企业要根据《肉类加工厂卫生规范》的条文,制定切实可行的卫生管理实施细则,张贴在公共场所(食堂、宿舍、车间)。

第二,定期和不定期检查卫生管理实施细则落实、执行情况,表扬好的,批评差的。

第三,企业专设卫生管理监督员,监督员的责任是宣传教育、监督检查、提出改进措施。

（二）清洗及消毒

1. 洗手设备　　在不同位置设置脚踏式或顶压式洗手池。

2. 刀具清洗与消毒　　实行双刀制(在操作完一个工序进入另一工序时要换一把刀),每个工序结束后将刀放入消毒盒内消毒。下班时将刀具放在专用消毒柜消毒,消毒取出后存放在指定保管处。

3. 用具清洗与消毒　保持清洁,用具表面不留油泥污点,用完后用清水冲刷洗净。

4. 围裙清洗与消毒　屠宰员工使用的围裙、套袖、雨鞋做到1牛1冲洗。

5. 地面清洗与消毒　屠宰点、放血槽1牛1冲洗,毛牛轨道、胴体轨道、卫检线经常冲洗,下班后用温水洗刷地面,分割间地面常清扫、冲洗,下班后用温水洗刷地面。

6. 更衣室、淋浴室、厕所、通道、工间休息室　每天清扫后冲洗干净。

(三)设备维修与保养　机械设备、设施、给水排水系统必须保持良好状态,定期维护、擦洗,防腐、防锈。

(四)废弃物处理　屠宰厂内车间通道不得堆放杂物。车间内废弃物应及时清扫(用不渗水的专用车辆运到指定地点处理),地面用水冲洗。牛肠胃内容物用不渗水的专用车辆运到指定地点处理或用风送系统送至固定处理点。

屠宰厂周边地带、厂区内各车间不宜堆放有碍卫生的杂物。

(五)除虫灭害　车间内外应经常在专职卫生监督员指导下除虫灭害,如老鼠、苍蝇、蚊子、蟑螂。

三、屠宰员工个人卫生标准

(一)制度和教育　企业管理中对屠宰员工个人卫生标准要依据我国《食品卫生法》及其他肉品卫生法规制定行之有效、简单明了的制度,张贴在屠宰员工工作室、休息室。

企业对屠宰员工个人卫生教育要有计划、经常化。新职工上岗前要进行个人卫生规范的专门培训,合格者才能上岗。常抽查考核,卫生培训制度化、规范化。

(二)健康和检查　企业对屠宰员工个人的健康状况的要求:对患有活动性肺结核、肝炎、痢疾、伤寒、化脓性或渗出性皮肤病及其他有碍食品卫生的疾病之一的,一律不准从事屠宰、分割、加工包装工作。

企业对屠宰员工个人的健康状况检查,每年定期进行 1～2 次,必要时临时抽检,每次检查结果必须存档;新上岗员工必须持有健康合格证(有效期 6 个月内、县级医疗卫生机构)。

(三)刀伤和处理 屠宰、分割员工在备有不锈钢左手套和护胸前提下仍有可能发生意外刀伤或其他伤害事故,一旦发生,要立即医治,视伤情判定是否可以继续工作。

(四)清洗消毒 屠宰、分割、包装员工在上岗前,上卫生间的前、后,从事与屠宰、分割、包装无关的其他活动之后,上岗后离开工作场所(岗位)后再返回原岗位工作前,接触有病胴体或肉块后,必须洗手消毒、清洗雨鞋、消毒衣帽。

(五)员工个人卫生要求 员工平时应勤换内衣、勤理发(不留长发,男员工勤修面)、勤修剪手指甲(女员工不能涂抹指甲),员工上岗前应洗澡、更换工作服,上岗时戴工作帽(头发不能外露)、戴口罩(一次性使用)、穿工作鞋。工作服、工作帽必须每天更换。工作时严禁吸烟、严禁吐痰,不得将个人物品(尤其是食用品,在清真企业工作的汉族员工绝对禁止将非清真食品带入工厂车间)和饰物带进工作场所。下班后严禁穿着工作服、戴工作帽出车间,不在地摊、无证商贩处采购生、熟肉食品食用。

第二节 肉牛待宰间管理及卫生规范

第一,运输到屠宰厂的活牛必须来自非疫区,具有非疫区证明书,健康无病。

第二,进入待宰间前企业专职兽医人员必须逐头检疫,无病的健康牛才能进入肉牛待宰间。

第三,待宰间面积:每头牛的待宰间面积 4～6 平方米。

第四,肉牛屠宰前要有充分的休息,至少有 24 小时。

第五,肉牛屠宰前要有充分的饮水,但是屠宰前 3 小时应停止供水。

第六,肉牛屠宰前 24 小时要停止饲喂饲料。

第七,肉牛屠宰前要称重、淋浴。

第八,待宰间经常清扫,保持清洁。

第九,待宰间保持安静。

第十,善待肉牛,不打不骂不高声吆喝,尽量减轻牛在屠宰前的应激反应。

第三节　肉牛屠宰车间卫生规范

一、屠宰流程卫生

(一)放血卫生　下刀放血时固定(宗教屠宰牛头朝向麦加,食管、血管、气管同时切断)牛头,避免牛挣扎时血溅四处,并及时用水冲洗;迅速结扎食管,防止胃内容物倒流。

(二)沥血卫生　在沥血槽沥血,防止血液四溅;及时用水冲洗沥血槽。

(三)预剥卫生　预剥皮时防止污染胴体,防刀伤,防破皮。

(四)开腔卫生　开腔前结扎大肠头(肛门),防止肠内容物流出,污染其他脏器或地面。开腔取出红白内脏(腔内用水冲洗),红白内脏送清洗间清洗干净。

(五)同步卫检　头蹄、红内脏、白内脏分别进入同步卫检线。

(六)胴体修整卫生　整胴体用劈半锯分为二分体时,劈半锯必须用凉水降温,胴体劈半后要修整,割除生殖器官、盖腔油、甲状腺,修去胴体表面污血、残毛、碎肉,修割后的胴体整齐、清洁卫生。

(七)胴体称重卫生　称重胴体并记录,防止污染胴体。

（八）**胴体冲洗**　胴体称重后用凉水冲洗洁净。

（九）**地面卫生**　每天先用清洁液配制的水溶液洗刷地面。然后用消毒液配制的水溶液洗刷地面，在上两工序后用温度为40℃～50℃的热水冲洗地面。

（十）**墙壁**　每天先用清洁液配制的水溶液洗刷墙壁，然后使用消毒液配制的水溶液洗刷墙壁，在上两工序后用温度为40℃～50℃的热水冲洗墙壁。

（十一）**器械卫生**　每天先用清洁液配制的水溶液洗刷器械，然后使用消毒液配制的水溶液消毒器械。

（十二）**刀具卫生**　实行双刀制，即每位操作员工备两把刀，1把刀操作，另1把刀放在消毒器内消毒（水温82℃）。

每天先用清洁液配制的水溶液洗刷刀具，然后用消毒液配制的水溶液消毒刀具。

（十三）**胃肠内容物处理**　胃肠内容物用不渗漏的专用车辆在指定运输线上运到指定地点。

（十四）**牛皮处理**　人工或机械剥下的牛皮通过地下暗管或者风送系统送到牛皮暂存间。先除脂肪，再用盐盐渍，盐的用量为皮重的15％。

使用新鲜牛皮制革时牛皮需低温0℃保存。

（十五）**红白内脏处理**　红白内脏经卫检合格后应尽快整理清洗，清洗后的红白内脏尽快处理（出售或冷藏）。

二、移动胴体卫生

用手移动胴体进入胴体成熟处理间和移动胴体到分割间时必须戴一次性使用的手套，以减少胴体的污染，防止影响牛肉卫生品质。

三、肉牛屠宰加工间空气卫生

(一)肉牛屠宰加工间空气卫生指标　①二氧化碳(％)＜0.15％。②氨(毫克/米³)＜5。③硫化氢(毫克/米³)＜2。④一氧化碳(毫克/米³)＜2。

(二)措施　①使用臭氧(O_3)净化空气,定时定量释放。②使用空气过滤设备清洁空气。③强制更换室内空气。

第四节　肉牛胴体成熟(排酸)间卫生规范

一、空气卫生

(一)肉牛胴体成熟间空气卫生指标　①二氧化碳(％)＜0.15％。②氨(毫克/米³)＜5。③硫化氢(毫克/米³)＜2。④一氧化碳(毫克/米³)＜2。

(二)措施　①使用臭氧(O_3)净化空气,定时定量释放。②使用空气过滤设备清洁空气。③强制更换室内空气。

二、地面卫生

每天先用清洁液配制的水溶液洗刷地面,然后用消毒液配制的水溶液洗刷地面,在上两工序后用温度为 40℃～50℃ 的热水冲洗地面。

三、除　霜

定期清除结霜。

四、风　速

胴体成熟间内风速过快,会增加胴体的干耗量,风速过弱,不利于胴体降温。风速以 0.5～1.5 米/秒为好。

第五节　牛肉分割车间卫生规范

一、空气卫生

（一）牛肉分割车间空气卫生指标　①二氧化碳（%）＜0.15%。②氨（毫克/米³）＜5。③硫化氢（毫克/米³）＜2。④一氧化碳（毫克/米³）＜2。

（二）措施　①使用臭氧（O_3）净化空气，定时定量释放。②使用空气过滤设备清洁空气。③强制更换室内空气。

二、地面卫生

每天先用清洁液配制的水溶液洗刷地面，然后用消毒液配制的水溶液洗刷地面，在上两工序后用温度为 40℃～50℃的热水冲洗地面。

三、刀具卫生

实行双刀制，即每位操作员工备两把刀，1 把刀操作，另 1 把刀放在消毒器内消毒（水温 82℃）。

每天先用清洁液配制的水溶液洗刷刀具，然后使用消毒液配制的水溶液洗刷刀具。

第六节　牛肉包装的卫生规范

第一，包装牛肉时，使用聚氯乙烯成型品材料应达到《食品包装用聚氯乙烯成型品卫生标准》（见附录八）。

第二，包装牛肉时，使用聚乙烯成型品材料应达到《食品包装用聚乙烯成型品卫生标准》(见附录九)。

第三,包装牛肉时,使用聚丙烯成型品材料应达到《食品包装用聚丙烯成型品卫生标准》(见附录十)。

第四,包装牛肉时,使用聚苯乙烯成型品材料应达到《食品包装用聚苯乙烯成型品卫生标准》(见附录十一)。

第五,采用真空包装机包装牛肉。

第六,装标准箱时真空袋外用塑料薄膜包裹。

第七,使用的标准箱的材料为防水纸质。

第七节　牛肉贮藏间卫生规范

一、冰鲜牛肉冷藏的卫生规范

第一,用无毒保鲜膜包装。

第二,包装后的冰鲜牛肉装箱后冷藏,冷藏温度为0℃～4℃,用分层货架分类码放。

第三,冰鲜牛肉冷藏库经常清洗、消毒(最好应用臭氧消毒设备)。

二、冰冻牛肉冻结、冷藏的卫生规范

第一,优质高价牛肉真空包装,真空包装的肉块单块或装箱后进冻结间。

第二,冰冻牛肉冻结温度-35℃;冻结时间16～24小时;肉块中心温度-18℃～-19℃。

第三,冷藏库温度-25℃,用分层货架分类码放。

第四,冻结库、冷藏库经常清洗、消毒。

三、牛肉贮藏间空气卫生

（一）牛肉贮藏间空气卫生指标　①二氧化碳（％）＜0.15％。②氨（毫克/米³）＜5。③硫化氢（毫克/米³）＜2。④一氧化碳（毫克/米³）＜2。

（二）措施

①使用臭氧（O_3）净化空气，定时定量释放。②使用空气过滤设备清洁空气。③强制更换室内空气。

四、除　霜

定期清除结霜。

五、风　速

贮藏间内风速过快，会增加牛肉的干耗量，风速过弱，不利于降温。风速以1.5～2米/秒为好。

第八节　员工清洁卫生规范

肉牛屠宰加工厂管理人员的卫生保健工作也关系到整个企业的卫生质量。因此，既要做好一线员工的清洁卫生工作，也要做好肉牛屠宰加工厂其他人员的清洁卫生。要制订员工清洁卫生制度，常教育，常检查，奖惩分明。

第一，管理人员的体格检查，每半年全身体检1次。

第二，员工工作服要定期消毒（煮沸10～15分钟）。

第三，员工要勤洗澡、勤换内衣、勤理发、勤修指甲。

第四，教育职工食堂采购员绝不能在未经防疫检验的肉摊上购买生熟肉制品到工厂食用。

第五，教育职工绝不能在未经防疫检验的肉摊上购买生熟肉制品在自家食用,更不能带进工厂食用,防止传染病。

第六,教育处理病牛的职工应严格消毒处理后才能做下一步工作。

第七,工厂备病牛专用处理工具。

第九节　肉牛屠宰加工用水卫生

一、屠宰间用水卫生

肉牛屠宰加工用水的卫生质量,是直接影响牛肉品质的十分重要环节。屠宰中用清洁卫生水的过程是清洁卫生牛胴体的措施,每屠宰加工 1 头肉牛需用水量达 2 700～2 800 升。但是,如果屠宰间用水不达标,则会污染牛胴体。因此,屠宰间用水的水质应符合《无公害食品　畜禽产品加工用水水质》的有关规定(表 10-1)。

表 10-1　肉牛屠宰用水卫生指标

项　目	项目名称	标　准
感官性状和一般化学指标	色	≤20°,不得呈现其他异色
	混浊度	≤10°
	臭　味	不得有臭味
	味　道	不得有异味
	肉眼可见物	不得含有肉眼可见物
	pH 值	5.5～9.0
	硫酸(毫克/升)	≤300
	氯化物(以 Cl⁻ 计,毫克/升)	≤300
	总溶解性固体(毫克/升)	≤1500
	总硬度(以 CaCO₃ 计,毫克/升)	≤550

续表 10-1

项　目	项目名称	标　准
毒理学指标	总砷（毫克/升）	≤0.05
	总汞（毫克/升）	≤0.001
	总铅（毫克/升）	≤0.05
	总铬（6 价,毫克/升）	≤0.05
	总镉（毫克/升）	≤0.01
	硝酸盐（以 N 计,毫克/升）	≤20
	氟化物（以 F 计,毫克/升）	≤0.1
	氰化物（毫克/升）	≤0.05
微生物指标	总大肠菌群（菌群/100 毫升）	≤10
	粪大肠菌群（个/100 毫升）	≤0

二、牛肉加工间用水卫生

牛肉加工间用于添加水或原料洗涤水的卫生,应执行 GB/T 5750 条文的规定;冲洗地面、工作台等用水应符合《无公害食品畜禽产品加工用水水质》的要求。

三、其他用水卫生

冷冻车间使用的循环冷却水、冲洗设备（器械）用水、除霜用水等,应符合《生活用水水质标准》的有关规定。

第十节　肉牛的屠宰检验

肉牛屠宰前的检验是生产优质（高价）牛肉中十分重要的环节。用于屠宰的牛源来自四面八方,为防止病牛进入屠宰线,保证牛肉的安全清洁,肉牛在宰前要进行全面检验。检验内容包括进待宰间前检验接收、待宰检验、送宰检验。

一、配备检验员

检验员选择条件是热爱检验工作、具有熟练的检验技能、工作认真负责,经过培训合格人员。要持证上岗。

二、检验程序

肉牛屠宰检验和管理包括屠宰前检验和管理及屠宰后检验和管理。

(一)肉牛屠宰前检验和管理 屠宰前检验主要以现场临床检验为主,必要时进行实验室检验。

1. 接收检验 运送育肥牛的车辆到达屠宰厂待宰圈卸牛时的检验。内容包括:①验证件(非疫区证明、防疫证等)是否齐全;②看牛有无伤残;③查牛数是否如实。

2. 待宰检验 经过接收检验合格的牛进入待宰圈(棚舍),稍作休息后逐头检验,检验的重点疫病为口蹄疫、炭疽、蓝舌病、巴氏杆菌病、肺结核等病。检验方法主要是感观检验。

(1)视诊检验 观察肉牛精神状态、体形外貌、体质体况(有无内伤)、被毛体表(有无划伤、结痂、伤疤、肿块)、肥瘦程度。可视黏膜的色泽、眼睛有无分泌物,分泌物的色泽和性状,判定能否接收。

(2)触诊检验 检测体温、脉搏、呼吸;可触及淋巴结,判定能否屠宰。

(3)叩诊检验 必要时进行腹部叩诊。

(4)听诊检验 必要时进行心脏、腹部听诊。

3. 送宰检验 经过待宰检验合格的牛超过 24 小时未能屠宰,则在临宰前应再一次现场视诊检验,以防病牛混入,影响产品质量。

4. 检验后处理

(1)健康牛 经过检验合格的健康牛准予屠宰。检验员要出具"肉牛宰前检验合格证书",一式两份,一份交屠宰车间,一份留档备查。

(2)病牛 检验时发现病牛或可疑病牛,首先进行隔离,然后根据病牛疾病性质(结合实验室检测报告单)、病情轻重程度决定禁宰或急宰。

①禁宰:经宰前检验确诊患有口蹄疫、炭疽、蓝舌病的牛或可疑患牛,一律严禁宰杀,必须采取不放血方法扑杀后销毁(无害化处理),存放病牛的车辆、棚舍、用具严格消毒。在采取防疫措施的同时,立即向当地畜牧兽医行政部门报告疫情。

②急宰:对患有除禁宰外的其他疾病、普通病或运输造成外伤危及生命的牛,为避免死亡,实施急宰。急宰牛的肉应另加处理,不要和安全清洁牛肉混在一起,影响企业产品的信誉度。

5. 肉牛宰前管理

(1)肉牛宰前的休息管理 育肥肉牛由育肥场、户(或收购点)运送到屠宰厂后,不能立即屠宰。经过运输的牛应激反应较大,影响肉牛屠宰成绩和牛肉品质。因此,经过运输的牛要有1~2天的休息,环境要安静、卫生、清凉、通风。

(2)停食停水管理 经过宰前休息管理,在送宰前24小时起实行停止喂饲料,目的是让牛尽量排空胃肠内容物,便于宰后减少开膛时污染胴体,也可减少饲料消耗。停喂饲料时必须充分饮水,宰前停水3小时。

(二)屠宰后检验和处理 肉牛屠宰后检验指应用兽医病理学、传染病学、寄生虫学的基本理论和实验技术对牛胴体、腺体、内脏等所实施的卫生质量检验与评定。

1. 检验方法 肉牛屠宰后检验方法以视检、触检、嗅检和解剖为主,必要时应进行细菌学、血清学、寄生虫学、病理组织学和理化检验。目前我国的肉牛屠宰生产线中已有一部分设置了同步卫检线,即在肉牛屠宰过程中,将胴体、头、蹄、红白内脏,控制在同一个生产进度上实施检验,在检验中发现某部位有问题或可疑,可立即将该头牛的胴体、头、蹄、红白内脏进一步检验,综合判定与处理。

2. 检验部位

(1)头部检验　视检为主,检验鼻孔、嘴唇、口腔黏膜及齿龈(查口蹄疫)。检验眼结膜、咽喉黏膜、血液凝固状态(查炭疽病),以及其他疾病。

(2)内脏检验　打开腹腔取出"白下货"(胃、肠、脾、胰),打开胸腔取出"红下货"(心、肝、肺),取出肾脏,检验各器官的色泽、大小、性状、质地是否正常,有无病变、出血点、脓肿、寄生虫(或寄生虫侵害痕迹)。视检大肠时主要检验肠淋巴结有无病变,视检膀胱时检验有无出血点。

(3)胴体检验　胴体劈半后检验胸部淋巴结是否正常,胴体表面有无伤痕、淤血、脓肿,牛肉色泽、脂肪颜色等。

3. 检验后处理　经过视检后的胴体可分为安全清洁胴体和有病胴体或可疑胴体。

(1)安全清洁胴体　各部位及各项检验指标都符合国家食品标准和行业有关标准,胴体和内脏品质符合食用标准,成熟处理、分割,以冰鲜肉、冷冻肉、加工产品出厂。

(2)可疑胴体　检验时发现某部位有可疑病变点或有非传染病病变,根据病损性质和程度,此胴体有限度食用,即高温灭菌消毒后食用。

(3)有病胴体　经过检验确定为不可食用的胴体,属于非传染病胴体及其内脏,经过干化法或湿化法化制,达到对人、畜无害。处理后的产品不宜用作动物饲料,可制作工业原料或肥料。对危害严重的传染性(口蹄疫、蓝舌病等)胴体,连同内脏、牛皮进行无害化处理。目前以焚烧无害化处理效果较好。

4.盖检验章　经过对胴体、内脏的全面检验,最后要将判定结果加盖国家统一规定的检验印章。符合卫生标准的可食用胴体,盖"兽医验讫"印章;对有病胴体、内脏,视疾病性质不同,盖"高温"、"食用油"、"化制"或"销毁"印戳。

5.疫病控制　在检验过程中发现并确诊为传染病的,要立即采取防疫措施,彻底消毒,并上报疫情。在县级动物防疫检验部门监督下,按照有关规定处理胴体和内脏、牛皮。

6.病牛尸体(胴体、肉)及相关物的无害化处理

第一,确诊为传染性疾病(口蹄疫、蓝舌病、炭疽病)的病牛尸体(或胴体、肉)内脏及其他相关物必须按照《畜禽病害肉尸及其产品无害化处理规程》执行,防止疾病传染蔓延,或污染环境。销毁处理,将病牛尸体(或胴体、肉)及内脏、牛皮用密闭的容器运送到指定地点,用专用设备焚尸炉焚烧销毁。

第二,确诊为其他传染病、中毒病、不明原因死亡的病牛尸体(或胴体、肉)内脏、牛皮及其他相关物(在密闭容器中肢解),用密闭的容器运送到指定地点,用专用设备干化机化制或湿化机化制。

第三,确诊为可食用但必须高温处理的牛肉及内脏应利用高温高压蒸煮或煮沸法进行无害化处理。

第四,不能食用但确定可以炼制油脂的病死牛肉、脏器,在特定条件下炼制油脂,炼制温度要求高于100℃,炼制时间不得少于20分钟。无害化处理的炼制油脂可供工业用油。

第十一章 肉牛屠宰加工厂
环境保护

肉牛屠宰加工厂在选址、设计等方面尽量避免受到外界的污染而影响产品质量。同样,肉牛屠宰加工厂也不能污染周边环境。

肉牛屠宰加工厂产生的污染源有:肉牛待宰间的牛粪牛尿,屠宰车间牛胃肠内容物和污水,牛血、碎油脂、碎骨、肉渣,配置锅炉的煤渣和烟气,制冷压缩机和离心机、鼓风机、引风机产生的噪声等。针对肉牛屠宰加工厂的污染源采取相应的治理措施,尽量减少对当地环境造成污染。

第一节 污水处理

一、污水水质

肉牛屠宰加工厂加工废水中含有血污、油脂、骨肉屑、肠胃内容物,属有机废水,虽然无毒,但易腐化发臭。据测定屠宰过程中污水的水质指标为:pH 值 6～9,COD(化学需氧量)1 200 毫克/升,BOD(生物需氧量)800 毫克/升,悬浮物 700 毫克/升。

二、处理方案

目前处理肉牛屠宰厂生产污水的工艺有两种。一种是以好氧生物处理为主,另一种是以厌氧生物处理为主。以好氧生物处理的优点是占地面积小,处理的效果好,自动化程度较高和投资较省,缺点是消耗能量较多和日常运行的费用较高。厌氧生物处理具有耗能少、运行费用低等优点,但是占地面积大,处理的效果一般,投资较高,尚需进一步物化处理才能获得较好的排放标准。不管使用哪种方法,都应执行《中华人民共和国环境保护法》的规定。目前多采用好氧生物处理工艺,工艺流程是:生产、生活污水废水→机械格栅(隔油脂池)→集水井→调节池→曝气充氧→中沉池→接触氧化→二沉池→混凝过滤→加药消毒→排放

好氧生物污水处理工艺说明如下。

(一)格栅隔油脂池　屠宰污水在流出屠宰车间前必须经过有机械格栅的隔油脂池,除去较大块的油脂类污物。

(二)集水井　经不同隔油脂池管道来的污水集中处。

(三)调节池　屠宰加工污水的水质和水量波动较大,污水处理厂实行三班作业,需要将暂时不处理的污水存放。调节池还具有絮凝、沉淀的综合作用,COD,BOD 去除率可达到 30% 左右。同时,由于活性污泥的循环使用,使污水发生水解酸化作用,去除污水中的氨氮。

(四)曝气充氧　污水经过曝气充氧,再经活性污泥生化作用可去除大量有机物,COD,BOD 和悬浮物含量大大下降。

(五)中沉池　经过曝气充氧的污物初步沉淀。

(六)接触氧化　利用生物膜进一步处理污水。

(七)二沉池　再次沉淀污物。

(八)混凝过滤　加药、混凝过滤,使污水处理后达到国家"污水综合治理排放标准"。

三、污水处理设备

污水处理设备见表 11-1。

表 11-1　污水处理设备

序　号	设备名称	规　格	功率(千瓦)	单　位	数　量
1	食品加工废水处理设备	WSB	—	台	2
2	曝气池提升机	ZW50	2.2×6	台	6
3	污泥提升机	WQCL25	2.2×2	台	2
4	污水池提升机	WACL43	3×3	台	6
5	隔膜泵	DBY-40	2.2×2	台	2
6	潜污泵	50QW25	2.2×2	台	2
7	鼓风机	BH125	11×4	台	4
8	箱式压滤机	F=10 米²	5.5	台	1
9	压力滤缸	Φ1200		套	3
10	机械隔栅	WGS	0.75×2	套	2
11	加药装置	JY-1	0.75×4	套	4
12	污泥回流泵		2.2×6	台	6

四、污水排放标准

污水处理后的排放标准应达到国家污水综合治理排放标准 GB 13457—92 中有关规定。这些指标是:①pH 值,6～9;②COD,200 毫克/升;③BOD,150 毫克/升;④悬浮物,50 毫克/升。

五、污水排放

经过处理达到排放标准的污水排放,必须在环保部门的指导下,排入指定的排水沟渠或灌溉农田、果树、绿地。

第二节　固体废弃物处理

一、固体废弃物来源

肉牛屠宰加工厂固体废弃物来自以下 4 个方面:①待宰牛舍

的牛粪；②屠宰车间的牛肠胃内容物；③锅炉煤渣；④生活垃圾。

二、固体废弃物治理

牛粪、牛肠胃内容物、生活垃圾采用不渗漏的运输工具运到固定地点，生产复合有机肥料或堆放发酵制成农家肥。锅炉煤渣铺路或制砖。

第三节　废气治理

一、废气来源

来自锅炉废气排放（排放量视企业规模而定）。

二、治理方案

执行《中华人民共和国大气污染防治法》、国家《大气环境质量标准 GB 3096—96》、《锅炉烟尘排放标准 GB 3841—91》的规定。

（一）烟囱的高度　烟囱要有一定高度（2 吨级锅炉的烟囱高度 20～30 米）。

（二）脱硫除尘　锅炉采用脱硫型除尘设备。脱硫效率为 75％～93％，除尘效率＞95％，脱氮效率 28％以上。

第四节　噪声的防治处理

一、噪声来源

噪声来自锅炉房和制冷机房。

二、处理方案

执行国家《工业企业噪声控制设计规范 GBJ 88—85》、《城市区域环境噪声标准 GB 3097—82》的规定。噪声指标小于 85 分贝。

（一）锅炉房综合降低噪声措施 ①鼓风机和引风机采用相应的消声器、隔声筒等降噪声装置。②风机和电机的基础设有充分的减震装置。③消声器、隔声筒与风机、管道的连接处填塞隔音材料，以减少机器振动的传递。④鼓风机和引风机等设备设置在专门的噪声隔离机房内，噪声隔离机房设有专门的隔声门和采光通风、消声等多功能窗。

（二）制冷机房综合降低噪声措施 ①制冷压缩机和离心机的安装基础具有充分的减振设施。②制冷机房内悬挂吸音板降低噪声。③制冷机房内设置控制室，降低噪声。④综合车间内操作离心机时戴防护耳罩。

第五节 粉尘治理

一、粉尘来源

肉牛屠宰厂的粉尘，一是来自锅炉排放的粉尘，二是来自风暴的粉尘。

二、处理方案

第一，提高烟囱的高度，2 吨级锅炉的烟囱高度设计为 30 米以上。第二，屠宰车间设计防尘沙窗，通道设计空调。

第三，分割车间设计为封闭式，空气流通依靠强制通风扇。

第六节　肉牛屠宰加工厂绿化

一、绿化目标

肉牛屠宰加工厂的绿化目标是花园式生态型企业。

二、道路两侧植树

行驶车辆道路两侧,矮、中、高多层次绿化,人行道两侧矮灌木、花卉,生产区、生活区、办公区用林带隔离。

三、种草栽花

厂区内空地种草栽花,达到没有露天的泥土。

第十二章　提高肉牛屠宰加工企业效益的措施

肉牛屠宰加工企业效益和收购活牛的质量、肉牛屠宰技术、牛肉分割(切)技术、牛肉冷冻冷藏技术、牛肉加工过程中的卫生条件、牛肉销售等的每一个环节都有密切的关系,只有抓好了每个细节才能获得较好的效益。

第一节　屠宰优质肉牛

一、屠宰前肉牛的分级

肉牛质量是决定肉牛屠宰企业经济效益高低的主要因素,实践经验证明,优质肉牛的利润空间远远大于普通肉牛。

肉牛质量的评价主要分三部分:肉牛屠宰前质量等级评定,屠宰后胴体质量评定,胴体分割后牛肉质量的评定。

肉牛屠宰前等级评定是确定该牛等级的第一步。据笔者对绝大多数屠宰企业的调查,屠宰前活牛等级标准分为 4 级,即特级、一级、二级、三级。各个等级牛的特点如下。

(一)特级牛

1. 品种　体型较大的我国纯种黄牛(秦川牛、晋南牛、鲁西牛、南阳牛、延边牛、郏县红牛、复州牛、冀南牛、草原红牛、三河牛、新疆褐牛等),及以上述品种牛为母本、引进的肉用品种为父本的杂交牛。

2. 性别　去势(阉割)公牛。

3. 年龄　小于 30 月龄。

4. 体重　屠宰前肉牛的活重 550 千克以上。

5. 体型外貌　外貌丰满,皮毛光顺。躯体结构匀称,符合品种特点。背部平宽,臀端方圆,尾根两侧隆起明显,后躯臀部末端下方平坦无沟。前胸开张,胸部突出、丰满而圆大。

6. 体膘肥度　满膘(全身丰满、体态臃肿、行走缓慢)。

7. 体质　健康,活体检测各项指标均为阴性,体表无划伤、无疤痕。

(二)一级牛

1. 品种　体型较大的我国纯种黄牛(秦川牛、晋南牛、鲁西牛、南阳牛、延边牛、郏县红牛、复州牛、冀南牛、草原红牛、三河牛、新疆褐牛等),及以上述品种牛为母本、引进的肉用品种为父本的杂交牛。

2. 性别　去势(阉割)公牛。

3. 年龄　小于 30 月龄。

4. 体重　屠宰前肉牛的活重 500 千克以上。

5. 体型外貌　外貌较丰满,皮毛光顺。躯体结构匀称,符合品种特点。背部平宽,臀端较方圆,尾根两侧隆起较明显,后躯臀部末端下方较平坦。前胸部较开张,胸部突出、较丰满而圆大。

6. 体膘肥度　几乎满膘(全身丰满、体态臃肿、行走缓慢)。

7. 体质　健康,活体检测各项指标均为阴性,体表无划伤、无疤痕。

(三)二级牛

1. 品种　体型较大的我国纯种黄牛(秦川牛、晋南牛、鲁西牛、南阳牛、延边牛、郏县红牛、复州牛、冀南牛、草原红牛、三河牛、新疆褐牛等),及以上述品种牛为母本、引进的肉用品种为父本的杂交牛。

2. 性别　去势(阉割)公牛。

3. 年龄　小于 36 月龄。

4. 体重　屠宰前肉牛的活重 450 千克以上。

5. 体型外貌　外貌尚丰满,皮毛光顺。躯体结构较匀称,符合品种特点。背部平直,尾根两侧隆起。前胸稍开张,胸突稍丰满圆大。全身肌肉发育尚可。

6. 体膘肥度　八九成膘(全身较丰满、隐隐约约可见到骨头突出点、体态较臃肿、行走较缓慢)。

7. 体质　健康,活体检测各项指标均为阴性,体表无划伤、无疤痕。

(四)三级牛

1. 品种　体型较大的我国纯种黄牛(秦川牛、晋南牛、鲁西牛、南阳牛、延边牛、郏县红牛、复州牛、冀南牛、草原红牛、三河牛、新疆褐牛等),及以上述品种牛为母本、引进的肉用品种为父本的杂交牛。

2. 性别　去势(阉割)公牛。

3. 年龄　小于 48 月龄。

4. 体重　屠宰前肉牛的活重 400 千克以上。

5. 体型外貌　外貌尚丰满,皮毛尚光顺。躯体结构尚匀称,符合品种特点。背部平直,尾根两侧隆起差。前胸开张差,胸突丰满度差。全身肌肉发育差。

6. 体膘肥度　七八成膘(全身比较丰满、尚能见到骨头突出点、行走较缓慢)。

7. 体质　健康,活体检测各项指标均为阴性,体表有少量划伤或疤痕。

屠宰后胴体质量评定、胴体分割后牛肉质量的评定参考本书附录。

二、肉牛品种与屠宰加工企业效益的关系

(一)我国肉牛品种资源　我国地大物博,登记在册的黄牛品种有 28 个,品种间不仅牛的活重差异大,而且牛肉质量的差异也非

常大。因此,肉牛屠宰加工企业认识和了解我国肉牛资源非常必要。我国肉牛按体型可分为较大体型品种牛和较小体型品种牛。

1. **较大体型品种牛**　包括秦川牛、南阳牛、鲁西牛、晋南牛、延边牛、渤海黑牛、郏县红牛、冀南牛、平陆山地牛、复州牛、草原红牛、新疆褐牛、三河牛等。

2. **较小体型品种牛**　包括蒙古牛、哈萨克牛、舟山牛、温岭高峰牛、台湾牛、皖南牛、广丰牛、闽南牛、大别山牛、枣北牛、巴山牛、巫陵牛、雷琼牛、盘江牛、三江牛、峨边花牛、云南高峰牛、西藏牛等。

据笔者的研究和调查,在科学合理的饲养管理条件下,大体型黄牛品种牛和小体型黄牛品种牛都能生产优质牛肉。但是,只有大体型黄牛品种牛和大体型杂交类群牛才能生产高档次(高价)牛肉,而小体型黄牛品种和小体型杂交类群牛不具备生产高档次(高价)牛肉的条件。因为肉牛品种间产肉性能的差异非常悬殊,所以屠宰企业在收购肉牛尤其在生产高档次(高价)、优质牛肉产品时要对育肥牛的品种进行选择。选择品种的条件,一为自身条件,二为数量,三为质量。

3. **杂交牛类型**　我国肉牛的杂交组合较多,笔者建议屠宰企业在选择为生产高档次(高价)牛肉的杂交组合的类型如下。

(1)选择瘦肉型的杂交组合

①杂交组合一

第一父本(♂)×第一母本(♀)

↓

F₁代

↓　　　　↓

F₁公牛犊全部育肥(♂)　　F₁母牛犊(♀)选育留种用

↓

第二父本(♂)×第二母本(♀)

↓F₂代

（A. 终端杂交时,公母犊牛全部育肥;

B. 多品种轮回杂交时,部分母牛犊选育
留种为第三母本,公牛犊全部育肥）

式中第一父本:西门塔尔牛

第二父本:皮埃蒙特牛,或契安尼娜牛、夏洛来牛、利木赞牛等

第一母本:鲁西牛,或晋南牛、南阳牛、延边牛、复州牛、郏县红
牛、秦川牛、冀南牛、新疆褐牛、三河牛等

②杂交组合二

第一父本(♂)×第一母本(♀)

↓

F₁代

↓   ↓

F₁公牛犊全部育肥(♂)　　　F₁母牛犊(♀)选育留种用

↓

第二父本(♂)×第二母本(♀)

↓F₂代

（A. 终端杂交时,公母犊牛全部育肥;

B. 多品种轮回杂交时,部分母牛犊选育
留种为第三母本,公牛犊全部育肥）

式中第一父本:西门塔尔牛

第二父本:安格斯牛,或德国黄牛、利木赞牛等

第一母本:鲁西牛,或晋南牛、南阳牛、延边牛、复州牛、郏县红
牛、秦川牛、冀南牛、新疆褐牛、三河牛等

(2)选择适度脂肪型的杂交组合

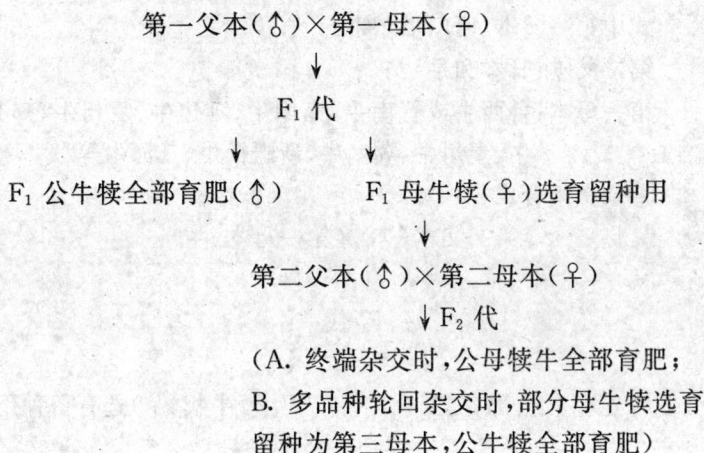

第一父本(♂)×第一母本(♀)

↓

F₁ 代

↓　　　　　↓

F₁ 公牛犊全部育肥(♂)　　　F₁ 母牛犊(♀)选育留种用

↓

第二父本(♂)×第二母本(♀)

↓F₂ 代

(A. 终端杂交时,公母犊牛全部育肥;

B. 多品种轮回杂交时,部分母牛犊选育
留种为第三母本,公牛犊全部育肥)

式中第一父本:西门塔尔牛

第二父本:利木赞牛或南德温牛

第一母本:鲁西牛或晋南牛、南阳牛、延边牛、复州牛、郏县红
牛、秦川牛、冀南牛、新疆褐牛、三河牛等

(3)选择较多脂肪型的杂交组合

①杂交组合一

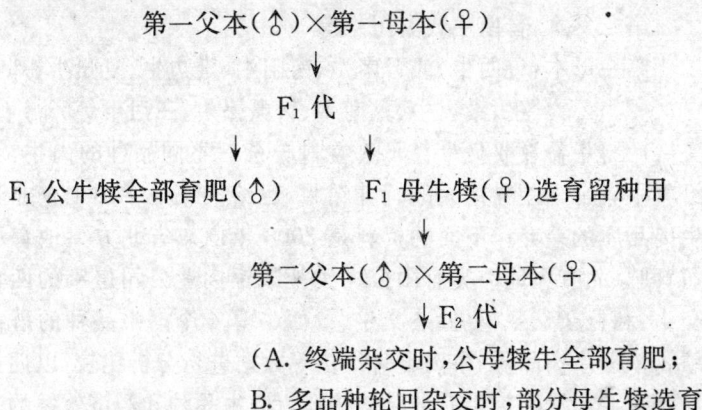

第一父本(♂)×第一母本(♀)

↓

F₁ 代

↓　　　　　↓

F₁ 公牛犊全部育肥(♂)　　　F₁ 母牛犊(♀)选育留种用

↓

第二父本(♂)×第二母本(♀)

↓F₂ 代

(A. 终端杂交时,公母犊牛全部育肥;

B. 多品种轮回杂交时,部分母牛犊选育

留种为第三母本,公牛犊全部育肥)

式中第一父本:西门塔尔牛

第二父本:日本和牛

第一母本:鲁西牛或晋南牛、南阳牛、延边牛、复州牛、郏县红
　　　　牛、秦川牛、冀南牛、新疆褐牛、三河牛等

②杂交组合二

第一父本(♂)×第一母本(♀)

↓

F_1 代

↓　　　　　　↓

F_1 公牛犊全部育肥(♂)　　　F_1 母牛犊(♀)选育留种用

↓

第二父本(♂)×第二母本(♀)

↓F_2 代

(A. 终端杂交时,公母犊牛全部育肥;

B. 多品种轮回杂交时,部分母牛犊选育
留种为第三母本,公牛犊全部育肥)

式中第一父本:西门塔尔牛

第二父本:晋南牛或秦川牛等

第一母本:鲁西牛,或晋南牛、南阳牛、延边牛、复州牛、郏县红
　　　　牛、秦川牛、冀南牛、新疆褐牛、三河牛等

(二)牛品种和肉牛经济效益的关系　不同品种的肉牛,不仅
给养牛者带来差异极大的饲养结果,也给肉牛屠宰加工企业带来
牛肉品质的差异。下面的资料是 2003 年山东省北方大地育肥公
司育肥、北方大地肉类有限公司委托凯银肉业公司屠宰的西鲁杂
交牛、利鲁杂交牛、夏鲁杂交牛、鲁西牛等 4 个肉牛品种的屠宰成
绩。依据牛肉品质、牛肉出售价位等数据进行分析比较,以便提供
屠宰企业在屠宰肉牛品种时的选择。肉牛品种和经济效益的基本

数据见表12-1。

表 12-1　品种和肉牛经济效益

品　　种		西鲁杂交牛	利鲁杂交牛	夏鲁杂交牛	鲁西牛
统计数(头)		445	645	335	155
出栏体重(千克)		636.96±74.81	583.7±81.04	650.5±64.11	546.18±74.22
屠宰前体重(千克)		609.5±70.79	556.9±72.26	623.1±61.84	516.73±70.92
胴体重（千克）	成熟前	348.7±44.36	323.±47.09	362.0±37.7	295.18±41.3
	成熟后	341.7±43.60	317.±46.05	355.8±37.5	288.80±40.0
成熟期失重(千克)		7.05±2.48	6.07±1.75	6.13±4.11	6.38±2.00
屠宰率(%)		57.18±2.11	57.96±2.05	58.09±.80	57.16±2.60
净肉重(千克)		293.18±37.44	271.40±39.30	303.10±32.21	245.08±35.20
净肉率(%)		48.12±1.84	48.74±1.74	48.97±1.55	47.43±2.15
骨头(千克)		47.39±6.59	43.09±6.23	48.78±5.57	40.69±6.18
作业损失(%)		1.85±1.04	1.69±1.14	1.95±0.91	1.37±0.99
背部膘厚(毫米)		11.95±7.07	6.07±8.75	12.00±7.03	8.36±5.77
背脂色	白色(%)	17.98	27.13	14.93	29.04
	微黄色(%)	71.91	57.36	82.09	35.48
	黄色(%)	10.11	15.50	2.98	35.48
眼肌面积(厘米²)		121.71±22.15	106.3±23.89	130.2±20.03	111.48±17.97
大理石花纹等级(%)	1级	2.25	4.65	2.99	0
	2级	8.99	9.30	1.49	16.13
	3级	17.98	21.71	14.93	29.03
	4级	17.98	27.13	20.90	22.58
	5级	31.46	26.36	34.33	16.13
	6级	21.35	10.85	25.37	16.13
一类肉	重量(千克)	39.74	37.00	37.53	36.64
	价格(元/千克)	39.91	41.40	39.03	41.77

優质肉牛屠宰加工技术

续表 12-1

品　种		西鲁杂交牛	利鲁杂交牛	夏鲁杂交牛	鲁西牛
二类肉	重量(千克)	100.6	92.51	107.69	91.64
	价格(元/千克)	16.89	16.98	16.89	17.03
三类肉	重量(千克)	149.56	139.71	154.56	116.80
	价格(元/千克)	12.50	11.96	12.59	12.33
销售价格 (元/千克)	屠宰前体重	8.52	8.50	8.43	8.77
	肉　重	17.78	17.73	17.44	18.49

从表 12-1 可以看到：

第一，4 个肉牛品种背膘厚(毫米)的表现，夏洛来杂交牛 12 (毫米)排在第一；西门塔尔杂交牛 11.95(毫米)排在第二；鲁西牛 8.36(毫米)排在第三，利木赞杂交牛居末。

第二，大理石花纹等级的表现以鲁西黄牛最好，1～3 级占 45.16％，西鲁杂交牛为 29.22％，利鲁杂交牛为 35.66％，夏鲁杂交牛为 19.46％。

第三，一类肉重量(占体重百分比)以鲁西牛的 6.71％ 为第一，利鲁杂交牛的 6.34％ 为第二，西鲁杂交牛的 6.24％ 为第三，夏鲁杂交牛的 5.77％ 居第四。牛肉销售价格(元/千克)，也以鲁西牛的 41.77 为第一，利鲁杂交牛的 41.4 为第二，西鲁杂交牛的 39.91 为第三，夏鲁杂交牛的 39.03 居第四。

第四，牛肉平均销售价格。统计的 4 个品种牛肉的平均销售价格[级差(元/头)]列于表 12-2。

· 272 ·

表 12-2　屠宰销售肉牛时销售价格级差　（元/头）

品种	单　价（元/千克）	鲁西牛肉重（千克/头）	西鲁杂交牛肉重（千克/头）	利鲁杂交牛肉重（千克/头）	夏鲁杂交牛肉重（千克/头）
		245.08	293.18	271.40	305.10
鲁西	18.49	0	208.15	206.26	216.62
西鲁	17.78	0.71	0	92.28	15.26
利鲁	17.73	0.76	0.05	0	88.51
夏鲁	17.44	1.05	0.34	0.29	0

由表中看到，以肉重销售价格比较，每头鲁西牛分别比西鲁杂交牛、利鲁杂交牛、夏鲁杂交牛多售 208.15 元、206.26 元、216.62元，夏鲁杂交牛最低。

从以上牛肉的销售额数据分析，以屠宰销售牛肉时屠宰鲁西纯种黄牛的利润较好。

三、肉牛性别与屠宰加工企业效益的关系

屠宰加工去势育肥公牛（阉公牛）和不去势育肥公牛时牛肉品质的差异是公认的，牛肉价格的差异更大。笔者的测定资料如下。

（一）牛肉嫩度的差异　笔者在多次研究中测定去势（阉割）公牛和公牛牛肉的嫩度（用沃布氏肌肉剪切仪测定，剪切值用千克表示），去势（阉割）公牛比公牛牛肉的嫩度好得多（表 12-3）。

表 12-3　阉公牛、公牛牛肉的嫩度（剪切值，千克）统计

品　种	测定次数	剪切值（千克）
晋南阉公牛	250	3.001
秦川阉公牛	250	3.098
科尔沁阉公牛	150	3.513
延边牛（晚去势）	100	3.639

续表 12-3

品　种	测定次数	剪切值(千克)
复州公牛	100	4.004
渤海黑公牛	110	4.416
科尔沁公牛	150	4.458

表 12-3 表明,去势(阉割)公牛育肥饲养后牛肉的嫩度都在优质牛肉的标准范围内(<3.62);适时去势(8～10 月龄)的去势(阉割)公牛比晚去势(16～18 月龄)牛好,更比公牛好得多,这就是公牛牛肉为什么达不到最好档次的原因。

从牛肉嫩度考虑,屠宰企业以收购去势(阉割)公牛较好。

(二)去势(阉割)公牛与公牛脂肪量比较　在同一测定中去势(阉割)公牛体内脂肪沉积量远远大于公牛(表 12-4)。

表 12-4　去势公牛与公牛脂肪量比较

性　别	统计数(头)	肉间脂肪 (千克)	肾脂肪 (千克)	心包脂肪 (千克)
晋南阉公牛	28	41.13	18.54±4.21	3.06±0.91
秦川阉公牛	29	45.88	17.70±4.82	3.07±1.00
鲁西阉公牛	25	42.36	13.57±5.12	1.52±0.63
南阳阉公牛	26	36.12	14.33±4.10	1.58±0.54
科尔沁阉公牛	15	32.20	17.45±5.22	2.51±0.69
延边阉公牛(晚阉)	10	26.59	16.56±3.54	2.58±0.74
复州公牛	10	18.16	8.52±3.30	1.19±0.43
渤海黑公牛	12	20.25	11.59±3.81	1.62±0.42
科尔沁公牛	15	17.98	14.42±5.13	1.97±0.66

表 12-4 表明,去势(阉割)公牛肉间脂肪量(32～46 千克)、肾

脂肪量(17~18千克)及心包脂肪量(2~3千克)都远远大于公牛,说明去势(阉割)公牛在育肥饲养过程中沉积脂肪的能力强,也说明以大理石花纹、背部脂肪厚为特色的高档(价)牛肉只有去势(阉割)公牛才能完成。另一方面,去势时间较晚(18月龄)的延边去势(阉割)公牛沉积脂肪的能力比适时(8~10月龄)去势(阉割)公牛差,可又比未去势的公牛强。

(三)公牛去势时间对牛肉品质的影响

1.牛肉嫩度的差异　笔者曾对8~10月龄去势(阉割)牛和16~18月龄去势(阉割)牛的牛肉嫩度进行测定试验,结果如表12-5。剪切值越大,牛肉的嫩度越差;剪切值越小,牛肉的嫩度越嫩。

表12-5　去势(阉割)时间对牛肉嫩度的影响

月　龄	统计数(头)	屠宰前体重(千克)	屠宰率(%)	剪切值X(千克)的出现率(%)		
				X<3.62	3.63<X<4.78	X>4.79
8~10	25	565.03±45.04	64.22±2.21	78.8	15.60	5.60
8~10	25	541.87±45.58	63.44±2.07	81.6	13.60	4.80
8~10	15	538.40±73.50	62.44±1.98	62.00	27.33	10.67
16~18	11	501.25±44.22	63.59±1.75	26.36	48.18	25.46
16~18	10	576.27±68.79	61.73±1.49	28.67	28.66	42.67

表12-5表明,8~10月龄去势(阉割)和16~18月龄去势(阉割)牛的牛肉嫩度存在较大的差异,剪切值<3.62(千克)的出现率(%)前者比后者高2倍以上,剪切值>4.79(千克)的出现率(%)低6~8倍。因此,公牛以8~10月龄去势(阉割)育肥较好。

2.牛肉大理石花纹等级的差异　笔者研究过8~10月龄去势(阉割)牛和16~18月龄去势(阉割)牛的大理石花纹等级(1级最好,6级最差),结果如表12-6。

优质肉牛屠宰加工技术

表 12-6　阉公牛、公牛牛肉大理石花纹等级比较　（%）

性　别	统计数(头)	1 级	2 级	3 级	4 级	5 级	6 级
阉公牛	25	44.00	44.00	8.00	4.00	0	0
阉公牛	25	64.00	20.00	16.00	0	0	0
阉公牛	15	53.33	33.33	13.33	0	0	0
阉公牛(晚)	10	10.00	20.00	70.00	0	0	0
公　牛	10	0	0	0	90.00	10.00	0
公　牛	11	0	9.09	27.27	54.55	9.09	0
公　牛	15	0	13.33	53.33	13.33	20.00	0

　　表 12-6 表明,公牛去势(阉割)育肥饲养和公牛不去势育肥饲养,肌肉呈现大理石花纹的能力(即育肥期体内脂肪沉积的能力)差别极大。用 6 级制标准比较,阉公牛 1 级、2 级的占 84%～88%,无 5 级和 6 级的。公牛无 1 级的,2 级的占 10% 左右,而 4级和 5 级的所占比例较大。

　　3. 肉牛屠宰成绩的差异　笔者选用年龄、体重相近的阉公牛(8～10 月龄去势,16～18 月龄去势)和公牛处在相类似的饲养管理条件下育肥饲养,并屠宰测定它们的屠宰率、净肉率、胴体体表脂肪覆盖率。去势(阉割)公牛与公牛屠宰率、净肉率、胴体体表脂肪覆盖率比较如表 12-7。

表 12-7　阉公牛与公牛屠宰率、净肉率比较

品　种	统计数(头)	屠宰率(%)	净肉率(%)	胴体体表脂肪覆盖率(%)
晋南阉公牛	28	63.38±1.57	54.06±2.06	85.28±2.33
晋南阉公牛	25	63.44±2.07	54.20±1.84	85.99±1.39
秦川阉公牛	29	63.02±2.17	52.95±2.56	84.09±4.43
秦川阉公牛	25	64.22±2.21	54.54±1.71	85.21±1.24

续表 12-7

品　　种	统计数 （头）	屠宰率 （%）	净肉率 （%）	胴体体表脂肪覆盖率 （%）
鲁西阉公牛	25	63.06±2.04	53.50±2.57	84.69±3.38
南阳阉公牛	26	63.74±1.52	54.24±1.96	85.11±2.24
科尔沁阉公牛	15	62.44±1.98	52.89±2.08	84.73±1.56
西鲁杂交阉公牛	47	61.17±2.45	49.73±3.14	81.45±4.47
延边阉公牛（晚阉）	10	61.29±1.25	51.10±1.60	83.37±1.25
复州公牛	10	62.05±1.58	51.62±1.29	83.31±0.99
渤海黑公牛	12	63.59±1.75	53.37±1.89	83.94±0.94
科尔沁公牛	15	61.73±1.49	51.94±1.61	84.19±1.56

表 12-7 表明,去势(阉割)公牛的屠宰率(此处采用的屠宰率为畜牧屠宰率)比公牛的屠宰率高,去势(阉割)公牛的净肉率、胴体体表脂肪覆盖率均好于公牛。

四、肉牛年龄与屠宰加工企业效益的关系

（一）肉牛年龄在优质高效生产中的地位　肉牛屠宰时的月龄以 30 月龄为分界线,大于 30·月龄的肉牛生产优质牛肉的比例会大大下降。

1. 牛肉嫩度的下降　牛肉嫩度是评定牛肉品质十分重要的指标。影响牛肉嫩度的因素较多,其中育肥牛的年龄影响程度较大,即牛的年龄越小,牛肉嫩度越好;随着育肥牛的年龄增长,牛肉的嫩度越来越差,随着牛肉嫩度的老化,牛肉的价值越来越低。

2. 脂肪颜色的加深　脂肪颜色是评定牛肉品质另一个重要的指标。影响脂肪颜色的因素中主要为育肥牛的年龄和饲料品质。育肥牛的年龄越小,脂肪颜色洁白;随着育肥牛的年龄增长,

脂肪颜色由洁白逐渐变成微黄色、淡黄色、黄色、深黄色。随着脂肪颜色的变深,牛肉的价值越来越低。

(二)牛的年龄与高档次(高价)、优质肉牛的关系 根据国内外畜牧工作者和牛肉加工者的实践、牛肉市场的销售价格,育肥牛的年龄和牛肉等级的关系是:①30 月龄以下,生产高档次(高价)牛肉;②31～48 月龄,生产优质牛肉;③49～60 月龄,生产普通牛肉;④大于 60 月龄,生产低质牛肉。因此,育肥的年龄已经超过 30 月龄时,生产高档次(高价)牛肉的概率几乎为零;31～48 月龄时尚能生产优质牛肉。

(三)肉牛屠宰年龄与经济效益 肉牛屠宰年龄和经济效益的关系也很密切。笔者统计的基本数据见表 12-8(牛肉价格为 2003年的)。

表 12-8　肉牛年龄与经济效益

年　龄		未换牙	1 对牙	2 对牙
统计数(头)		940	595	115
出栏体重(千克)		592.55±88.54	599.68±77.04	602.05±60.66
屠宰前体重(千克)		568.17±88.06	569.58±73.21	566.82±62.69
胴体重(千克)	成熟前	328.31±54.13	326.56±43.17	321.50±43.37
	成熟后	321.93±53.19	320.22±42.63	315.84±42.49
成熟期失重(千克)		6.38±2.90	6.34±1.90	5.66±2.83
屠宰率(%)		57.68±2.15	57.34±2.19	56.62±2.31
净肉重(千克)		276.58±45.91	272.28±36.21	270.76±35.13
净肉率(%)		48.68±1.95	47.80±2.42	47.77±2.26
骨头(千克)		45.25±7.26	45.22±6.13	44.98±5.13
作业损失(%)		1.73±0.92	1.75±1.22	1.84±1.12
背部膘厚(毫米)		12.08±7.87	17.80±7.29	19.36±6.62

续表 12-8

年　龄		未换牙	1 对牙	2 对牙
背脂色	白色（%）	22.69	22.51	17.72
	微黄色（%）	68.66	60.43	54.43
	黄色（%）	8.66	17.06	27.85
眼肌面积（平方厘米）		114.75±27.94	98.77±24.11	100.67±19.20
大理石花纹等级（%）	1 级	2.69	3.32	0
	2 级	5.37	11.85	17.72
	3 级	13.73	26.78	24.05
	4 级	20.60	25.36	35.44
	5 级	32.24	23.46	22.78
	6 级	25.37	9.24	0
一类肉	重量（千克）	36.25	37.30	38.12
	价格（元/千克）	38.96	41.58	47.02
二类肉	重量（千克）	98.82	90.78	90.89
	价格（元/千克）	16.90	17.02	17.03
三类肉	重量（千克）	137.34	142.64	141.21
	价格（元/千克）	12.66	11.44	11.73

从表 12-8 可以看出：

第一，背部脂肪颜色，随年龄的增长而黄色比例增高。

第二，育肥牛背部脂肪厚度，随年龄的增长而增厚，未换牙的牛为 10.55 毫米，1 对牙的牛为 16.78 毫米，2 对牙的牛为 19.75 毫米。

第三，大理石花纹等级随年龄的增长而提高，3 级以上等级，未换牙占 16.69%，1 对牙的占 57.27%，2 对牙的占 65.96%。

第四，虽然年龄为 2 对牙的牛一类肉产量只比未换牙、1 对牙的牛高 5.16%～2.2%,但牛肉出售价比未换牙、1 对牙的牛高出 20.69%～13.08%,说明年龄为 2 对牙的牛一类肉不仅产量高,而且牛肉销售价格也高。

　　第五,总体分析,屠宰年龄为 2 对牙的牛,牛肉的出售价格较高,屠宰后出售牛肉,每头可增收 215～279 元。

五、肉牛体重与屠宰加工企业效益的关系

　　(一)肉牛体重和生产高档牛肉　肉牛在 30 月龄内体重大于 530 千克,不仅能生产优质牛肉,还能生产高档次(高价)牛肉。笔者统计了近 2 000 头肉牛体重和肉块重量的关系如表 12-9 和表 12-10。

表 12-9　肉牛体重与高档次(高价)肉块产量的关系

肉块名称		体重和肉块产量(千克)			
		650	550	450	400
里脊	S 级里脊(牛柳)	4.88	4.32	0	0
	A 级里脊(牛柳)	4.42	3.74	3.10	0
	B 级里脊(牛柳)	4.29	3.63	2.97	2.64
	C 级里脊(牛柳)	3.71	3.14	2.57	2.28
	等外级里脊(牛柳)	3.25	3.00	2.45	2.00
外脊	S 级外脊(西冷)	13.65	12.60	0	0
	A 级外脊(西冷)	11.05	9.35	9.35	0
	B 级外脊(西冷)	9.82	8.31	8.31	0
	C 级外脊(西冷)	9.10	7.90	7.80	0
眼肉	眼肉 A	10.92	10.89	0	0
	眼肉 B	10.78	10.05	8.56	7.92
	眼肉 C	10.50	9.55	8.21	7.56

续表 12-9

肉块名称		体重和肉块产量(千克)			
		650	550	450	400
上 脑	上脑 A	12.74	9.85	0	0
	上脑 B	11.21	9.54	9.85	7.16
	上脑 C	10.45	8.99	9.26	6.98
S特外	撒拉伯尔(S特外)A	25.03	22.83	0	0
	撒拉伯尔(S特外)B	24.78	21.56	0	0
	撒拉伯尔(S特外)C	22.67	20.15	18.67	0
S腹肉	S腹肉 A	4.36	3.9	0	0
	S腹肉 B	3.8	3.5	3.5	0
	S腹肉 C	3.4	3.2	2.9	2.4
牛小排	牛小排 A	11.1	9.35	0	0
	牛小排 B	9.8	8.5	8.0	0
	牛小排 C	8.0	7.5	7.2	7.5
带骨腹肉	带骨腹肉 A	10.14	9.24	0	0
	带骨腹肉 B	9.8	8.9	7.6	0
	带骨腹肉 C	8.0	7.8	7.0	6.5
牛仔骨	牛仔骨 A	6.17	5.7	0	0
	牛仔骨 B	5.70	5.0	4.6	4.1
	牛仔骨 C	5.20	4.8	4.0	3.8

表 12-10　　不同体重的高档次(高价)肉块产量

高档次(高价)肉块名称	高档次(高价)牛肉占活牛重(%)	体重和肉块产量(千克)					
		650	600	550	500	450	400
牛柳(里脊)	0.72~0.73	4.88	4.32	3.96	3.60	3.24	2.88
西冷(外脊)	2.10~2.20	13.65	12.60	11.55	10.50	9.45	8.40
眼　肉	1.68~1.70	10.92	10.08	9.24	8.40	7.56	6.72
上　脑	1.96~2.10	12.74	11.76	10.78	9.80	8.82	7.84
S 腹肉	0.067~0.07	4.36	4.02	3.68	3.35	不能生产	
S 特外	3.85~3.88	25.03	23.10	21.17	不能生产		
T 骨扒	0.96~0.98	6.24	5.76	5.28	4.80	不能生产	
牛仔骨	0.95~0.96	6.17	5.70	5.22	4.75	不能生产	
牛　肩	1.68~1.70	10.92	10.08	9.24	8.40	7.56	6.72
带骨腹肉	1.56~1.58	10.14	9.36	8.58	7.80	不能生产	
卡鲁比	0.63~0.64	3.98	3.78	3.47	3.15	2.84	2.52

　　分割牛肉肉块的重量和肉牛屠宰前体重间存在极强的正相关关系。肉牛屠宰前体重越重,分割肉块的重量也越重;肉牛屠宰前体重越小,高档次(高价)肉块就出不了。因此,肉牛屠宰前体重小的牛卖不出高价钱。

　　从上面的数据不难看出体重较小的肉牛品种(屠宰体重小于530千克)能够生产优质牛肉,但是不能生产高档次(高价)牛肉,因为肉块的重量达不到高档次(高价)牛肉的要求。

　　(二)肉牛体重超过 550 千克和肉牛经济效益　笔者统计了1 650头肉牛的屠宰体重与经济效益的关系如表 12-11 所示(牛肉价格为 2003 年的)。

表 12-11　肉牛屠宰体重与经济效益的关系统计

统计数（头）		195	170	785	500
出栏体重（千克）		533.27±107.76	660.55±75.49	640.4±46.91	595.0±58.07
屠宰前体重（千克）		509.57±105.43	641.00±69.93	614.2±57.49	563.0±55.69
胴体重（千克）	成熟前	292.13±67.3	368.09±41.9	354.20±36.4	326.3±36.5
	成熟后	286.43±66.0	363.35±43.9	347.33±35.6	320.1±36.0
成熟期失重（千克）		5.70±1.52	4.75±6.01	6.87±2.77	6.28±2.11
屠宰率（%）		57.09±2.87	57.41±1.42	57.65±2.08	57.86±2.38
净肉重（千克）		244.44±54.70	305.00±35.35	293.7±30.76	273.0±30.54
净肉率（%）		47.97±2.54	47.58±1.60	47.82±1.94	48.41±2.02
骨头（千克）		40.57±8.79	51.28±5.59	49.12±4.58	45.11±4.46
作业损失（%）		1.52±0.65	1.81±0.43	1.92±0.92	2.36±1.45
背部膘厚（毫米）		4.35±3.24	10.09±7.18	11.75±6.93	18.02±7.49
背脂色	白色（%）	30.77	29.41	19.11	22.00
	微黄色（%）	53.85	50.00	73.89	60.00
	黄色（%）	15.38	20.59	7.00	18.00
眼肌面积（平方厘米）		118.1±24.49	128.25±18.42	126.08±19.4	105.0±19.9
大理石花纹等级（%）	1级	0	0	2.40	1.59
	2级	0	9.09	7.20	12.70
	3级	0	9.09	16.00	42.86
	4级	4.34	18.18	20.00	15.87
	5级	47.83	45.46	32.80	25.40
	6级	47.83	18.18	21.60	1.59
一类肉	重量（千克）	37.65	35.21	38.52	40.64
	价格（元/千克）	38.46	38.20	38.65	43.83

续表 12-11

统计数（头）		195	170	785	500
二类肉	重量（千克）	95.64	111.27	104.28	90.10
	价格（元/千克）	16.90	16.84	16.89	17.03
三类肉	重量（千克）	111.15	158.52	150.93	142.26
	价格（元/千克）	13.14	13.30	12.73	11.39

从表 12-11 可以看到：

第一，随育肥牛的屠宰体重的增加，胴体背膘厚（毫米）并不是有规律的增厚。

第二，背部脂肪的颜色，尤其是黄色脂肪的出现率和肉牛体重间也不存在有规律的关系。

第三，大理石花纹等级达到 3 级以上，体重 533 千克较低，但是体重 660 千克的牛大理石花纹等级达到 3 级以上的比例也不高。大理石花纹的形成，既受育肥时间的影响，也受育肥期日粮浓度、牛年龄、牛品种等的影响，体重的影响较小。

第四，一类肉产量和体重间的关系无规律，牛肉销售价格也无规律。

因此，从屠宰牛的体重分析，超过 550 千克体重的肉牛大小和屠宰企业的效益间不存在直接的相关关系，屠宰企业不应盲目追求大体重牛。

从牛肉加工（屠宰企业）、牛肉流通（牛肉销售中间商）到用肉单位（餐饮业），都要求（渴望）高档次肉块越大越好（利润空间大）。但是，从饲养者的经济利益考虑，育肥牛育肥结束体重越大，饲养成本就越高，养牛的利润空间就越小。笔者建议肉牛育肥户将肉牛体重育肥到 550～580 千克时出售，此时既能生产高档次（高价）

牛肉,又能降低成本。

六、肉牛育肥程度与屠宰加工企业效益的关系

(一)肉牛育肥程度的表达　肉牛脂肪沉积能力的体现,一为背部脂肪沉积厚度,二为肌肉纤维中脂肪沉积量,常常用大理石花纹的丰富程度来描述。背部脂肪沉积厚度是指牛胴体第十二至第十三胸肋处皮下脂肪的厚度,牛肉大理石花纹是指牛肉中肌肉和脂肪交杂形成图案美丽、色泽鲜艳、红白分明,形如天然大理石花纹状,故称之。牛肉大理石花纹的形成是脂肪在肌肉纤维中的沉积,脂肪沉积量越多,大理石花纹越丰富。我国牛肉大理石花纹测定部位在牛胸肋第十二至第十三处(背最长肌)的横切面,日本则在第六至第七牛胸肋处的横切面。

牛肉大理石花纹是决定牛肉等级优劣非常重要的指标,也是牛肉价格高低的重要依据,大理石花纹丰富时牛肉的定级高,销售价格也高,大理石花纹差时牛肉的定级低,销售价格也低。

牛肉的多汁性、口味、嫩度都和大理石花纹有关,在牛肉品质评定中占有决定性的地位,而在牛肉价格的决定中也是决定因素。

牛肉大理石花纹丰富,牛肉多汁,松软味美;牛肉大理石花纹不丰富,牛肉汁少,干硬。

牛肉大理石花纹丰富,牛肉的口味浓、口感好;牛肉大理石花纹不丰富,牛肉口味淡无纯真牛肉味。

牛肉大理石花纹丰富,牛肉嫩度好,鲜嫩易嚼;牛肉大理石花纹不丰富,牛肉粗老,不易嚼碎,塞牙。

育肥牛饲养户了解了牛肉大理石花纹丰富与否和牛肉品质、牛肉价格的相关性后,要获得高价格的牛价,应该在牛的育肥过程中下功夫、创造条件使育肥牛多沉积脂肪形成丰富的大理石花纹。

据笔者分析,当前高档次(高价)、优质牛肉需求量和生产量间已经形成很大的供需矛盾,在不远的将来,大理石花纹丰富的牛肉

仍然是牛肉市场的主体,高档次(高价)、优质牛肉供需矛盾会更突出,同时高档次(高价)、优质牛肉生产也是肉牛育肥户和屠宰企业获得较高利润的闪光点,因此谁早动手育肥,谁就早获利,获大利。

(二)背部脂肪厚度与肉牛经济效益 胴体表面脂肪覆盖率、脂肪厚度、脂肪颜色、脂肪坚挺度是判定胴体优劣的重要依据。目前绝大多数屠宰企业依背部脂肪厚度、脂肪颜色、脂肪坚挺度给胴体定级定价。背部脂肪厚度 10 毫米为定级定价的分界线,10 毫米以上定为 A 级,不足 10 毫米的定为 B 级。背部脂肪厚度与肉牛经济效益如表 12-12 所示(牛肉价格为 2003 年的)。

表 12-12 背部脂肪厚度与肉牛经济效益

背膘厚度		≤5mm	>5mm≤10mm	>10mm≤15mm	>15mm
统计数(头)		330	275	240	805
出栏体重(千克)		579.03±97.18	612.93±79.46	604.98±77.90	593.99±75.14
屠宰前体重(千克)		558.30±91.11	586.31±79.99	577.75±76.12	564.02±75.77
胴体重 (千克)	成熟前	320.71±57.20	338.64±49.47	333.40±48.16	324.16±46.37
	成熟后	313.82±55.67	332.59±49.28	326.77±46.95	318.08±45.76
成熟期失重(千克)		6.89±2.52	6.05±3.19	6.63±1.73	6.07±2.55
屠宰率(%)		57.33±2.47	57.72±2.21	57.64±2.28	57.43±2.04
净肉重(千克)		261.98±47.71	282.28±41.34	281.51±40.71	275.90±39.31
净肉率(%)		46.92±2.67	48.15±2.02	48.73±1.94	48.92±2.05
骨头(千克)		44.45±7.56	47.02±6.27	46.17±6.61	44.64±6.47
作业损失(%)		1.50±0.74	1.83±0.91	1.77±0.87	1.80±1.22
背脂色	白色(%)	14(21.21)	10(18.18)	10(20.83)	40(24.84)
	微黄色(%)	48(72.73)	42(76.36)	36(75.00)	88(54.66)
	黄色(%)	4(6.06)	3(5.46)	2(4.17)	33(20.50)

续表 12-12

背膘厚度		≤5mm	>5mm≤10mm	>10mm≤15mm	>15mm
大理石花纹等级（%）	1级	0	1.82	0	5.59
	2级	0	3.64	8.33	13.66
	3级	6.06	5.45	27.08	28.57
	4级	9.09	21.82	22.92	27.33
	5级	38.45	45.45	29.17	19.88
	6级	50.00	21.82	12.50	4.97
眼肌面积（平方厘米）		118.07±25.41	119.80±24.27	105.88±30.91	100.57±25.11
一类肉	重量（千克）	34.36	37.88	37.57	37.03
	价格（元/千克）	38.21	37.64	39.21	42.29
二类肉	重量（千克）	100.23	101.07	96.71	91.08
	价格（元/千克）	16.87	16.88	16.95	17.02
三类肉	重量（千克）	127.39	143.33	147.23	147.79
	价格（元/千克）	12.86	12.77	12.35	11.99

说明：1mm 为 1 毫米

由表 12-12 可以看到：①随着背膘厚度的增加，背部脂肪黄色比例增加；②随着背膘厚度的增加，一类肉的出售价也随之提高；背部膘厚由小于等于 5 毫米增至大于 15 毫米后，出售价分别提高 2.62%～10.68%。

（三）育肥牛背部脂肪颜色和肉牛经济效益

育肥牛背部脂肪颜色、厚度、坚挺是评定育肥牛等级的重要感官指标，黄色脂肪的牛肉卖价很低，但是当前屠宰、分割加工工序可以把黄色脂肪剔除，把本来卖低价的黄脂牛肉混杂在白或微黄脂肪肉中,减少了黄脂牛肉的损失。肉牛脂肪颜色与肉牛经济效益的基本数据见表12-13。

表 12-13　脂肪颜色与肉牛经济效益

脂肪颜色		白　色	微黄色	黄　色
统计数(头)		370	1070	210
出栏体重(千克)		569.55±74.24	614.97±80.35	544.00±75.97
屠宰前体重(千克)		542.85±73.03	587.85±75.72	515.81±78.34
胴体重(千克)	成熟前	312.72±46.15	339.29±47.07	291.31±44.95
	成熟后	306.35±44.98	332.86±46.34	285.67±44.61
成熟期失重(千克)		6.36±1.67	6.43±2.84	5.64±2.44
屠宰率(%)		57.54±2.34	57.67±2.07	56.50±2.27
净肉重(千克)		258.08±39.09	281.86±39.82	243.06±36.34
净肉率(%)		47.54±2.34	47.95±1.80	47.12±3.27
骨头(千克)		42.68±6.38	46.95±6.21	40.87±6.65
作业损失(%)		1.50±0.77	1.92±1.14	1.27±0.73
眼肌面积(平方厘米)		97.64±23.22	117.74±23.84	76.97±18.39
背部膘厚(毫米)		15.32±8.29	13.62±8.04	18.55±7.12
大理石花纹等级(%)	1级	2.70	2.34	7.14
	2级	10.81	7.48	9.52
	3级	13.51	21.96	21.43
	4级	27.03	19.16	28.57
	5级	22.97	32.24	19.05
	6级	22.97	16.82	14.29

续表 12-13

脂肪颜色		白　色	微黄色	黄　色
一类肉	重量(千克)	34.87	38.11	32.88
	价格(元/千克)	40.04	40.25	40.67
二类肉	重量(千克)	91.95	98.73	84.22
	价格(元/千克)	16.97	16.93	17.03
三类肉	重量(千克)	131.26	145.02	125.96
	价格(元/千克)	11.84	12.35	11.48

从表 12-13 可以看到:白色、微黄色脂肪牛较黄色脂肪牛多卖124 元/头。

第二节　肉牛体型在优质高效生产中的地位

肉牛体型和产肉量的关系早为人知,职业的经纪人、肉牛屠宰能手,能从肉牛体型外貌精确地估计牛的产肉量。

一、牛体各部位的名称

牛体各部位的名称,牛体尺各部位的名称如图 12-1。

二、牛体尺测定

牛体尺的测定,见图 12-2 牛体测量部位。

(一)头长　用卷尺测量枕骨脊至鼻镜的长度。

(二)额宽　用卡尺测量牛两眼角上缘外侧的距离。

(三)头宽　用卡尺测量牛角角基间的距离。

(四)体高　用测杖测量鬐甲最高点至地面的垂直距离。

(五)十字部高　用测杖测量由腰角联线中点至地面的垂直距离。

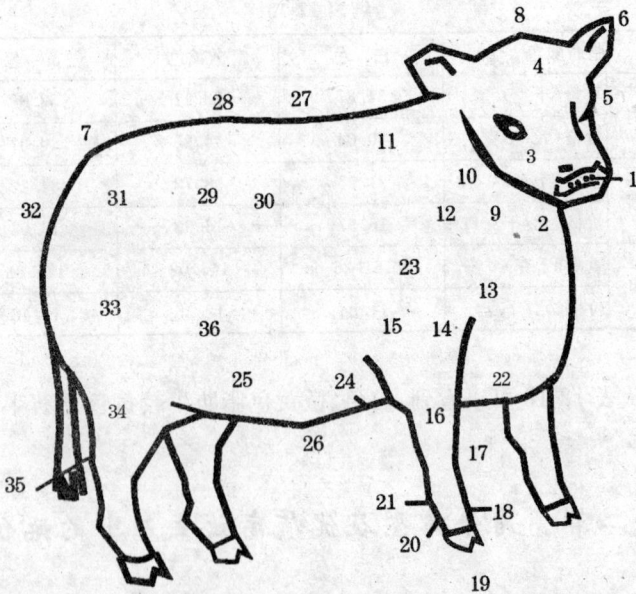

图 12-1　牛体外形部位名称

1. 鼻镜　2. 鼻孔　3. 脸　4. 额　5. 眼　6. 耳　7. 尾根　8. 额顶

9. 下颌　10. 颈　11. 鬐甲　12. 肩　13. 肩端　14. 臂　15. 肘　16. 腕

17. 管　18. 球节　19. 蹄　20. 系　21. 悬蹄　22. 前胸　23. 胸　24. 前肋

25. 后肋　26. 腹　27. 背　28. 腰　29. 腰角　30. 肷　31. 臀(尻)

32. 臀端(尻尖)　33. 大腿　34. 小腿　35. 飞节　36. 膝

(六)尻尖高(臀端高)　用测杖测量尻尖至地面的垂直距离。

(七)胸深　用测杖测量由鬐甲到胸骨下缘的垂直距离。

(八)胸宽　用卡尺测量牛两肩胛后缘间的距离。

(九)胸围　用卷尺测量肩胛后缘胸部的圆周长度。

(十)体直长　用测杖测量由肩端前缘至尻尖的水平距离。

(十一)体斜长(1)　用测杖测量由肩端前缘至尻尖的直线长度。

(十二)体斜长(2)　用卷尺测量由肩端前缘到尻尖的软尺距离。

(十三)尻长　用卡尺测量腰角前缘至尻尖的直线距离。

（十四）臀长　用卷尺测量腰角前缘至坐骨节后突的长度。

（十五）腰角宽　用卡尺测量两腰角外缘间的距离。

（十六）臀端宽　用卡尺测量臀端外缘间的直线距离。

（十七）前管围　用卷尺测量左前肢管骨上1/3最细处的周长。

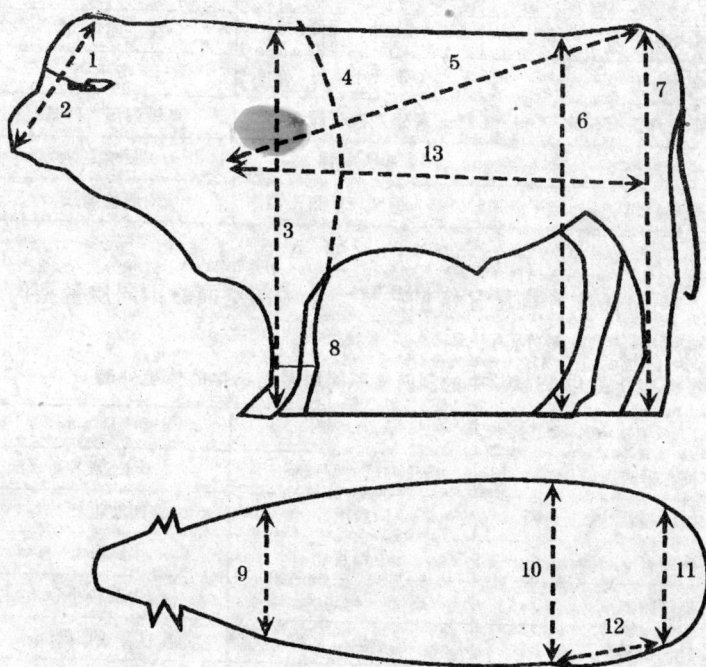

图 12-2　牛体测量部位

1. 头长　2. 额宽　3. 体高　4. 胸围　5. 体斜长　6. 十字部高　7. 尻尖高

8. 管围　9. 胸宽　10. 腰角宽　11. 臀端宽　12. 尻长　13. 体直长

三、不同质量型肉牛的体型外貌

观察肉牛的体型外貌时应从牛的前面、侧面、后面的不同位置观看,以便对肉牛有一个整体感觉。

（一）从牛的前面看体型外貌　从牛的前面看不同质量型肉牛的体型外貌见表12-14。

表 12-14　从牛的前面看不同质量型肉牛的体型外貌

理 想 型	一般质量	质 量 低
头短而方大	牛头大小适中	头小而狭长
嘴大如升	嘴大小尚可	嘴小
鼻镜潮湿有汗珠	鼻镜潮湿有汗珠	鼻镜潮湿有汗珠
眼大有神	眼大有神	眼稍大
颈部短粗	颈部较短粗	颈部较细长

（二）从牛的侧面看体型外貌　从牛的侧面看不同质量型肉牛的体型外貌见表12-15。

表 12-15　从牛的侧面看不同质量型肉牛的体型外貌

理 想 型	一般质量	质 量 低
长方形或圆筒形	长方形或圆筒形	狭长,狭窄
四肢粗壮	四肢粗壮	四肢粗壮
牛蹄直立	牛蹄直立	牛蹄卧立
牛蹄较大	牛蹄大	牛蹄较小
背平坦呈直线	背平坦呈直线	弓背或凹腰
腹部不下垂	腹部稍下垂	腹部下垂
胸部宽而深	胸部较宽较深	胸部较狭窄
牛毛光顺	牛毛较光顺	牛毛粗糙
十字部高	十字部较高	十字部不高

（三）从牛的后面看体型外貌　从牛的后面看不同质量型肉牛的体型外貌见表12-16。

表 12-16　从牛的后面看不同质量型肉牛的体型外貌

理　想　型	一般质量	质　量　低
臀端圆而饱满	臀端圆欠饱满	臀端尖而瘪
肌肉发育好	肌肉发育尚好	肌肉发育较差
腹部稍微凸起	腹部稍凸起	腹部凸起
两后肢间张开	两后肢间较张开	两后肢间较狭窄
腰角圆而丰满	腰角较丰满	腰角突出
尾巴长而垂直	尾巴长而垂直	尾巴长而垂直
尾根肥粗	尾根较粗	尾根细
尾根两侧隆起	尾根两侧稍隆起	尾根两侧无隆起
两臀端间平坦	两臀端间稍平坦	两臀端间有沟
牛蹄直立	牛蹄直立	牛蹄卧立

　　收购育肥牛时应从牛的前面、侧面、后面的不同位置进行观察，综合考察后决定是否购买及购买的价格。

　　收购育肥牛时选择牛的头重量大一些、胸深深一些、胸围大一些、牛蹄重量重一些、臀端宽一些的牛进行屠宰，肉牛的屠宰率、净肉率高。

　　从肉牛的屠宰率上看：质量最好的，每 100 千克体重能获得 65 千克胴体重量（用百分数表示为 65%）；质量较好的，每 100 千克体重能获得 58～60 千克胴体重量（用百分数表示为 58%～60%）；质量一般的，每 100 千克体重能获得 50～52 千克胴体重量（用百分数表示为 50%～52%）；质量较差的，每 100 千克体重能获得 45～48 千克胴体重量（用百分数表示为 45%～48%）。

　　从肉牛的净肉率上看：体膘较差，每 100 千克体重能获得净肉 33～34 千克（用百分数表示为 33%～34%）；体膘一般，每 100 千克体重能获得净肉 38～40 千克（用百分数表示为 38%～40%）；

体膘较好,每100千克体重能获得4净肉5千克以上(用百分数表示为45％以上);体膘特好,每100千克体重能获得净肉55千克以上(用百分数表示为55％以上)。

第三节　卫生质量与屠宰加工企业的效益

卫生质量是指从活牛进屠宰车间开始到牛肉分割包装的全过程的每一个环节,卫生质量不仅影响屠宰加工企业的效益,甚至影响屠宰加工企业的生存。

一、卫生质量与牛肉品质

牛肉品质中的安全性最为重要。在肉牛屠宰加工过程中影响牛肉安全性的因素主要有:一是来自员工操作不慎造成细菌污染;二是来自屠宰用水中有毒有害金属;三是来自太阳光的直接照射;四是来自污浊空气的污染。因此,屠宰企业应采取防范措施:①经常测定屠宰用水中有毒有害金属含量;②员工培训,提高员工操作卫生的素质;③实施与员工利益挂钩的卫生考核制度;④屠宰、分割车间杜绝太阳光的直接照射;⑤屠宰、分割车间实施强制通风措施,更新空气;⑥屠宰、排酸、分割车间采用臭氧(O_3)定期消毒,净化空气;⑦屠宰、排酸、分割车间的地面用符合食品卫生要求的清洁液清洗。

二、卫生质量与货架寿命

牛肉的卫生质量越好,货架寿命就越长;牛肉的卫生质量越差,货架寿命就短。货架寿命越短,牛肉的销售价格越易受到影响,屠宰企业的效益越易受到冲击。

三、卫生质量与牛肉价格

牛肉的卫生质量越好,牛肉的销售价格就越好;牛肉的卫生质量越差,牛肉的销售价格就越差;牛肉的销售价格越差,屠宰企业的效益就越差。

第四节　胴体分割(切)质量与屠宰加工企业的效益

胴体分割(切)质量直接影响屠宰加工企业的效益,胴体分割(切)质量差劣的表现形式如下。

一、刀　伤

刀伤是指在分割(切)牛肉时不应该留在牛肉上的刀口。刀伤严重损害了牛肉的质量,带刀伤的牛肉不仅卖不出好的价格,而且还会卖不出去。刀伤越多,屠宰企业的损失就越大。

二、剔肉与片肉

剔肉是指把骨头上的肉用刀带骨膜剔下来,骨头几乎不带有肉;片肉是将骨头上的肉用刀片下来,骨头上留存较多的肉。牛肉的卖出价是骨头卖出价的几倍甚至几十倍。骨头上的肉剔得干净,屠宰企业损失就小,如果骨头上的肉剔得不净,屠宰企业损失就大。

三、碎　肉　量

碎肉是在按照规格分割(切)牛肉时的剩余物。有碎肉是不可避免的,但是碎肉量的大小却是由员工的操作水平决定的,按照剔肉要求操作时碎肉量就少,片肉时碎肉量就多。碎肉的卖出价仅为正常肉价的几分之一,碎肉量越多,屠宰企业的损失就越大。

四、作业损耗量

作业损耗是不可避免的,但是损耗量的大小是由操作员工决定的。认真负责、细心操作作业损耗量就小,作业损耗量越大,屠宰企业的损失就越大。

五、肉块的挤压摔打

肉块的挤压摔打是指已经分割(切)完毕的肉块在移动过程中被挤、压、摔、打,造成包装前肉块流血流汁,肉块流血流汁包装冷冻后外表非常不好看,出售时价格会受到严重的影响;肉块流血流汁还造成肉块重量的损失。因此,肉块流血流汁越多,屠宰企业的损失就越大。

六、包　装

包装是指已经分割(切)的肉块用真空袋包装。分割(切)的肉块应在最短时间内包装完毕,如果肉块不及时包装,既影响牛肉的颜色,又会发生流血流汁。分割(切)的肉块不及时包装给屠宰企业造成的损失是较大的。

七、防范措施

第一,实施行之有效的劳酬承包、奖惩制度。

第二,经常化的员工技术培训,请技术能手指导。

第三,员工移动(搬运)肉块时应轻拿轻放。

第四,及时包装已经分割(切)的肉块。

第五节 胴体成熟处理质量与
屠宰加工企业的效益

胴体成熟处理(又称胴体排酸、嫩化、熟化、老化)是指肉牛胴体经过冲洗、称量后置于恒温(0℃～4℃)条件下成熟(胴体成熟处理工艺、改善牛肉品质的效果等参见本书第六章)。

胴体成熟处理是提高牛肉品质的有力手段之一,过去我国牛肉嫩度差的一个重要原因是没有胴体成熟处理技术。当前绝大多数屠宰加工企业对此虽然有所认识,但是部分屠宰加工企业采取短时间(仅24小时)、高温度(高于4℃)胴体成熟处理,胴体成熟处理没有真正达到改善牛肉品质的目的。

当前我国肉牛胴体成熟处理的时间不应少于48小时,胴体成熟处理的温度应控制在0℃～4℃;牛肉品质优良的可采用二次成熟处理,二次成熟处理时间为5～7天。

第六节 牛肉冻结质量与屠宰加工企业的效益

牛肉冻结质量直接影响屠宰加工企业的效益。牛肉冻结质量是指分割(切)包装牛肉块的中心温度经过多少个小时、在什么温度条件下达到标准指标的(−18℃)。

一、冻结质量与牛肉品质

冻结室的温度为−35℃并在24小时以内持续降温使牛肉块的中心温度达到−18℃,是获得优质牛肉的重要条件。如果在24小时以内不能持续降温、牛肉块的中心温度达不到−18℃,将严重影响牛肉的品质,出现"肉环"等现象。有"肉环"的牛肉不仅卖不到好价,甚至卖不出去,对屠宰加工企业效益的影响是巨大的。

二、冻结质量与货架寿命

牛肉的冻结质量好,货架寿命就长;牛肉的冻结质量差,货架寿命就短。货架寿命短的牛肉较严重影响屠宰加工企业的效益。

三、冻结质量与牛肉价格

牛肉的冻结质量好,牛肉价格好;牛肉的冻结质量差,牛肉价格也差。因冻结质量差而导致牛肉价格低,降低屠宰加工企业效益是肯定的。

第七节 牛肉贮存的环境质量与屠宰加工企业的效益

牛肉贮存的环境质量是指牛肉贮存库的温度、湿度、卫生条件等是否能满足保持牛肉品质的要求,牛肉贮存的环境质量直接影响屠宰加工企业的效益。

一、贮存的环境质量与牛肉品质

牛肉贮存的环境温度要求:冷库温度为$-25℃$,牛肉块的中心温度为$-18℃$。达到以上温度要求才能保持牛肉的品质。冷库的卫生条件差,有害气体含量高,影响牛肉的品质,影响屠宰加工企业的效益。

二、贮存的环境质量与货架寿命

牛肉贮存的环境质量越差,牛肉的货架寿命就越短,屠宰加工企业的效益会受到严重的冲击。

三、贮存的环境质量与牛肉价格

牛肉贮存的环境质量差,造成牛肉的色泽暗、细菌数超标等,牛肉的销售价格就低,屠宰加工企业的效益会受到的损失可想而知。

四、减少贮藏损失

牛肉在贮藏期由于水分的损失而减重。据资料介绍,不同冷藏温度及不同冷藏期肉的干耗量见表 12-17。

表 12-17 不同冷藏温度及不同冷藏期牛肉的干耗量

冷藏温度(℃)	冷藏期限的干耗(%)			
	1 个月	2 个月	3 个月	4 个月
−8	0.73	1.24	1.71	2.47
−12	0.45	0.70	0.90	1.22
−18	0.34	0.62	0.86	1.00

表 12-17 表明:

第一,冷藏温度越低,牛肉的干耗量越少;冷藏温度越高,牛肉的干耗量越多;温度为 −8℃ 时第一个月的干耗比温度 −18℃ 高 0.39 个百分点;温度为 −8℃ 时第四个月的干耗比温度 −18℃ 高 1.47 个百分点。

第二,冷藏时间越长,牛肉的干耗量越多;冷藏时间越短,牛肉的干耗量越少;冷藏时间第一个月的干耗量比第二个月少 0.51 个百分点;冷藏时间第一个月的干耗量比第四个月少 1.74 个百分点。

第三,冷藏温度低、冷藏时间长比冷藏温度高、冷藏时间长的干耗量小(0.66 个百分点对 1.74 个百分点)。说明低温贮藏牛肉比高温贮藏损失少。

第四,提高贮藏库湿度。提高贮藏库的湿度能减少牛肉的干耗量。贮藏库的湿度应达到 95％以上。

第八节　牛肉流通环节与屠宰加工企业的效益

牛肉流通包括牛肉的运输、交易、肉款支付等环节。牛肉流通质量影响屠宰加工企业的效益是不言而喻的。

一、牛肉的运输

牛肉的运输是指由屠宰加工企业的冷库将牛肉输送到牛肉销售市场的过程(详见本书牛肉产品运输一节)。

二、牛肉的交易

牛肉的交易是指由屠宰加工企业业主或代理人将牛肉批量卖给销售市场的客户的过程。交易量大,交易价格好,屠宰加工企业获利高;交易量小,交易价格低,屠宰加工企业获利就少。

交易更是互相沟通、建立信任、互利互惠的过程。所以,要把牛肉的销售做好,交易双方的信任程度非常重要。无沟通、信任、互利、互惠的买卖只能是短暂的,没有建立诚信的交易,贸易很难长久,也会严重影响屠宰加工企业的效益。

屠宰加工企业业主不可能完全靠自身的力量销售牛肉,雇用销售员销售牛肉是大多数屠宰加工企业的措施。为使销售员确实做好牛肉销售,屠宰加工企业业主要制订行之有效的销售政策,既要充分信任销售员,又要有严格的管理措施。

三、肉款支付

货款的支付是当今贸易中最为难做的事之一。诚信交易是肉款及时支付的重要前提;合同交易也是肉款及时支付的手段。

附　　录

附录一　牛屠宰操作规程

前　　言

制定本标准是为了规范牛屠宰加工厂（场）的行为，促进行业的技术进步，提高肉类产品质量，保护消费者身体健康。

本标准附录 A 为规范性附录。

本标准由国家经贸委屠宰技术鉴定中心提出并归口。

本标准由河南省漯河双汇实业集团有限责任公司负责起草，内蒙古远大肉牛产业开发公司参加起草。

本标准主要起草人：王玉芬、王永林、王巧玲、赵建生、刘桂珍、张新玲、刘虎成。

本标准系首次发布的国家标准。

1　范围

本标准规定牛屠宰各工序的操作规程和要求。

本标准适用于中华人民共和国境内的各类活牛屠宰厂（场）。

2　引用标准

GB 12694　肉类加工厂卫生规范

GB 16549　畜禽产地检疫规范

GB 16548　畜禽病害肉尸及其产品无害化处理规程

3　术语和定义

本标准采用下列定义。

3.1 牛屠体

牛屠宰、放血后的躯体。

3.2 牛胴体

牛屠体去皮、头、蹄、尾、内脏及生殖器（母牛去乳房）的躯体。

3.3 二分体牛肉

将牛胴体沿脊椎中线纵向锯（劈）成两半的胴体。

3.4 四分体牛肉

将二分体牛肉从第十一（十二）至第十二（十三）肋骨间按自然弧线横截成前后两部分，有前四分体（四分体牛前）和后四分体（四分体牛后）。

3.5 内脏

3.5.1 白内脏指牛的胃、肠、脾。

3.5.2 红内脏指牛的心、肝、肺、肾。

3.6 四分体牛前（前四分体）

将牛胴体横截成四分体后的前段部位牛肉。

3.7 四分体牛后（后四分体）

将牛胴体横截成四分体后的后段部位牛肉。

4 宰前要求

4.1 待宰牛应来自非疫区，健康良好，并有产地兽医检疫合格证明。

4.2 活牛进厂（场）后停食，充分休息 12～24 小时，充分饮水至宰前 3 小时。

4.3 送宰牛只应由兽医检疫人员签发《准宰证》或《准宰通行单》方可宰杀。

4.4 待宰前牛体充分沐浴，体表无污垢。

4.5 牛只通过赶牛道时，应按顺序赶送，不能用硬器鞭打伤及牛体。

5　屠宰操作规程及操作要求

5.1 致昏

致昏的方法有多种,推荐使用刺昏法、击昏法、电麻法。

5.1.1 刺昏法

固定牛头,用尖刀刺牛的头部"天门穴"(牛两角连线中点后移3厘米)使牛昏迷。

5.1.2 击昏法

用击昏枪对准牛的双角与双眼对角线交叉点,启动击昏枪使牛昏迷。

5.1.3 电麻法

用单杆式电麻器击牛体,使牛昏迷(电压不超过 200V,电流为 1～1.5A,作用时间 7～30 秒)。

5.1.4 致昏要适度,牛昏而不死。

5.2 挂牛

5.2.1 用高压水冲洗牛腹部、后腿部及肛门周围。

5.2.2 用扣脚链扣紧牛的右后小腿,匀速提升,使牛后腿部接近输送机轨道,然后挂至轨道链钩上。

5.2.3 挂牛要迅速,从击昏到放血之间的时间间隔不超过 1.5 分钟。

5.3 放血

5.3.1 采用伊斯兰"断三管"的屠宰方法,由阿訇主刀,从牛喉部下刀,横断食管、气管和血管。

5.3.2 刺杀放血刀应每次消毒,轮换使用。

5.3.3 放血完全,放血时间不少于 20 秒。

5.4 结扎肛门

5.4.1 冲洗肛门周围。

5.4.2 将橡皮筋套在左臂上。

5.4.3 将塑料袋反套在左臂上。

5.4.4 左手抓住肛门并提起。

5.4.5 右手持刀将肛门沿四周割开并剥离,随割随提升,提高至 10 厘米左右。

5.4.6 将塑料袋翻转套住肛门。

5.4.7 用橡皮筋扎住塑料袋。

5.4.8 将结扎好的肛门送回深处。

5.5 剥后腿皮

5.5.1 从跗关节下刀,沿后腿内侧中线刀刃向上挑开牛皮。

5.5.2 沿后腿内侧线向左右两侧剥离,从跗关节上方至尾根部牛皮。同时割除生殖器。

5.5.3 割掉尾尖,放入指定器皿中。

5.6 去后蹄

从跗关节下刀,割断连接关节的结缔组织、韧带及皮肉,割下后蹄,放入指定的容器中。

5.7 剥胸、腹部皮

5.7.1 用刀将牛胸腹部皮沿胸腹中线从胸部挑到裆部。

5.7.2 沿腹中线向左右两侧剥开胸腹部牛皮至肷窝止。

5.8 剥颈部及前腿皮

5.8.1 从腕关节下刀,沿前腿内侧中线挑开牛皮至胸中线。

5.8.2 沿颈中线自下而上挑开牛皮。

5.8.3 从胸颈中线向两侧进刀,剥开胸颈部皮及前腿皮至两肩止。

5.9 去前蹄

从腕关节下刀,割断连接关节的结缔组织、韧带及皮肉,割下前蹄放入指定的容器内。

5.10 换轨

启动电葫芦,用两个管轨滚轮吊钩分别钩住牛的两只后腿跗关节处,将牛屠体平稳送到管轨上。

5.11 扯(撕)皮

5.11.1 用锁链锁紧牛后腿皮,启动扯皮机由上到下运动,将牛皮卷撕。要求皮上不带膘,不带肉,皮张不破。

5.11.2 扯到尾部时,减慢速度,用刀将牛尾的根部剥开。

5.11.3 扯皮机均匀向下运动,边扯边用刀轻剁皮与脂肪、皮与肉的连接处。

5.11.4 扯到腰部时适当增加速度。

5.11.5 扯到头部时,把不易扯开的地方用刀剥开。

5.11.6 扯完皮后将扯皮机复位。

5.12 割牛头

5.12.1 用刀在牛脖一侧割开一个手掌宽的孔,将左手伸进孔中抓住牛头。

5.12.2 沿放血刀口处割下牛头,挂同步检验轨道。

5.13 开胸、结扎食管

5.13.1 从胸软骨处下刀,沿胸中线向下贴着气管和食管边缘,锯开胸腔及脖部。

5.13.2 剥离气管和食管,将气管与食管分离至食管和胃结合部。

5.13.3 将食管顶部结扎牢固,使内容物不致流出。

5.14 取白内脏

5.14.1 在牛的裆部下刀向两侧进刀,割开肉至骨连接处。

5.14.2 刀尖向外,刀刃向下,由上向下推刀割开肚皮至胸软骨处。

5.14.3 用左手扯出直肠,右手持刀伸入腹腔从左到右割离腹腔内结缔组织。

5.14.4 用力按下牛肚,取出胃肠送入同步检验盘,然后扒净腰油。

5.14.5 取出牛脾挂到同步检验轨道。

5.15 取红内脏

5.15.1 左手抓住腹肌一边,右手持刀沿体腔壁从左到右割离横膈肌,割断连接的结缔组织,留下小里脊。

5.15.2 取出心、肝、肺,挂到同步检验轨道。

5.15.3 割开牛肾的外膜,取出肾并挂到同步检验轨道。

5.15.4 冲洗胸腹腔。

5.16 劈半

5.16.1 沿牛尾根关节处割下牛尾,放入指定容器内。

5.16.2 将劈半锯插入牛的两腿之间,从耻骨连接处下锯,从上到下匀速地沿牛的脊柱中线将胴体劈成二分体,要求不得劈斜、断骨,应露出骨髓。

5.17 胴体修整

5.17.1 取出骨髓、腰油放入指定容器内。

5.17.2 一手拿镊子,一手持刀,用镊子夹住所要修割的部位,修去胴体表面的淤血、淋巴、污物和浮毛等不洁物,注意保持肌膜和胴体的完整。

5.18 冲洗

用32℃左右温水,由上到下冲洗整个胴体内侧及锯口、刀口处。

5.19 检验

5.19.1 下货检验(按"四部规程")。

5.19.2 胴体检验(按"四部规程")。

5.20 肌体预冷

5.20.1 将预冷间温度降到−2℃～0℃。

5.20.2 推入胴体,胴体间距保持不少于10厘米。

5.20.3 启动冷风机,使库温保持在0℃～4℃,相对湿度保持在85%～90%。

5.20.4 预冷后检查胴体pH值及深层温度,符合要求进行剔骨、分割、包装。

附录二 《鲜冻分割牛肉》

GB/T 17238—1998

前 言

制定本标准参考了日本分割牛肉规格、前苏联分割牛肉标准、美国牛肉分割法及其部位肉名称和对港分割肉标准。分割牛肉的产品名称有许多外来语及习惯用语,这次为实现术语标准化,都以学名命名。

本标准由中华人民共和国国内贸易部提出。

本标准由国内贸易部消费品流通司归口。

本标准起草单位:全国肉类工业科技情报站。

本标准主要起草人:庄志尧、赵吉林、魏春耕、王津生、李气清、晚贵际、陈斐莹。

本标准委托国内贸易部消费品流通司负责解释。

1 范围

本标准规定了分割牛肉的定义、产品分类、技术要求、分割和冷加工要求、试验方法、检验规则、标志、包装、运输和贮存。

本标准适用于鲜四分体带骨牛肉,按部位分割、加工的产品。

2 引用标准

下列标准所包含的条文,通过在本标准中引用而构成为本标准的条文。本标准出版时,所示版本均为有效。所有标准都会被修订,使用本标准的各方应探讨使用下列标准最新版本的可能性。

GB 2708—94 牛肉、羊肉、兔肉卫生标准。

GB/T 4456—84 包装用聚乙烯吹塑薄膜。

GB/T 5009.44—1996 肉与肉制品卫生标准的分析方法。

GB/T 6888—86 运输包装收发货标志。

GB/T 6543—86　瓦楞纸箱。

GB 7718—94　食品标签通用标准。

GB 9681—88　食品包装用聚氯乙烯成型品卫生标准。

GB 9687—88　食品包装用聚乙烯成型品卫生标准。

GB 9688—88　食品包装用聚丙烯成型品卫生标准。

GB 9689—88　食品包装用聚苯乙烯成型品卫生标准。

GB/T 9960—88　鲜、冻四分体带骨牛肉。

3　定义

本标准采用下列定义。

3.1　分割牛肉

鲜四分体带骨牛肉,经剔骨、按部位分割而成的肉块。

3.2　后小腿肉(牛展)

从牛后膝关节至跟腱处割下的净肉,包括腓长肌、趾伸肌和趾伸屈肌。

3.3　股内肉(针扒)

沿缝匠肌前缘连接间膜处割下的净肉,包括股弯肌(股薄肌)、缝匠肌和半膜肌。

3.4　臀部肉(烩扒)

沿半腱肌上端至髋骨结节处,与脊椎平直割下的下部净肉,包括半腱肌和股二头肌。

3.5　膝圆肉(和尚头)

沿股四头肌与半腱肌连接间膜处割下的股四头净肉。

3.6　短腰肉(尾龙扒)

沿半腱肌上端至髋骨结节处,与脊椎平直割下的上部净肉,包括臀中肌、半腱肌和股二头肌。

3.7　小腹肉(三角肉、三角肌、股阔肌、膜胀肌)triangle muscle

割下膝圆肉露出的三角形净肉。

3.8　里脊肉(牛柳)

从腰内侧割下的带里脊头的净肉。

3.9 腰部肉(西冷)

从第5～6腰椎处切断,沿腰背侧肌下端割下的净肉。

3.10 腹部肉(牛腩)

从前13肋骨断体处,沿股四头肌前缘割下的全部腹部净肉。

3.11 背部肉

沿脊背骨两侧割下的净肉,包括颈背棘肌、半棘肌和背最长肌。

3.12 肋条肌

从肋提肌和肋间内外割下的净肉。

3.13 胸部肉(牛胸)

从胸骨、软骨、剑骨和胸部内套条割下的净肉。

3.14 肩部肉

从肩胛骨两侧割下的净肉,包括冈上肌和冈下肌。

3.15 颈部肉

从颈骨两侧割下的净肉。

3.16 前小腿肉(牛展)

取自牛前腿肘关节至腕关节处割下的净肉,包括腕挠侧伸肌。

3.17 皮下脂肪

去皮后留在瘦肉上的油脂。

4　产品分类

按加工工艺分为:鲜分割牛肉,冻分割牛肉。

5　技术要求

5.1 原料

加工分割牛肉的原料应符合按 GB/T 9960—88 中 4.5 和 4.6 的要求。

5.2 感官

各部位鲜分割牛肉和冻分割牛肉的感官分级应符合附表 1 的

要求。

附表1

项　目	一级品	二级品	三级品
色　泽	瘦肉呈均匀的鲜红色或深红色,有光泽,脂肪呈乳白色或微黄色		
气　味	具有牛肉正常气味,无异味		
组织状态	瘦肉切面纹理清晰,皮下脂肪适度、均匀,形态丰满,肉质紧密,有弹性	瘦肉切面纹理清晰,皮下脂肪适度,形态较丰满,肉质紧密,略有弹性	瘦肉切面有纹理,皮下脂肪尚适度,形态完整,肉质尚紧密,弹性差
黏　性	表面湿润,不黏手	表面略湿润,不黏手	表面略有风干,不黏手,切面湿润,不黏手
煮沸后肉汤	基本澄清透明,脂肪团聚于液面,具有牛肉汤应有的鲜味		略湿润,脂肪呈小滴浮于液面,肉汤鲜味不明显

注:各部位冻分割牛肉的感官,指解冻后的要求

5.3 挥发性盐基氮

各部位鲜分割牛肉和冻分割牛肉挥发性盐基氮应符合 GB 2708 的规定。

6　分割、冷加工要求

6.1 分割

6.1.1 按图1所示分割鲜四分体带骨牛肉。

6.1.2 冷分割:用四分体牛肉冷却后进行剔骨分割。

6.1.3 热分割:屠宰活牛与热分割连续进行,从活牛放血到分割完毕进入冷却间,应控制在 1.5～2h,分割间温度不得超过 20℃。

6.1.4 整修:整修应平直持刀,保持肉膜、肉块完整。肉块上部不得带伤斑、血点、血污、碎骨、软骨、病变淋巴结、脓包、浮毛或其他杂质。

6.2 冷加工

·310·

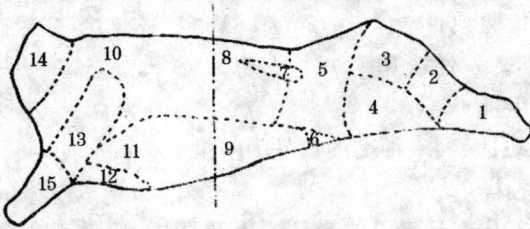

附图1 四分体带骨牛肉

1. 后小腿肉 2. 股内肉 3. 臀部肉 4. 膝圆肉 5. 短腰肉
6. 三角肉 7. 里脊肉 8. 腰部肉 9. 腹部肉 10. 背部肉
11. 牛肋条肉 12. 胸部肉 13. 肩部肉 14. 颈部肉 15. 前小腿肉

6.2.1 冷却：应在 24h（小时）内将肉块中心温度冷却至 $-2℃\sim7℃$。

6.2.2 冻结：肉块冷却后，应在 72h 内再使中心温度降至 $-15℃$ 以下。

7 试验方法

7.1 感官

7.1.1 色泽、组织状态、黏性

目测、手触鉴别。

7.1.2 气味

嗅觉鉴别。

7.1.3 煮沸后肉汤

按 GB/T 5009.44—1996 中 3.2 规定的方法检验。

7.2 挥发性盐基氮

按 GB/T 5009.44—1996 中 4.1 规定的方法测定。

8 检疫规则

8.1 出厂检验

产品出厂前由工厂技术检验部门按本标准逐批检验，并出具合格证书。

8.2 检验项目

感官,挥发性盐基氮。

8.3 组批

同一班次、同一种类的产品为一批。

8.4 抽样

8.4.1 从成品库码放产品的不同部位,按附表 2 规定的数量抽样。

附表 2　抽样数量及判定规则

批量范围(箱)	样本数量(箱)	合格判定数(A)	不合格判定数(R)
小于 1200	5	0	1
1200~2500	8	1	2
大于 2500	12	2	3

8.4.2 从全部抽样数量中抽取 2kg(千克)试样,用于检验煮沸肉汤和挥发性盐基氮。其余部分用于感官检验和评定等级。

8.5 判断规则

按 5.2 和表 2 判定产品。

8.6 复查规则

经检验某项指标不符合本标准规定时,可加倍抽样复查,复验后有 1 项指标不符合本标准,则判定为不合格产品。

9　标志、包装、运输和贮存

9.1 标志

9.1.1. 内包装标志应符合 GB 7718 的规定,外包装标志应符合 GB/T 6388 的规定。

9.1.2 按伊斯兰教风俗屠宰、加工的分割牛肉,应在包装箱上注明。

9.2 包装

9.2.1 内包装材料应符合 GB/T 4456,GB 5981,GB 9687,GB 9688 和 GB 9689 规定。

9.2.2 外包装材料应符合 GB/T 6543 的规定;包装箱应完整、牢固,底部应封牢,箱外用塑料带捆扎牢固。

9.2.3 可以用大包装和小包装。

9.2.3.1 大包装:将整箱肉块整齐放入塑料薄膜袋,装入包装箱。

9.2.3.2 小包装:每一肉块分别用小塑料薄膜袋包装,放入大塑料薄膜袋,装入包装箱。

9.2.4 包装箱内肉块应排列整齐,每箱内肉块大小应均匀。定量包装箱内允许有小块补加肉。

9.3 运输

应使用符合卫生要求的冷藏车或保温车(船)。市内运输可使用封闭、防尘车辆。

9.4 贮存

9.4.1 冷却分割牛肉应贮藏在 0℃~4℃、相对湿度 85%~90% 的冷却间。

9.4.2 冻分割牛肉应贮藏在低于 -18℃ 的冷藏库,冷藏库每 24 h 升、降温幅度不得超过 1℃,相对湿度大于 90%。符合上述条件时,产品保质期不短于 12 个月。

附录三　肉类加工厂卫生规范

GB 12694—90

本规范参照采用国际食品委员会 CAC/RCP1—1969. Rev. 1 (1979)《国际推荐实践规范　食品卫生基本原则》。

1　主题内容与适用范围

本规范规定了肉类加工厂的设计与设施、卫生管理、加工工艺、成品贮藏和运输的卫生要求。

本规范适用于屠宰猪、牛、羊和生产分割肉与肉制品的工厂。

本规范中"加工过程中的卫生"暂以猪为主,牛、羊部分将另行制定国家标准。

2 引用标准

GB 5749 生活饮用水卫生标准

GB 2722 鲜猪肉卫生标准

GB 2723 鲜牛肉、鲜羊肉、鲜兔肉卫生标准

GB 2760 食品添加剂使用卫生标准

GB 7718 食品标签通用标准

3 术语

3.1 屠体:指肉畜经屠宰、放血后的躯体。

3.2 胴体:指肉畜经屠宰、放血后除去鬃毛、内脏、头、尾及四肢下部(腕、跗关节以下)后的躯体部分。

3.3 分割肉:胴体去骨后按规格要求,分割成带肥腰或不带肥腰各部位的净肉。

3.4 肉制品:指以猪、牛、羊肉为主要原料,经酱、卤、熏、烤、腌、蒸等任何一种或多种加工方法而制成的生或熟肉制品。

3.5 有条件可食肉:指必须经过高温、冷冻或其他有效方法处理,达到卫生要求,人食用无害的肉。

3.6 化制:指将不符合卫生要求(不可食用)的屠体或其病变组织、器官、内脏等,经过干法或湿法处理,达到对人、畜无害的处理过程。

4 工厂设计与设施卫生

4.1 选址

4.1.1 肉类联合加工厂、屠宰厂、肉制品厂应建在地势较高,干燥,水源充足,交通方便,无有害气体、灰沙及其他污染源,便于排放污水的地区。

4.1.2 肉类联合加工厂、屠宰厂不得建在居民稠密的地区，肉制品加工厂（车间）经当地城市规划、卫生部门批准，可建在城镇适当地点。

4.2 厂区和道路

4.2.1 厂区应绿化，厂区主要道路和进入厂区的主要道路（包括车库和车棚）应铺设适合车辆通行的坚硬路面（如混凝土或沥青路面）。道路应平坦，无积水，厂区应有良好的集、排水系统。

4.2.2 厂区内不得有臭水沟、垃圾堆或其他有碍卫生的场所。

4.3 布局

4.3.1 生产作业区与生活区应分开设置。

4.3.2 运送活畜与成品出厂不得共用一个大门；厂内不得共用一个通道。

4.3.3 为防止交叉感染，原料、辅料、生肉、熟肉和成品的存放场所（库）必须分开设置。

4.3.4 各生产车间的设置位置以及工艺流程必须符合卫生要求。肉类联合加工厂的生产车间一般应按饲养、屠宰、分割、加工、冷藏的顺序合理设置。

4.3.5 化制间、锅炉房与贮煤场所、污水与污物处理设施与分割肉车间和肉制品车间，间隔一定距离，并位于主风向下风向。锅炉房必须有消烟除尘设施。

4.3.6 生产冷库应与分割肉和肉制品车间直接相连。

4.4 厂房与设施

4.4.1 厂房与设施必须结构合理、坚固、便于清洗和消毒。

4.4.2 厂房与设施应与生产能力相适应，厂房高度应满足生产作业、设备安装与维修、采光与通风的需要。

4.4.3 厂房与设施必须设有防止蚊、蝇、鼠及其他害虫侵入或隐匿的设施，以及防烟雾、灰尘设施。

4.4.4 厂房地面：应使用防水、防滑、不吸潮、可冲洗、耐腐蚀、无毒的材料;坡度应为 1%～2%(屠宰车间应在 2%以上);表面无裂缝、无局部积水、易于清洗和消毒;明地沟应呈弧形,排水口须设网罩。

4.4.5 厂房墙壁与墙柱:应使用防水、防滑、不吸潮、可冲洗、无毒、淡色的材料;墙裙应贴或涂刷不低于 2 米的浅色瓷砖或涂料;顶角、墙角、地角呈弧形,便于清洗。

4.4.6 厂房天花板:应表面涂层光滑,不易脱落,防止污物积聚。

4.4.7 厂房门窗:应装配严密,使用不变形的材料制作。所有门、窗及其他开口必须安装易于清洗和拆卸的纱门、纱窗或压缩空气幕,并经常维修。保持清洁,内窗台须下斜 45°或采用无窗台结构。

4.4.8 厂房楼梯及其他设施:应便于清洗、消毒,避免引起食品污染。

4.4.9 屠宰车间必须设有兽医卫生检验设施,包括同步检验、对号检验、旋毛虫检验、内脏检验、化验室等。

4.4.10 待宰车间的圈舍容量一般为日屠宰量的一倍。圈舍内应防寒、隔热、通风,并应设有饲喂、宰前淋浴等设施。车间内应设有健畜圈、疑似病畜圈、病畜隔离圈、急宰间和兽医工作室。

4.4.11 待宰区应设肉畜装卸台和车辆清洗、消毒等设施,并应有良好的污水排放系统。

4.4.12 生产冷库一般应设有预冷间(0℃～4℃)、冻结间(-23℃以下)和冷藏间(-18℃以下),所有冷库(包括肉制品车间的冷藏室)应安装温度自动记录仪或温度湿度计。

4.5 供水

4.5.1 生产供水:工厂应有足够的供水设备,水质必须符合 GB 5749 的规定。如需配备贮水设备,应有防污染措施,并定期清洗、消毒。使用循环水时必须经过处理,达到上述规定。

4.5.2 制冰供水：应符合 GB 5749 的规定，制冰及贮存过程中应防止污染。

4.5.3 其他供水：用于制汽、制冷、消防和其他类似用途而不与食品接触的非饮用水，应使用完全独立、有鉴别颜色的管道输送，并不得与生产（饮用）水系交叉联结或倒吸于生产（饮用）水系统中。

4.6 卫生设施

4.6.1 废弃物临时存放设施。应在远离生产车间的适当地点，设置废弃物临时存放设施。其设施应采用便于清洗、消毒的材料制作；结构应严密，能防止害虫流入，并能避免废弃物污染厂区和道路。

4.6.2 废水、废汽（气）处理系统

必须设有废水、废汽（气）处理系统，保持良好状态。废水、废汽（气）的排放应符合国家环境保护的规定。厂内不得排放有害气体和煤烟。生产车间的下水道口须设地漏、铁箅。废汽（气）排放口应在车间外的适当地点。

4.6.3 更衣室、淋浴室、厕所

必须设有与职工人数相适应的更衣室、淋浴室、厕所。更衣室内须有个人衣物存放柜，鞋架（箱），车间内的厕所应与操作间的走廊相连，其门、窗不得直接开向操作间；便池必须是水冲式；粪便排泄管不得与车间内的污水排放管混用。

4.6.4 洗手、清洗、消毒设施

4.6.4.1 生产车间进口处及车间内的适当地点，应设热水和冷水洗手设施，并备有洗手剂。

4.6.4.2 分割肉和熟肉制品车间及其成品库内，必须设非手动式的洗手设施。如使用一次性纸巾，应设有废纸贮存箱（桶）。

4.6.4.3 车间内应设有工器具、容器和固定设备的清洗、消毒设施，并应有充足的冷、热水源，这些设备采用无毒、耐腐蚀、易清洗的材料制作,固定设备的清洗设施应配有食用级的软管。

4.6.4.4 车库、车棚内应设有车辆清洗设施。

4.6.4.5 活畜进口处及病畜隔离间、急宰间、化制车间的门口,必须设车轮、鞋靴消毒池。

4.6.4.6 肉制品车间内应设清洗和消毒室。室内备有热水消毒和其他有效的消毒设施,供工器具、容器消毒用。

4.7 设备和工器具

4.7.1 接触肉品的设备、工器具和容器,应使用无毒、无气味、不吸水、防腐蚀、经得起反复清洗与消毒的材料制作;其表面应光滑、无凹坑和裂缝。禁止使用竹木工器具和容器。

4.7.2 固定设备的安装位置应便于彻底清洗、消毒。

4.7.3 盛装废弃物的容器不得与盛装肉品的容器混用。废弃物容器应选用金属或其他不渗水的材料制作。不同的容器应有明显的标志。

4.8 照明

车间内应有充足的自然光线或人工照明。照明灯具的光泽不应改变被加工物的本色,亮度应能满足兽医检验人员和生产操作人员的工作需要。吊挂在肉品上方的灯具,必须装有安全防护罩,以防灯具破碎而污染肉品。车库、车棚等场所应有照明设施。

4.9 通风和温控装置

车间内应有良好的通风、排气装置,及时排除污染的空气和水蒸气,空气流动的方向必须从净化区流向污染区。通风口用装有纱网或其他保护性的耐腐蚀材料制作的网罩。纱网或网罩应便于装卸和清洗。

分割肉和肉制品加工车间及其成品冷却间、成品库应有降温或调节温度的设施。

5 工厂的卫生管理

5.1 实施细则培训

5.1.1 工厂应根据本规范的要求,制订卫生实施细则。

5.1.2 工厂和车间都应配备经培训合格的专职卫生管理人员,按规定的权限和责任负责监督全体职工执行本规范的有关规定。

5.2 维修、保养

厂房、机械设备、设施、供排水系统,必须保持良好状态。正常情况下,每年至少进行一次全面检修;发现问题应及时检修。

5.3 清洗、消毒

5.3.1 生产车间内的设备、工器具、操作台应经常清洗和进行必要的消毒。

5.3.2 设备、工器具、操作台用洗涤剂或消毒剂处理后,必须再用饮用水彻底冲洗干净,除去残留物后方可接触肉品。

5.3.3 每班工作结束后或在必要时,必须彻底清洗加工场地的地面、墙壁、排水沟,必要时进行消毒。

5.3.4 更衣室、淋浴室、厕所、工间休息室等公共场所,应经常清扫、清洗、消毒,保持清洁。

5.4 废弃物处理

5.4.1 厂房通道及周围场地不得堆放杂物。

5.4.2 生产车间和其他工作场地的废弃物必须随时清除,并及时用不渗水的专用车辆,运到指定地点加以处理。废弃物容器、专用车辆和废弃物临时存放场应及时清洗、消毒。

5.5 除虫灭害

5.5.1 厂内应定期或必要时进行除虫灭害,防止害虫孳生。车间内外应定期、随时灭鼠。

5.5.2 车间内使用杀害虫剂时,应按卫生部门的规定采取妥善措施,不得污染肉与肉制品。

使用杀虫剂后应将受污染的设备、工器具和容器彻底清洗,除去残留药物。

5.6 危险品的管理

5.7 厂区禁止饲养非屠宰动物(科研和检测用的实验动物除外)。

6 个人卫生与健康

6.1 卫生教育

工厂应对新参加工作及临时参加工作的人员进行卫生安全教育,定期对全厂职工进行《食品卫生法》、本规定及其他有关卫生规定的宣传教育,做到教育有计划、考核有标准,卫生培训制度化和规范化。

6.2 健康检查

生产人员及其有关人员每年至少进行一次健康检查,必要时进行临时检查。新参加或临时参加工作的人员,必须进行健康检查,取得健康合格证方可上岗工作。

工厂应建立职工健康档案。

6.3 健康要求

凡患下列病症之一者,不得从事屠宰和接触肉品的工作:

痢疾、伤寒、病毒性肝炎等消化道传染病(包括病原携带者);

活动性肺结核;

化脓性或渗出性皮肤病;

其他有碍食品卫生的疾病。

6.4 受伤处理

凡是刀伤或其他外伤的生产人员,应立即采取妥善措施包扎防护,否则不得从事屠宰和接触肉品的工作。

6.5 洗手要求

生产人员遇有下述情况之一时必须洗手、消毒,工厂应有监督措施:

开始工作之前;

上厕所之后;

处理被污染的原料之后。

从事与生产无关的其他活动之后。

分割肉和熟肉制品加工人员离开加工场所再次返回前应洗手、消毒。

6.6　个人卫生

6.6.1　生产人员应体质良好,勤洗澡、勤换衣、勤理发,不得留长指甲和涂指甲油。

6.6.2　生产人员不得将与生产无关的个人用品和饰物带入车间;进车间必须穿戴工作服(暗扣或无钮扣、无口袋)、工作帽、工作鞋、头发不得外露;工作帽、工作服必须每天更换,接触直接入口食品的加工人员,必须戴口罩。

6.6.3　生产人员离开车间时,必须脱掉工作服、帽、鞋。

6.7　非生产人员

非生产人员经获准进入车间时,必须遵守6.6.2条的规定。

7　加工过程中的卫生

7.1　原料、辅料

7.1.1　待宰肉畜必须来自非疫区,健康良好,并有兽医检验合格证书。

7.1.2　用于加工肉制品的原料肉,须经兽医检验合格,符合GB 2722、GB 2723和国家有关标准的规定。

7.1.3　必须使用国家允许使用的食用级食品添加剂,使用量必须符合GB 2760的规定。

7.1.4　投产前的原料和辅料必须经过卫生、质量检验,不合格的原料和辅料不得投入生产。

7.2　宰前准备

7.2.1　待宰肉畜必须做好宰前检验,如发现病畜应立即送急宰间处理。严禁将健畜、病畜混宰。

7.2.2　急宰的牛、羊必须先做血片镜检,排除炭疽病后方可急宰。

7.2.3 肉畜临宰前必须停食静养 12～24h,宰前 3h 应充分饮水。

7.2.4 待宰猪临宰前应冲洗干净。

7.3 屠宰操作

7.3.1 生猪电麻应按品种、工区、季节不同合理控制电压、电流和时间使用,呈昏迷状态;严禁致死。昏迷后应立即放血,不得超过 30s(秒);放血必须充分,不得少于 5min(分钟)。

7.3.2 采用自动生产线屠宰生猪,每分钟不得超过 10 头,一个钩挂一头猪,不得超挂。

7.3.3 生猪烫毛时应根据地区、季节控制浸烫温度和时间,防止烫生、烫老、破皮污染。烫毛水每班至少更换一次。

7.3.4 生猪剥皮前应将屠体洗刷干净,并注意防止带肉或刀痕过深而污染脂肪层。

7.3.5 生猪屠体开膛时间不得超过放血后 0.5h。肉畜开膛时不得割破肠、胃、胆囊、膀胱、孕育子宫等,以免污染胴体。

7.3.6 肉畜屠宰时应做到胴体、内脏、头蹄不落地;整理胃、肠时翻洗干净,不得残留粪便。

7.3.7 摘除甲状腺应指定专人,不得遗漏,并妥善保管。

7.3.8 修整后的胴体和副产品,必须符合有关卫生、质量标准;不得沾染毛、污血及其他污染物。

7.3.9 食用血必须取自健康肉畜。采血设备必须符合卫生要求,并有防污染设施。无降温设施的工厂,只能在气温较低的季节生产食用血。

7.3.10 屠宰和检验过程中,如所用工具(刀、钩等)触及带病菌的屠体或病变组织时,应将工具彻底消毒后再继续使用。

7.4 宰后检验

7.4.1 宰后的胴体、内脏和食用血应根据 1959 年中华人民共和国农业部、卫生部、对外贸易部、商业部联合颁发的《肉品卫生检验试行规程》的规定,进行检验、判断和处理。

7.4.2 经检验合格的胴体,应在规定的部位加盖清晰的"兽医验讫"印章。印色必须使用食用级色素配制。

7.4.3 经判定的有条件可食肉、工业用肉、销毁肉等均应分别加盖示别印章,并分别在指定场所按有关规定妥善处理。

7.5 剔骨、分割

7.5.1 剔骨、分割应在较低温度下进行,并应有散热和防止积压的措施,避免分割肉变质。

7.5.2 兽医卫生检验人员应对原料和成品的卫生质量、车间温度、设施卫生等进行监督、检查。

7.6 冷加工

7.6.1 冷加工胴体、内脏时,必须严格遵守工艺规程,须做冷冻无害化处理的条件可食肉,应与合格肉隔离贮存。

7.6.2 冷藏库内应该经常保持清洁、卫生。

7.6.3 冻肉在冷库贮存时应在垫板上分类堆放。并应与墙壁、顶棚、排管有一定间距。

7.6.4 入库冻肉必须有兽医检验证书。贮藏过程中应随时检查。防止风干、氧化、变质。

7.7 肉制品加工

7.7.1 工厂应根据产品制订工艺规程和消毒制度,严格控制可能造成成品污染的各个因素,并应严格控制各种肉制品的加工温度,避免因加工温度不当而造成的食物中毒。

7.7.2 原料肉腌制间的室温应控制在 2℃～4℃,防止腌制过程中半成品或成品腐败变质。

7.7.3 用于灌肠产品的动物肠衣应搓洗干净,消除异味。使用非动物肠衣须经食品卫生监督部门批准。

7.7.4 熏制各类产品必须使用低松脂的硬木(木屑)。

7.8 有条件可食用肉的处理

采用高温或冷冻处理条件可食肉时,应选择合适的温度和时间,达到使寄生虫和有害微生物致死的目的、保证人食无害。

7.9 化制

7.9.1 化制必须在兽医卫生检验员的监督下进行。

7.9.2 工厂应制订严格的消毒制度及防护措施。

7.9.3 化制产品必须安全无害,不得造成重复污染。

7.10 包装

7.10.1 包装熟肉制品前,必须将操作间消毒。

7.10.2 各种包装材料必须符合国家卫生标准和卫生管理办法的规定。

7.10.3 包装材料应存放在通风、干燥无尘、无污染源的仓库内;使用前应按有关卫生标准检验、化验。

7.10.4 成品的外包装必须贴有符合 GB 7718 规定的标签。

8 成品贮藏与运输的卫生

8.1 贮藏

8.1.1 无外包装的熟肉制品应限时存放在专用成品库中,超过规定时间必须回锅复煮;如需冷藏贮存,应严密,不得与生肉混存。

8.1.2 各种腌、腊、熏制品应按品种采取相应的贮存方法。一般应吊挂在通风、干燥的库房中。咸肉应堆放在专用的水泥台或垫架上。如夏季贮存或需延长贮存期,可在低温下贮存。

8.1.3 鲜肉应吊挂在通风良好,无污染源,室温 0℃～4℃ 的专用库内。

8.2 运输

8.2.1 鲜冻肉不得敞运,没有外包装的剥皮冻猪肉不得长途运输。

8.2.2 运送熟肉制品应使用专用防尘保温车,或将制品装入专用容器(加盖)用其他车辆运送。

8.2.3 头蹄、内脏、油脂等应使用不渗水的容器装运,胃、肠与心、肝、肺、肾不得盛装在同一容器内,并不得与肉品直接接触。

8.2.4 装卸鲜、冻肉时,严禁脚踩、触地。

8.2.5 所有运输车辆、容器应随时、定期清洗、消毒,不得使用未经清洗、消毒的车辆、容器。

9　卫生与质量检验管理

9.1 工厂必须设有与生产能力相适应的兽医卫生检验和质量检验机构,配备经专业培训并经主管部门考核合格的各级兽医卫生检验及质量检验人员。

9.2 工厂检验机构在厂长直接领导下,统一管理全厂兽医卫生工作和兽医检验、质量检验人员;同时接受上级主管部门的监督和指导。检验机构有权直接向上级有关主管部门反映问题。

9.3 检验机构应具备检验工作所需要的检验室、化验室、仪器设备,并有健全的检验制度。

9.4 检验机构必须按照国家或有关部门规定的检验或化验标准,对原料、辅料、半成品、成品、各个关键工序进行细菌、物理、化学检验、化验以及病原实验诊断。经兽医检验或细菌检验不合格的产品,一律不得出厂。外调产品必须附有兽医检验证书。

9.5 计量器具、检验、化验仪器、设备,必须定期检定、维修、确保精度。

9.6 各项检验、化验记录保存三年,备查。

附加说明:

本规范由全国食品工业标准化技术委员会提出。

本规范由北京市肉类联合加工厂、北京市熟肉制品加工厂、上海市食品卫生监督检验所、宁夏回族自治区食品卫生监督检验所负责起草。

本规范主要起草人:高林祥、郝永昌

附录四 畜类屠宰加工通用技术条件

GB/T 17237—1998

1 范围

本标准规定了畜类屠宰加工应具备的基本技术条件。

本标准适用于在中华人民共和国境内设置的猪、牛、羊屠宰厂（场）。

2 引用标准

下列标准所包括的条文，通过在本标准中引用而构成为本标准的条文。本标准出版时，所示版本均为有效。所有标准都会被修改，使用本标准的各方面探讨使用下列标准最新版本的可能性。

GB 5749—85 生活饮用水卫生标准

GB 12694—90 肉类加工厂卫生规范

GB 13457—92 肉类加工工业水污染物排放标准

3 定义

本标准采用下列定义。

3.1 验收间

畜类进厂后检验接收的场所。

3.2 隔离间

隔离可疑病畜，观察、检查疫病的场所。

3.3 待宰间

宰前停食、饮水、冲淋的场所。

3.4 急宰间

屠宰病、伤畜的场所。

3.5 屠宰加工间

自致昏放血到加工成片肉的场所。

3.6 分割肉加工间

剔骨、分割、分部位肉的场所。

3.7　副产品整理间

心、肝、肺、脾、肠、胃、肾及头、蹄、尾等器官加工整理的场所。

3.8　有条件可食肉处理间

采用高温、冷冻或其他有效方法,使有条件可食肉中的寄生虫和有害微生物致死的场所

3.9　不可食用肉处理间

3.10　非清洁区

致昏、放血、烫毛、剥皮和内脏、头蹄加工处理的场所。

3.11　半清洁区

从冷水池或剥皮后到同步(或编号对照)检验的场所。

3.12　清洁区

整修、复验、胴体加工、心肝肺加工、暂存发货间、分级、计量等的场所。

4　屠宰厂(场)选址

4.1　畜类屠宰加工厂(场)选址除应符合 GB 12694-90 中 4.1 的要求外,还应选在当地常年主导风向的下风侧,远离水源保护区和饮用水取水口,避开居民住宅区、公共场所以及畜禽饲养场。

4.2　畜类屠宰加工厂(场)应设在交通运输方便,电源稳定,水源充足,水质符合 GB 5749 规定,环境卫生条件良好,无有害气体、粉尘、污浊水及其他污染源的地区。

5　畜类屠宰厂(场)应具备的条件

5.1　车间

应设置与屠宰加工量相适应的验收间、隔离间、待宰间、急宰间、屠宰加工间、副产品整理间、有条件可食用肉处理间、不可食用肉处理间。

5.2　厂区布局

厂(场)内应设置非清洁区、半清洁区和清洁区。原料、产品各

行其道,不得交叉污染。

5.3 加工机械

厂(场)内应配置与屠宰加工量相适应的屠宰加工设备、产品专用容器、专用运载工具。

5.4 化验室(检验室)

厂(场)内应设有化验室,配备相应的消毒药品和检验仪器。

5.5 照明

屠宰加工作业场所的照明设施应齐备,屠宰和分割车间工作场所照度不应小于75lx(勒克斯),屠宰操作面照度不应小于150lx,分割操作面照度不应小于200lx,检验操作面照度不应小于300lx。

5.6 污水处理和排放

屠宰厂(场)内应设置污水处理设施,污水排放应符合GB 13457的规定。

5.7 屠宰设备

5.7.1 猪屠宰悬挂输送设备

放血线轨道面应距地面3～3.5m(米);胴体加工线轨道面距地面高度为:单滑轮2.5～2.8m,双滑轮2.8～3m;自动悬挂输送机的输送速度每分钟不超过6头;挂猪间距应大于0.8m。

5.7.2 牛屠宰悬挂输送设备

放血线轨道面应距地面4.5～5m,挂牛间距不小于1.2m。

5.7.3 羊屠宰悬挂输送设备

放血线轨道面应距地面2.4～2.6m,挂羊间距应大于0.8m。

5.7.4 应设置疑似病畜吊轨叉道,用于运送病畜和需化制的头、蹄、尾、胴体、内脏等。

5.7.5 采用悬挂法屠宰牲畜时,应在牲畜击昏处设置存放回空滑轮及挂套蹄链的装置。

5.8 分割加工

热分割加工环境温度不得高于20℃,冷分割加工环境温度不得高于 15℃。

5.9 产品贮存

需贮存的产品按产品标准要求进行。

附录五 《无公害食品行业标准—牛肉》

1　范围

本标准规定了无公害牛肉的定义、技术要求、检验方法、标志、包装、贮存和运输。

本标准适用于来自非疫区的肉牛,屠宰后经兽医检疫合格的牛肉。

2　规范性引用文件

下列文件中的条款通过了本标准的引用而成为本标准的条款。凡是注日期的引用文件,其随后所有的修改单(不包括勘误的内容)或修订版均不适用于本标准。然而,鼓励根据本标准达成协议的各方研究是否可使用这些文件的最新版本。凡是不注日期的引用文件,其最新版本适用于本标准。

GB 191　包装贮运图示标志

GB 2708　牛肉、羊肉、兔肉卫生标准

GB 4789.2　食品卫生微生物学检验菌落总数测定

GB 4789.3　食品卫生微生物学检验大肠菌群测定

GB 4789.4　食品卫生微生物学检验沙门氏菌测定

GB/T 5009.11　食品中总砷的测定方法

GB/T 5009.12　食品中铅的测定方法

GB/T 5009.15　食品中镉的测定方法

GB/T 5009.17　食品中总汞的测定方法

GB/T 5009.19　食品中六六六、滴滴涕残留量的测定方法

GB/T 5009.44　肉与肉制品卫生标准的分析方法

GB/T 6388　运输包装收发货标准

GB 7718　食品标签通用标准

GB/T 9960　鲜、冻四分体带骨牛肉

GB/T 12694　肉类加工厂卫生规范

GB/T 14962　食品中铬的测定方法

NY 467　畜禽屠宰卫生检疫规范

NY 5029－2001　无公害食品　猪肉

3　技术要求

3.1 原料:活牛原料必须来自非疫区,经当地动物防疫监督机构检验合格。

3.2 屠宰加工:屠宰加工规范及卫生检验要求按 NY 467 和 GB/T 9960 规定执行。

3.3 感官指标:感官指标应符合 GB 2708 规定。

3.4 理化指标:理化指标应符合附表 3 的要求。

附表 3　理化指标

项　　目		指　　标
解冻失水率(%)	≤	8
挥发性盐基氮(毫克/千克)	≤	150
汞(以 Hg 计,毫克/千克)	≤	按 GB/T 9960
铅(以 Pb 计,毫克/千克)	≤	0.50
砷(以 As 计,毫克/千克)	≤	0.50
镉(以 Cd 计,毫克/千克)	≤	0.10
铬(以 Cr 计,毫克/千克)	≤	1.00
六六六(毫克/千克)	≤	0.10
滴滴涕(毫克/千克)	≤	0.10
金霉素(毫克/千克)	≤	0.10
土霉素(毫克/千克)	≤	0.10
磺胺类(以磺胺类总量计,毫克/千克)	≤	0.10
伊维菌素(脂肪中,毫克/千克)	≤	0.04

附　　录

3.5 微生物指标：微生物指标按附表 4 的规定。

附表 4　微生物指标

项　目	指　标
菌落总数（cfu/克）	1×10^{6}
大肠菌群（MPN/千克）	1×10^{5}
沙门氏菌	不得检出

4　检验方法

4.1 感官检验　按 GB/T 5009.44 规定方法检验。

4.2 理化指标

4.2.1 解冻失水率　按 NY 5029—2001 中附录 A 执行。

4.2.2 挥发性盐基氮　按 GB/T 5009.44 规定方法测定。

4.2.3 铅　按 GB/T 5009.12 规定方法测定。

4.2.4 砷　按 GB/T 5009.11 规定方法测定。

4.2.5 镉　按 GB/T 5009.15 规定方法测定。

4.2.6 汞　按 GB/T 5009.17 规定方法测定。

4.2.7 铬　按 GB/T 14962 规定方法测定。

4.2.8 六六六、滴滴涕　按 GB/T 5009.19 规定方法测定。

4.2.9 金霉素　按 NY 5029—2001 中附录 B 规定方法测定。

4.2.10 土霉素　按 NY 5029—2001 中附录 C 规定方法测定。

4.2.11 磺胺类　按 NY 5029—2001 中附录 E 规定方法测定。

4.2.12 伊维菌素　按 NY 5029—2001 中附录 F 规定方法测定。

4.3 微生物检验

4.3.1 菌落总数　按 GB 4789.2 检验。

4.3.2 大肠菌群　按 GB 4789.3 检验。

4.3.3 沙门氏菌　按 GB 4789.4 检验。

5　标志、包装、贮存、运输

5.1 标志　内包装(销售包装)标志应符合 GB 7718 的规定，外包装的标志应按 GB 191 和 GB/T 6388 的规定执行。

5.2 包装　包装材料符合相应的国家食品卫生标准。

5.3 贮存　产品应贮存在通风良好的场所，不得与有毒、有害、有异味、易挥发、易腐蚀的物品同处贮存。

5.4 运输　应使用符合食品卫生要求的专用冷藏车(船)，不得有对产品发生不良影响的物品混装。

附录六　《鲜(冻)畜肉卫生标准》

GB 2707—2005

1　范围

本标准规定了鲜(冻)畜肉的卫生指标和检验方法以及生产加工过程、标识、包装、运输、贮存的卫生要求。

本标准适用于牲畜屠宰加工后，经兽医卫生检验合格的生鲜或冷冻畜肉。

2　规范性引用文件

下列文件中的条款通过本标准的引用而成为本标准的条款。凡是注日期的引用文件，其随后所有的修改单(不包括勘误的内容)或修订版均不适用于本标准，然而，鼓励根据本标准达成协议的各方研究是否可使用这些文件的最新版本。凡是不注日期的引用文件，其最新版本适用于本标准。

GB 2763 食品中农药最大残留限量

GB/T 5009.11　食品中总砷及无机砷的测定

GB/T 5009.12　食品中铅的测定

GB/T 5009.15　食品中镉的测定

GB/T 5009.17　食品中总汞及有机汞的测定

GB/T 5009.44　肉与肉制品卫生标准的分析方法

GB 7718　预包装食品标签通则

GB 12694　肉类加工厂卫生规范

3　指标要求

3.1 原料要求

牲畜应是来自非疫区的健康牲畜,并持有产地兽医检疫证明。

3.2 感官指标

无异味、无酸败味。

3.3 理化指标

理化指标应符合附表 5 规定。

附表5　理化指标

项　　目		指　　标
挥发性盐基氮/(mg/100g)	≤	15
铅(Pb)/(mg/kg)	≤	0.2
无机砷/(mg/kg)	≤	0.05
镉(Cd)/(mg/kg)	≤	0.1
总汞(以 Hg 计)/(mg/kg)	≤	0.05

3.4 农药残留

农药残留按 GB 2763 执行。

3.5 兽药残留

兽药残留按有关国家标准及有关规定执行。

4　生产加工过程

鲜(冻)畜肉生产加工过程的卫生要求应符合 GB 12694 的规定。

5　包装

包装容器材料应符合相应的卫生标准和有关规定。

6　标识

定型包装的标识要求按 GB 7718 规定执行。

7　贮存及运输

7.1 贮存

产品应贮存在干燥、通风良好的场所。不得与有毒、有害、有异味、易挥发、易腐蚀的物品同处贮存。

7.2 运输

运输产品时应避免日晒、雨淋。不得与有毒、有害、有异味或影响产品质量的物品混装运输。

8　检验方法

8.1 感官指标

按 GB/T 5009.44 规定的方法检验。

8.2 理化指标

8.2.1 挥发性盐基氮：按 GB/T 5009.44 规定的方法测定。

8.2.2 铅：按 GB/T 5009.12 规定的方法测定。

8.2.3 无机砷：按 GB/T 5009.11 规定的方法测定。

8.2.4 镉：按 GB/T 5009.15 规定的方法测定。

8.2.5 总汞：按 GB/T 5009.17 规定的方法测定。

附录七　《畜禽屠宰卫生检疫规范》

2004—03—24

（摘录）

3.2 急宰 emergency slaughter

对患有某些疫病、普通病和其他病损的以及长途运输中所出现的畜禽，为了防止传染或免于自然死亡而强制进行紧急宰杀。

3.3 同步检验 synchronous inspection

在轨道运行中，对同畜禽的胴体、内脏、头、蹄，甚至皮张等实行的同时、等速、对照的集中检验。

3.4 无害化处理 bio-safety disposal

用物理化学方法,使带菌、带毒、带虫的患病畜禽肉产品及其
副产品和尸体失去传染性和毒性而达到无害的处理。

3.5 同群畜禽 flock herd

以自然小群为单位,即有直接传播疫病可能的同一小环境中
的畜禽,如同窝、同圈、同舍或同一车厢等。

3.6 同批产品 a batch of product

同时、同地加工的同一种畜禽的同一批产品。

4　宰前检验

4.1 入场检疫

4.1.1 首先查验法定的动物产地检疫证明或出县境动物及动
物产品运载工具消毒证明及运输检疫证明,以及其他所必须的检
疫证明,待宰动物应来自非疫区,且健康良好。

4.1.2 检查畜禽饲料添加剂类型、使用期及停用期,使用药物
种类、用药期及停药期,疫苗种类和接种日期方面的有关记录。

4.1.3 核对畜禽种类和数目,了解途中病、亡情况。然后进行
群体检疫,剔出可疑病畜禽,转放隔离圈,进行详细的个体临床检
查,方法按 GB 16549 执行,必要时进行实验室检查。

4.2 待宰检疫

健康畜禽在留养待宰期间尚需随时进行临床观察。送宰前再
做一次群体检疫,剔出患病畜禽。

5　宰前检疫后的处理

5.1 经宰前检疫发现口蹄疫、牛瘟、牛传染性胸膜肺炎、牛海
绵状脑病、痒病、蓝舌病时,病畜禽按 GB 16548—1996 3.1 处理。

5.1.1 同群畜禽用密闭运输工具运到动物防疫监督部门指定
的地点,用不放血的方法全部扑杀,尸体按 GB 16548—1996 3.1
处理。

5.1.2 畜禽存放处和屠宰场所实行严格消毒,严格采取防疫措施,并立即向当地畜牧兽医行政管理部门报告疫情。

5.2 经宰前检疫发现炭疽、布鲁氏菌病、囊尾蚴病时,按 GB 16548—1996 3.1 处理。

5.2.1 同群畜急宰,胴体内脏按 GB 16548—1996 3.3 处理。

5.2.2 病畜存放处和屠宰场所实行严格消毒,采取防疫措施,并立即向当地畜牧兽医行政管理部门报告疫情。

5.3 除 5.1 和 5.2 所列疫病外,患有其他疫病的畜禽,实行急宰,除剔除病变部分销毁外,其余部分按 GB 16548—1996 3.3 规定的方法处理。

5.4 凡判为急宰的畜禽,均应将其宰前检疫报告单结果及时通知检疫人员。

5.5 对判为健康的畜禽,送宰前应由宰前检疫人员出具准宰通知书。

6 屠宰过程中卫生要求

只有出具准宰通知书的畜禽才可进入屠宰线。

6.1 家畜屠宰卫生要求

6.1.1 淋浴净体

家畜致昏、放血前,应将畜体清扫或喷洗干净。家畜通过屠宰通道时,应按顺序赶送,且应尽量避免动物遭受痛苦。

6.1.2 电麻致昏

致昏的强度以使待宰畜处于昏迷状态,失去攻击性,消除挣扎,保证放血良好为准,不能致死,废止锤击,操作人员应穿戴合格的绝缘鞋、绝缘手套。

6.1.3 刺杀放血

刺杀由经过训练的熟练工人操作,采用垂直放血方式,除清真屠宰场外,一律采用切断颈动脉、颈静脉或真空刀放血法,沥血时间不得少于 5 分钟,废止心脏穿刺放血法,放血刀消毒后轮换使用。

6.1.4 剥皮或煺毛

需剥皮时,手工或机械剥皮均可,剥皮力求仔细,避免损伤皮张和胴体,防止污物、皮毛、脏手沾污胴体。

6.1.5 开膛、净膛

剥皮后立即开膛,开膛沿腹白线剖开腹腔和胸腔,切忌划破胃肠、膀胱和胆囊。摘除的脏器不准落地,心、肝、肺和胃、肠、胰、脾应分别保持自然联系,并与胴体同步编号,由检验人员按宰后检验要求进行卫生检验。

6.1.6 冲洗胸、腹腔

取出内脏后,应及时用足够压力的净水冲洗胸腔和腹腔,洗净腔内淤血、浮毛、污物。

6.1.7 劈半

将检验合格的胴体去头、尾,沿脊柱中线将胴体劈成对称的两半,劈面要平整、正直,不应左右弯曲或劈断、劈碎脊柱。

6.1.8 整修、复验

修割掉所有有碍卫生的组织,如暗伤、脓疱、伤斑、甲状腺、病变淋巴结和肾上腺;整修后的片猪肉应进行复验,合格后割除前后蹄,用甲基紫液加盖验讫印章。

6.1.9 整理副产品

整理副产品应在副产品整理间进行;整理好的脏器应及时发送或送冷却间,不得长时间堆放。

6.1.10 皮张整理

皮张整理应在专用房间内进行。皮张应及时收集整理,皮张应抽去尾巴,刮除血污、皮肌和脂肪,及时送往加工处,不得堆压、日晒。

7　宰后卫生检验

畜禽屠宰后应立即进行宰后卫生检验,宰后检验应在适宜的光照条件下进行。

头、蹄、内脏和胴体施行同步检验(皮张编号);暂无同步检验条件的要统一编号,集中检验,综合判定。必要时进行实验室检验。

7.1 头部检验

牛头检验视检眼睑、鼻镜、唇、齿龈、口腔、舌面以及上下颌骨的状态,触检舌体、剖检两侧颌下淋巴结和咽后内侧淋巴结,视检咽喉黏膜和扁桃体,剖检舌肌(沿系带面纵向切开)和两侧内外咬肌。

7.2 内脏检验

7.2.1 胃肠检验:视检胃肠浆膜,剖检肠淋巴结,牛、羊尚需检查食管。必要时剖检胃肠黏膜。

7.2.2 脾脏检验:视检外表、色泽、大小,触检被膜和实质弹性,必要时剖检脾髓。

7.2.3 肝脏检验:视检外表、色泽、大小,触检被膜和实质弹性,剖检肝门淋巴结。必要时剖检实质和胆囊。

7.2.4 肺脏检验:视检外表、色泽、大小,触检弹性,剖检支气管淋巴结和纵隔后淋巴结。必要时,剖检肺实质。

7.2.5 心脏检验:视检心包及心外膜,并确定肌僵程度。剖开心室视检心肌、心内膜及血液凝固状态。特别注意二尖瓣病损。

7.2.6 肾脏检验:剥离肾包膜,视检外表、色泽、大小,触检弹性。必要时纵向剖检肾实质。

7.2.7 乳房检验:触检弹性,剖检乳房淋巴结。必要时剖检其实质。

7.3 胴体检验

7.3.1 首先判定放血程度。

7.3.2 视检皮肤、皮下组织、脂肪、肌肉、胸腔、腹腔、关节、筋腱、骨及骨髓。

7.3.3 剖检颈浅背(肩前)淋巴结、股前淋巴结、腹股沟浅淋巴结、腹股沟深(或髂内)淋巴结,必要时,增检颈深后淋巴结和腘淋巴结。

7.4 寄生虫牛囊尾蚴的检验

检查部位为咬肌、两侧腰肌和膈肌,其他可检部位是心肌、肩胛外侧肌和股内侧肌。

8　宰后检验后处理

通过对内脏、胴体的检疫,做出综合判断和处理意见;检疫合格,确认无动物疫病的家畜鲜肉可按照 64/433/EEC 规定的要求进行分割和贮存;确认无动物疫病的鲜家禽肉可按照 71/118/EEC 规定的要求进行清洗、冷却、分割和贮存。

经检疫合格的胴体或肉品应加盖统一的检疫合格印章,并签发检疫合格证。应用印染液加盖印章时,印章染色液应对人无害,盖后不流散,迅速干燥,附着牢固。

经宰后检验发现动物疫病时,应根据下述不同情况采取不同的处理措施。

8.1 经宰后检验发现 5.1 所列动物疫病和狂犬病、炭疽时,按以下方法处理:

a 立即停止生产;

b 生产车间彻底清洗、严格消毒;

c 立即向当地畜牧兽医行政管理部门报告疫情;

d 病畜禽胴体、内脏及其副产品按 5.1 规定处理;

e 同批产品及副产品按 5.2 规定处理;

f 各项处理经畜牧兽医行政管理部门检查合格后方可恢复生产。

8.2 经宰后检验发现 5.2 所列动物疫病(狂犬病、炭疽除外)时,按以下方法处理:

a 执行 8.1 中 a、b、c、d 处理方法;

b 同批产品及副产品按前 3 后 5(与病畜禽相邻)执行 5.3 所列的方法处理,其余可按正常产品出厂。

8.3 经宰后检验发现 5.3 所列传染病时,按 5.3 所列的方法处理。

8.4 经宰后检验发现寄生虫病时,按下列规定处理:

8.4.1 牛囊尾蚴病

在规定检验部位切面视检,发现囊尾蚴和钙化的虫体者,全尸作工业用或销毁。

8.5 经宰后检验发现肿瘤时,按下列规定处理:

8.5.1 在一个器官发现肿瘤病变,胴体不瘠瘦,并无其他明显病变者,患病脏器作工业用或销毁,其余部分高温处理;如胴体瘠瘦或肌肉有病变者,全尸作工业用或销毁。

8.5.2 两个或两个以上器官发现肿瘤病变者,全尸作工业用或销毁。

8.5.3 确诊为淋巴肉瘤、白血病和鳞状上皮细胞癌者,全尸作工业用或销毁。

8.6 经宰后检验发现普通病、中毒和局部病损时,按下列规定处理:

a 有下列情形之一者,全尸作工业用或销毁:脓毒症、尿毒症、黄疸、过度消瘦、大面积坏疽、急性中毒、全身肌肉和脂肪变性、全身性出血的畜禽;

b 局部有下列病变之一者,割除病变部分作工业用或销毁,其余部分不受限制:创伤、化脓、炎症、硬变、坏死、寄生虫损害、严重的淤血、出血、病理性肥大或萎缩、异色、异味及其他有碍卫生的部分。

8.7 须做无害化处理的应在胴体上加盖与处理意见一致的统一印章,并在动物防疫监督部门监督下,在厂内处理。

9 检疫记录

所有屠宰场均应对生产、销售和相应的检疫、处理记录保存2年以上。

附录八

《食品包装用聚氯乙烯成型品卫生标准》

食品包装用聚氯乙烯成型品卫生标准 GB 9681—88

中华人民共和国卫生部 1988—08—10 批准 1989—06—01 实施

本标准规定了聚氯乙烯成型品的卫生要求。

本标准适用于以食品包装用聚氯乙烯树脂为主要原料，配以无毒或低毒的增塑剂、稳定剂等助剂制成的食具、食品包装容器、食品工业用器具和饮料、低度酒的密封垫片(圈)。

1 感官指标

无异味。

2 理化指标

理化指标见附表6。

附表6 理化指标

项 目	指 标
聚乙烯单体(mg/千克)	≤1
蒸发残渣(mg/L)	—
4%乙酸(60℃,0.5h)	≤30
65%乙醇(20℃,0.5h)	≤30
正乙烷(20℃,0.5h)	≤150
高锰酸钾消毒量(mg/L60℃,0.5h)	≤10
重金属(以Pb计)(mg/L)	—
4%乙酸(60℃,0.5h)	≤1
脱色试验	—
冷餐油或无色油脂	阴性
浸泡液	阴性

附录九 《食品包装用聚乙烯成型品卫生标准》

GB 9687—88

中华人民共和国卫生部 1988—08—10 批准　1989—06—01 实施

本标准规定了聚乙烯成型品的卫生要求。

本标准适用于以聚乙烯树脂为原料的食具、食品包装容器及食品工业用器具。

1　感官指标

色泽正常，无异味、无异臭、无异物。

2　理化指标

理化指标见附表 7。

附表 7　理化指标表

项　目	指　标
蒸发残渣（mg/L）	—
4%乙酸（60℃,2h）	≤30
65%乙醇（20℃,2h）	≤30
正乙烷（20℃,2h）	≤60
高锰酸钾消毒量（mg/L）	—
水（60℃,2h）	≤10
重金属（以 Pb 计）mg/L	—
4%乙酸（60℃,2h）	≤1
脱色试验	
乙　醇	阴性
冷餐油或无色油脂	阴性
浸泡液	阴性

附录十　《食品包装用聚丙烯成型品卫生标准》

GB 9688—88

中华人民共和国卫生部 1988—08—10 批准　1989—06—01 实施

本标准规定了聚丙烯成型品的卫生要求。

本标准适用于以聚丙烯树脂为原料的食具、包装容器及食品工业用器具。

1　感官指标

色泽正常,无异味、无异臭、无异物。

2　理化指标

理化指标见附表8。

附表8　理化指标

项　目	指　标
蒸发残渣(mg/L)	—
4%乙酸(60℃,2h)	≤30
正乙烷(20℃,2h)	≤30
高锰酸钾消毒量(mg/L)	
水(60℃,2h)	≤10
重金属(以 Pb 计)mg/L	
4%乙酸(60℃,2h)	≤1
脱色试验	—
乙　醇	阴　性
冷餐油或无色油脂	阴　性
浸泡液	阴　性

附录十一
《食品包装用聚苯乙烯成型品卫生标准》

GB 9689—88

中华人民共和国卫生部 1988—08—10 批准　1989—06—01 实施

本标准规定了聚苯乙烯成型品的卫生要求。

本标准适用于以聚苯乙烯树脂为原料的食具、包装容器及食品工业用器具。

1　感官指标

色泽正常，无异味、无异臭、无异物。

2　理化指标

理化指标见附表 9。

附表 9　理化指标表

项　目	指　标
蒸发残渣（mg/L）	—
4％乙酸（60℃,2h）	≤30
正乙烷（20℃,2h）	≤30
高锰酸钾消毒量（mg/L）	—
水（60℃,2h）	≤10
重金属（以 Pb 计）mg/L	—
4％乙酸（60℃,2h）	≤1
脱色试验	—
乙　醇	阴　性
冷餐油或无色油脂	阴　性
浸泡液	阴　性